全国水利行业规划教材　高职高专水利水电类
中国水利教育协会策划组织

工程水力学

（第 2 版）

主　编　余金凤　陈明杰
副主编　王宝红　陈一华　邢菊香
　　　　周　欢　赖永明　张志娇
主　审　者建伦

黄河水利出版社
·郑州·

内 容 提 要

本书是全国水利行业规划教材,是根据中国水利教育协会职业技术教育分会高等职业教育教学研究会组织制定的工程水力学课程教学标准编写完成的。本书主要内容包括静水压力计算、水流运动规律的应用、有压管道的水力计算、明渠水力计算、泄水建筑物的水力计算、泄水建筑物下游水流消能计算、渠系连接建筑物的水力计算。为了方便学生学习,巩固所学知识,各项目配有例题、常用图表、思考与练习题。

本书可供高职高专院校水利水电建筑工程、水利工程、水文与水资源技术、给水排水工程技术、机电排灌工程技术、水土保持技术、水利机电设备、治河与航道工程技术、智能水务管理等专业教学使用,并可用于成人专科学校同类专业教学,还可供水利水电工程技术人员阅读参考。

图书在版编目(CIP)数据

工程水力学/余金凤,陈明杰主编.—2版.—郑州:黄河水利出版社,2022.7
全国水利行业规划教材
ISBN 978-7-5509-3343-9

Ⅰ.①工… Ⅱ.①余… ②陈… Ⅲ.①水工建筑物-水力学-教材 Ⅳ.①TV135

中国版本图书馆 CIP 数据核字(2022)第 137178 号

组稿编辑:王路平　电话:0371-66022212　E-mail:hhslwlp@163.com
　　　　　陈俊克　　　　　66026749　　　　hhslcjk@126.com

出　版　社:黄河水利出版社　　　　　　　　网址:www.yrcp.com
　　地址:河南省郑州市顺河路黄委会综合楼 14 层　邮政编码:450003
发行单位:黄河水利出版社
　　发行部电话:0371-66026940、66020550、66028024、66022620(传真)
　　E-mail:hhslcbs@126.com
承印单位:河南承创印务有限公司
开本:787 mm×1 092 mm　1/16
印张:15.5
字数:360 千字
版次:2009 年 9 月第 1 版　　　　　印数:1—3 100
　　　2022 年 7 月第 2 版　　　　　印次:2022 年 7 月第 1 次印刷
定价:50.00 元

第 2 版前言

本书是贯彻落实国务院办公厅《关于推动现代职业教育高质量发展的意见》(2021 年 10 月)、《国家职业教育改革实施方案》(国发〔2019〕4 号)、《国务院关于加快发展现代职业教育的决定》(国发〔2014〕19 号)和《水利部 教育部关于进一步推进水利职业教育改革发展的意见》(水人事〔2013〕121 号)等文件精神,依据教育部印发的《高等职业学校专业教学标准(试行)》中关于课程的教学要求,在中国水利教育协会指导下,由中国水利教育协会职业技术教育分会高等职业教育教学研究会组织编写的第四轮水利水电类专业规划教材。第四轮教材以学生能力培养为主线,体现出实用性、实践性、创新性的教材特色,是一套理论联系实际、教学面向生产的高职教育精品规划教材。

本书第 1 版由山东水利职业学院者建伦教授主持编写,在此对原教材编写团队所付出的劳动和贡献表示感谢!

本书第 2 版在编写过程中力求概念清晰、深入浅出、联系实际,理论上以适当够用为度,不苛求学科的系统性和完整性。力求结合专业,突出实用,课程内容项目化、任务化,体现高职高专教育的特色。在传承经典、成熟的理论基础上,编入了新规范、新技术、新材料。

本书具有如下特色:

(1)均采用我国《水利技术标准汇编》和《室外给水设计规范》(GB 50013—2018)中推荐的计算方法、公式,使学生毕业后就能直接参与工程水力计算。

(2)每个项目前都设有"学习目标",目的是让学生明确该项目应该学会的职业技能是什么。每个项目后面都设有"小结"和"思考与练习题",进一步明确地告诉学生每个项目的主要公式和概念及重点,通过进行思考与练习,巩固所学的知识,提高计算能力。

(3)每个项目都配图例、例题等,以增强学生对知识点的记忆和兴趣,以及体悟知识和技能。

本书编写人员及编写分工如下:广西水利电力职业技术学院余金凤编写绪论,安徽水利水电职业技术学院陈明杰编写项目一,广西水利电力职业技术学院张志娇编写项目二,广西水利电力职业技术学院周欢编写项目三,内蒙古机电职业技术学院邢菊香、广西水利电力职业技术学院赖永明编写项目四,余金凤、赖永明编写项目五,广西水利电力职业技术学院王宝红编写项目六,长江工程职业技术学院陈一华编写项目七。本书由余金凤、陈明杰担任主编,由余金凤负责全书规划、统稿;由王宝红、陈一华、邢菊香、周欢、赖永明、张志娇担任副主编;由山东水利职业学院者建伦教授担任主审。

对在本书出版工作中各院校领导、专家及黄河水利出版社所给予的支持、帮助,表示诚挚的感谢!

由于编者水平有限,不足之处在所难免,恳请广大读者批评指正。

编 者

2022 年 3 月

目 录

绪 论

一、工程水力学的定义、用途

工程水力学是研究液体的机械运动规律及应用这些规律解决工程实际问题的一门科学。工程水力学的研究对象是以水为代表的液体,其基本原理不仅适用于水,也适用于与水的性质相似的液体(油、汞、酒精等)和可以忽略压缩性(流速小于音速)的气体。

工程水力学的用途是用其理论解决水利工程中的实际问题,项目一至项目二是理论,项目三至项目七是利用理论解决工程实际问题,常见工程水力学问题以水利枢纽工程为例予以说明。图 0-1 为三峡水利枢纽布置示意图,其建筑包括混凝土坝(见图 0-2)、土坝(见图 0-3)、溢流坝(见图 0-4)、发电站、船闸等。

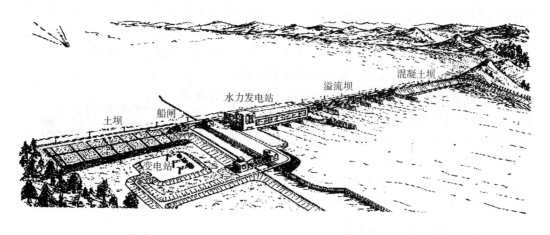

图 0-1 三峡水利枢纽布置示意图

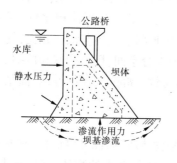

图 0-2 混凝土坝

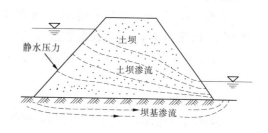

图 0-3 土坝

对于挡水坝,为了坝的安全,须计算水对坝的作用力、水通过坝基的渗流量、溢洪道流量及尺寸,以及防止水闸、坝后泄流冲刷河道的消能计算,闸门尺寸及过流能力计算,泄洪隧洞尺寸及过流能力计算,坝前水面曲线计算(以估算建坝后水库的淹没范围)。其他工程问题还有水池、水箱、水管等的压力计算,管流、明渠流、堰流、孔口流等有关流速、流量、水深的水力计算,以及给水排水、道路桥涵、农田排灌、水力发电、防洪排涝、河道整治、水资源工程、环境保护工程、港口工程、航运等水力计算问题。

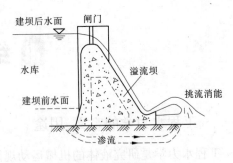

图0-4 溢流坝

现代工程水力学学科衍生了一些新的分支,如研究河床演变问题的动床水力学,在计算机基础上产生出的计算水力学,研究环保问题产生出的环境水力学,以及生态水力学、随机水力学等。

工程水力学研究的水利工程实际问题基本可归为以下几个方面:①计算水流对建筑物的作用力;②计算建筑物的输水能力及尺寸;③水流机械能的利用和损失;④计算河渠水面曲线;⑤建筑物下游水流衔接与消能;⑥建筑物的渗流。此外,还有一些特殊水力学问题,如管、渠非恒定流,高速水流中的空蚀、振动、掺气,挟沙水流,波浪运动等。

学习工程水力学的目的:一是培养同学们的职业技能,如计算水对建筑物的压力,设计城镇给水排水管网,设计灌溉管、渠,进行泵站、电站的水力计算,虹吸管、渡槽、洞涵、消能的水力计算等,为走向工作岗位奠定坚实的能力基础;二是夯实专业基础及为后续专业课(如水工建筑物、给水排水、城市水务、水泵站、水电站、水利工程施工技术、灌溉排水工程技术等)所需的工程水力计算知识打下理论基础。

二、液体的物理力学性质

自然界的物质有三种存在形式,即固体、液体和气体。固体分子间距小,内聚力大,所以能保持固定形状和体积,能承受拉力、压力和剪切力。液体与固体相比较,其分子间距大,内聚力小,易发生变形或流动,不能保持自身固定形状。气体与液体相比,气体分子间距更大,内聚力更小,可以任意扩散到其所占据的那部分空间,极易膨胀和压缩。

液体的主要物理力学性质包括惯性、万有引力特性、黏滞性、压缩性、表面张力特性和汽化压强。

(一)惯性

液体与自然界其他物体一样具有惯性。惯性是物体所具有的反抗改变其原有运动状态的一种物理力学性质,其大小可以用质量来量度。质量越大的物体,惯性越大,反抗改变其原有运动状态的能力也就越强。质量为m、加速度为a的物体,其惯性力为

$$F = -ma \tag{0-1}$$

负号表示惯性力的方向与加速度的方向相反。单位体积液体的质量称为密度,即

$$\rho = \frac{m}{V} \tag{0-2}$$

式中 ρ——液体的密度,kg/m^3;

　　m——液体的质量,kg;

　　V——液体的体积,m^3。

因为液体的体积随温度和压强的变化而变化,故其密度也随温度和压强的变化而变化,但变化很小,实用中可看作常数。工程中常采用温度为 4 ℃、压强为一个大气压时水的密度值,其值 ρ = 1 000 kg/m^3。不同温度条件下水的密度见表 0-1。

表 0-1　不同温度条件下水的物理性质(1 个标准大气压)

温度/℃	容重 γ/(kN/m³)	密度 ρ/(kg/m³)	动力黏滞系数 μ/(10^{-3} Pa·s)	运动黏滞系数 ν/(10^{-6} m²/s)	体积压缩系数 β/10^{-9} Pa	体积弹性系数 K/10^9 Pa	表面张力系数 σ/(N/m)	汽化压强/(kN/m²)
0	9.805	999.9	1.781	1.785	0.495	2.02	0.075 6	0.60
5	9.807	1 000.0	1.518	1.519	0.485	2.06	0.074 9	0.87
10	9.804	999.7	1.306	1.306	0.476	2.10	0.074 2	1.18
15	9.798	999.1	1.139	1.139	0.465	2.15	0.073 5	1.70
20	9.789	998.2	1.002	1.003	0.459	2.18	0.072 8	2.34
25	9.777	997.0	0.890	0.893	0.450	2.22	0.072 0	3.17
30	9.764	995.7	0.798	0.800	0.444	2.25	0.071 2	4.24
40	9.730	992.2	0.653	0.658	0.439	2.28	0.069 6	7.38
50	9.689	988.0	0.547	0.553	0.437	2.29	0.067 9	12.16
60	9.642	983.2	0.466	0.474	0.439	2.28	0.066 2	19.91
70	9.589	977.8	0.404	0.413	0.444	2.25	0.064 4	31.16
80	9.530	971.8	0.354	0.364	0.455	2.20	0.062 6	47.34
90	9.466	965.3	0.315	0.326	0.467	2.14	0.060 8	70.10
100	9.399	958.4	0.282	0.294	0.483	2.07	0.058 9	101.33

本书采用我国推荐使用的国际单位制(SI),它的基本单位为:长度 m,时间 s,质量 kg,其他是导出单位。例如,力的单位为牛顿(N),1 牛顿力的定义为:使质量为 1 千克(kg)的物体得到 1 米/秒²(m/s²)加速度的力,即 1 N = 1 kg·m/s²,"N"就是由基本单位相乘而得出的导出单位。

(二)万有引力特性

万有引力特性是指任何物体之间具有相互吸引力的性质,其吸引力称为万有引力。地球对物体的吸引力称为重力(或重量),对于质量为 m 的液体,其重力为

$$G = mg \qquad (0\text{-}3)$$

式中　　G——重力,N 或 kN;

　　　　g——重力加速度,m/s^2,一般取 $g = 9.8 \ m/s^2$。

单位体积液体的重力称为容重,即

$$\gamma = \frac{G}{V} \qquad (0\text{-}4)$$

式中　　γ——容重,N/m^3 或 kN/m^3,在工程水力学中,容重有时也称为重度或重率。

将式(0-3)代入式(0-4),可得到容重与密度的关系为

$$\gamma = \frac{G}{V} = \frac{mg}{V} = \rho g \qquad (0\text{-}5)$$

液体的容重与密度一样随温度和压强的变化而变化,但变化量很小。工程中常将水的容重视为常数,采用温度为 4 ℃、压强为一个大气压时水的容重,即 $\gamma = 9\,800 \ N/m^3$ 或 $\gamma = 9.8 \ kN/m^3$。不同温度条件下水的容重见表 0-1。

【例 0-1】　已知某液体的体积为 $6 \ m^3$,密度为 $13\,600 \ kg/m^3$,求该液体的质量、重力和容重。

解:液体的质量 $m = \rho V = 13\,600 \times 6 = 81\,600 (kg)$。

液体的重力 $G = mg = 81\,600 \times 9.8 = 799\,680 (N) = 799.68 \ kN$。

液体的容重 $\gamma = \rho g = 13\,600 \times 9.8 = 133\,280 (N/m^3) = 133.28 \ kN/m^3$。

(三)黏滞性

1. 黏滞性

摩擦力是自然界中普遍存在的物理现象。两块具有不同运动速度叠放在一起的木板,在其接触面上存在着阻碍两木板相对运动的摩擦力,同样,具有不同流速的相邻两流层(两层水流),在其接触面上也存在着阻碍两流层做相对运动的摩擦力[见图 0-5(c)],工程水力学把液体中存在着阻碍相邻两流层做相对运动的摩擦力这一特性称为液体的黏滞性。其摩擦力称为液体的内摩擦力或摩擦阻力。单位面积上的摩擦阻力称为黏滞切应力或切应力,以 τ 表示。自然界中所有的液体都有不同程度的黏滞性,黏滞性是液体的一种固有物理属性。

如果忽略液体的黏滞性,则各流层就无流速差,因而沿液流横断面垂线上的流速分布均相同,如图 0-5(a)所示(图中箭杆表示流速大小和方向);实际液流各流层之间有切应力,因而各流层有流速差,经测试,其断面垂线上的流速分布如图 0-5(b)所示,流速由渠底到水面沿 y 轴逐渐增大,紧靠固体边界有一层极薄水层被吸附在壁面上不流动,该水层通过黏滞性切应力阻碍其上面水层的流动,使其流速变小,该流动水层又阻碍其上面水层的流动,如此逐层影响上去。离固体边界近,τ 越大,流速越小;离固体边界远,τ 越小,流速越大,因此形成了如图 0-5(b)所示的流速分布规律。

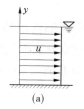 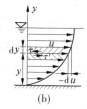 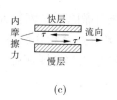 

图 0-5 液流横断面垂线上的流速分布图、切应力图

液体要保持流动,就要克服在流动过程中的摩擦阻力而做功,因此消耗液流机械能,这种消耗的机械能称为液流的能量损失。所以,黏滞性是引起液体能量损失的根源。

2. 牛顿内摩擦定律

1686 年,牛顿根据试验提出液体内摩擦定律即牛顿内摩擦定律:相邻两流层接触面上产生的内摩擦力 T 与流层间接触面面积 A 和流速梯度 $\dfrac{\mathrm{d}u}{\mathrm{d}y}$ 的乘积成正比,并与液体的种类、性质有关,可表示为

$$T = \mu A \frac{\mathrm{d}u}{\mathrm{d}y} \tag{0-6}$$

单位面积上的内摩擦力称为黏滞切应力或切应力,用 τ 表示,则

$$\tau = \frac{T}{A} = \mu \frac{\mathrm{d}u}{\mathrm{d}y} \tag{0-7}$$

式中　μ——动力黏滞系数,$N \cdot s/m^2$ 或 $Pa \cdot s$;

$\dfrac{\mathrm{d}u}{\mathrm{d}y}$——流速梯度,反映流速沿 y 方向的变化程度,$1/s$。

式(0-7)表明,液体的切应力 τ 随 μ 和 $\dfrac{\mathrm{d}u}{\mathrm{d}y}$ 增大、减小。

τ 随 $\dfrac{\mathrm{d}u}{\mathrm{d}y}$ 按直线规律分布的液体称为牛顿流体,如水、酒精、苯、油类、水银、空气等;否则,为非牛顿流体,如泥浆、血浆、牛奶、颜料、油漆、淀粉糊等。内摩擦定律只适用于牛顿流体。

动力黏滞系数 μ 是液体的物理属性,它反映了液体黏滞性的大小。μ 值越大,黏滞性越大;μ 值越小,黏滞性越小。μ 的大小与液体的种类和温度有关。不同温度条件下的 μ 值见表 0-1。

液体的黏滞性还可以用另一种形式的黏滞性系数来度量,即运动黏滞系数 ν。

$$\nu = \frac{\mu}{\rho} \tag{0-8}$$

ν 的单位为 m^2/s 或 cm^2/s,其大小也与液体的种类和温度有关。不同温度条件下的 ν 值见表 0-1。

(四)压缩性

液体受压后体积缩小,压力撤除后又恢复原状的性质称为液体的压缩性或弹性,压缩性的大小可用体积压缩系数 β 或体积弹性系数 K 表示。β、K 随温度变化,但变化较小,其值见表 0-1。设液体原体积为 V,当所受压强的增值为 $\mathrm{d}p$ 时,体积压缩值为 $\mathrm{d}V$,则体积压缩系数为

$$\beta = -\frac{\dfrac{\mathrm{d}V}{V}}{\mathrm{d}p} \tag{0-9}$$

体积压缩系数 β 值越大,表示越易压缩。由于液体的体积总是随压强的增大而减小,因此 $\mathrm{d}V$ 与 $\mathrm{d}p$ 的符号总是相反的,为使 β 为正值,式(0-9)右端取负号。β 的单位为 m^2/N 或 $1/\mathrm{Pa}$。

体积压缩系数的倒数称为体积弹性系数,用 K 表示为

$$K = \frac{1}{\beta} = -\frac{\mathrm{d}p}{\dfrac{\mathrm{d}V}{V}} \tag{0-10}$$

K 的单位为 Pa,K 值越大,表明液体越不易压缩。

液体的体积压缩系数 β 和体积弹性系数 K 与液体的种类和温度有关,水在不同温度条件下的 β 值和 K 值见表 0-1。在普通水温情况下,压强每增加一个标准大气压,水的体积比原体积缩小约 $1/21\,000$,可见水的压缩性很小。一般工程认为液体不可压缩。某些特殊问题,如水击问题要考虑水的压缩性。

(五)表面张力特性

液体表面张力是指液体表面的液体分子一侧受液体分子的引力,另一侧受其他介质的引力,因两侧引力不同,液体分子受到向密度大介质一侧的拉力,这种拉力称为表面张力。表面张力使得液体表面形成拉紧收缩的趋势。液体表面的这种特性,称为表面张力特性。表面张力不仅存在于液体的自由表面上,也存在于密度不同的两种液体的接触面上。

表面张力的大小可以用液体表面上单位长度所受的张力即表面张力系数 σ 来表示,σ 随温度、液体种类、液体表面接触情况而变化,σ 值见表 0-1。

工程中接触到的水面一般较大,表面张力较小,其影响可以忽略不计。只在小尺寸情况下,如研究微小水滴的形成与运动、小尺度水力模型中的水流、水舌较薄而且曲率较大的堰流、细管中的水或土壤空隙中水的运动等,必须考虑表面张力的影响。

水力学实验室中常使用盛有水或水银的细玻璃管作测压计,由于其直径较小,液体表面张力的影响较明显,如图 0-6 所示,水的引力小于管壁的引力,靠近管壁的水分子受到的管壁的引力大于其内侧水分子的引力,使水分子沿管壁上移,拉动细管内液面形成下凹、液体上升;反之,水银引力大于管壁引力,表面张力将使细管内液面上凸、液体下降。这种现象也称为毛细管现象。

若以 θ 表示液面与固体壁面的接触角,沿管壁圆周上表面张力的垂直分力应与升高或降低液柱的重力相等,可得毛细管升、降的液柱高度 $h = 4\sigma\cos\theta/(\gamma d)$。在一般情况

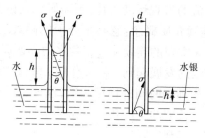

图 0-6

下,水与玻璃的接触角 $\theta \approx 0°$,水银与玻璃的接触角 $\theta \approx 139°$,这时玻璃管中水面高出容器水面的高度 h 为

$$h = \frac{29.8}{d} \tag{0-11}$$

水银表面的降低高度为

$$h = \frac{10.15}{d} \tag{0-12}$$

在式(0-11)、式(0-12)中,d 为玻璃管的内径,d 和 h 均以 mm 计。为了减小毛细管作用引起的压强量测的误差,测压管的内径不宜小于 10 mm。

(六)汽化压强

物质从液态变为气态称为汽化,其逆过程即气态变为液态称为凝结。在任何温度下,汽化和凝结都同时发生,当在一定温度下,汽化量与凝结量达到同样多,不再随持续进行的汽化和凝结而改变时,其液面的蒸汽达到饱和,称为饱和蒸汽,而压强称为饱和蒸汽压强或汽化压强。此时的液面及液体内部会逸出好多气泡(沸腾),此时的温度称为沸点。汽化压强值随温度、液体种类而变化。液体的汽化压强随温度的升、降而增大、减小,其值见表0-1。

当水面压强为一个大气压、温度为 100 ℃ 时,水会沸腾。随着液面压强的降低,液体汽化压强会减小,沸点就会降低。青藏高原上气压低,温度为 84～87 ℃时,水就会沸腾,就是这个原因。在水利工程中,水流也会因局部区域压强降低至汽化压强,水流内部释放出大量气泡,这种现象是"冷沸",也称为空化。空化破坏了水流的连续性,同时若有大量气泡的水体流动到压强较高区域,气泡会迅速溃灭并产生极大的瞬时冲击力,可以造成建筑物表面严重破坏。

上面我们讨论了液体的六个主要物理力学性质,它们都不同程度地影响着液体的运动,其中惯性、万有引力特性、黏滞性对水流运动起着主要作用,压缩性、表面张力特性和汽化压强只对某些特殊的水流运动产生影响。

三、连续介质和理想液体的概念

(一)连续介质的概念

现代物理研究指出,常温下每立方厘米水中约含有 3×10^{22} 个水分子,相邻分子间距离约为 3×10^{-8} cm,可见分子间距离相当微小,在很小的体积中包含有难以计数的分子。

工程水力学只需研究水流的宏观运动规律，不需研究其微观运动。因此，1753年，瑞士学者欧拉(Euler)提出了连续介质概念：忽略水分子的微观运动及其间隙，将液体视为一种连续充满其所占空间毫无空隙的连续体。工程水力学所研究的即为这种液体。

连续介质概念为流体力学的发展起到了巨大作用。液流中的一切物理量（如速度、压强、密度等）都可以视为空间坐标和时间的连续函数，这样，在研究液体运动规律时，就可以利用连续函数的分析方法。长期的生产和科学试验表明，利用连续介质概念所得出的液体运动规律的基本理论符合客观实际。

在连续介质概念基础上，工程中还认为液体是均质的，液体质点的物理性质在液体内各部分和各方向都是相同的，即液体具有均质等向性。

(二)理想液体的概念

一般的水利工程不考虑液体的压缩性、表面张力特性和汽化压强，考虑液体的黏滞性，但在研究液体运动规律时黏滞性会使问题变得复杂难解。所以，研究中可以先忽略液体的黏滞性，即液体的黏滞系数 $\mu = 0$，这种忽略黏滞性的液体称为理想液体。先分析理想液体的运动规律，再根据实际情况对液体黏滞性的影响进行修正，得到实际液体的运动规律。这是工程水力学的一个重要研究方法。

四、作用在液体上的力

液体运动状态的改变是力的作用结果。按作用方式，力可分为表面力和质量力两大类。

(一)表面力

作用在液体表面上，大小与受作用的表面积成比例的力称为表面力。如固体边界与液体之间的摩擦力，边界对液体的反作用力，一部分液体对相邻的另一部分液体在接触面上的水压力等。表面力又可以分为垂直于作用面的压力和平行于作用面的切力。单位面积上的压力称为压强（或压应力），单位面积上的切力称为切应力。

(二)质量力

质量力是作用在每个液体质点上，其大小与液体的质量成比例的力。如重力、惯性力都属于质量力。在均质液体中质量与体积成正比，故质量力又可以称为体积力。

单位质量液体所受到的质量力，称为单位质量力，以符号 f 表示。质量为 m 的均质液体所受的总质量力为 F，则单位质量力为

$$f = \frac{F}{m} \tag{0-13}$$

若总质量力 F 在直角坐标轴上的投影分别为 F_x、F_y、F_z，则单位质量力 f 在相应坐标上的投影分量 X、Y、Z 可表示为

$$X = \frac{F_x}{m}, Y = \frac{F_y}{m}, Z = \frac{F_z}{m} \tag{0-14}$$

单位质量力与加速度的单位相同，为米/秒^2（m/s^2）。

小　结

　　本项目主要介绍了工程水力学定义和作用,学习了液体的物理力学性质,连续介质、理想液体的概念以及作用在液体上的力,使学生了解学习工程水力学在水利建设中的重要意义,掌握液体的黏滞性、黏滞力、表面力、质量力等概念,为后续项目的学习打下理论基础。

思考与练习题

0-1　液体在静止状态下是否存在黏滞性?为什么?

0-2　何谓理想液体?

0-3　水流能量损失的根源是什么?

0-4　体积为 1.2 m³ 的水银,其质量为多少?

0-5　体积为 1.2 m³ 的水银,其重力为多少?

0-6　在一个标准大气压下,6 ℃时,1 L 水的重力和质量各为多少?

第一部分 工程水力学基本规律

📊 项目一 静水压力计算

【学习目标】 能掌握静水压强的定义及特性,会熟练计算静水压强,具有求解静水对平面壁与曲面壁建筑物压力的能力。

✏️ 任务一 静水压强认知

一、静水压强的特性

(一)静水压力与静水压强

在实际工程和生活中,液体有两种静止状态:一是液体相对于地球处于静止状态,称为绝对静止状态,如水库、蓄水池中的水;二是液体相对于地球有运动,但液体质点之间、质点与边壁间没有相对运动,称为相对静止状态,如行驶中的水罐车中的水。以上两种静止状态的液体,其质点间都无相对运动,黏滞性不起作用(无内摩擦力),同时静止液体又不能承受拉力(否则会流动),故静止液体相邻两部分之间及液体与固体壁面之间的表面力只有压力。例如,当开启图 1-1 所示的闸门时,拖动闸门需要很大的拉力,其主要是水给闸门作用了很大的压力,使闸门紧贴壁面所致。

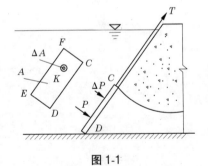

图 1-1

实践证明,静止液体对壁面的总压力大小不仅与受压面的面积有关,还与壁面所处方位有关,且壁面上各处所受压力一般是不同的(壁面水平时例外)。为了研究静止液体压力在受压面上的分布情况,下面引入静水压力及点静水压强的概念。

水力学中把静止液体产生的压力称为静水压力,用大写字母 P 表示。在图 1-1 所示的平板闸门上任取一点 K,围绕 K 点取一微小面积 ΔA,作用于该面积上的静水压力为 ΔP,当 ΔA 趋近于零时,则平均压强 $\Delta P/\Delta A$ 的极限称为 K 点的静水压强,用小写字母 p 表示,即

$$p = \lim_{\Delta A \to 0} \frac{\Delta P}{\Delta A} \qquad (1\text{-}1)$$

注: 水力学中的压强,如果不特别说明,一般指点压强。

(二)静水压强的两个基本特性

静水压强有两个重要特性:

(1)静水压强的方向永远垂直并指向受压面。因静止液体不能承受剪切力和拉力,如果静水压强的方向不是垂直并指向作用面,则液体将受到剪切力(斜向力沿作用面方向的分力)或拉力(力的方向背离作用面),液体将不能保持静止状态而产生流动,因此静水压强的方向必然垂直并指向作用面。

(2)静止液体中任一点所受各个方向的压强大小相等。为证明这一特性,在静止液体中取微小四面体 $OABC$,如图1-2所示。取四面体的三个边 OA、OB、OC 相互垂直且分别与 OX、OY、OZ 轴重合,长度分别为 $\mathrm{d}x$、$\mathrm{d}y$、$\mathrm{d}z$。作用于四面体的四个面 OBC、OAC、OAB 及 ABC 上的平均静水压强分别为 p_x、p_y、p_z 和 p_n,四面体所受的质量力仅有重力,以 $\mathrm{d}A$ 代表△ ABC 的面积,由于液体处于静止状态,所以四面体在三个坐标方向上所受外力的合力均等于零。

当 $\mathrm{d}x$、$\mathrm{d}y$、$\mathrm{d}z$ 趋于零时,p_x、p_y、p_z 和 p_n 即为作用于 O 点而方向不同的静水压强,则有 $p_x = p_y = p_z = p_n$。由于 p_n 的方向是任意的(四面体的斜面△ ABC 可任意取),因此上式就说明作用于 O 点各个方向的静水压强的大小均相等。

静水压强的第二特性表明,静止液体中各点压强的大小仅随空间位置的变化而变化。例如,在图1-3中的边壁转折处 B 点,对不同方位的受压面来说,其静水压强的作用方向不同(各自垂直于它的受压面),但静水压强的大小是相等的,即 $p_B = p_B'$。

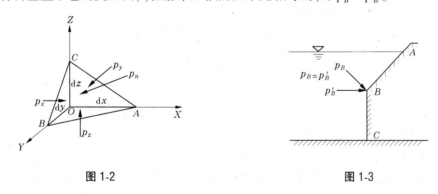

图1-2　　　　　　　　　　　　　　　图1-3

静水压强的两个特性对后面研究静止液体的力学规律是非常重要的。

二、静水压强的基本规律

(一)静水压强基本方程

上面讨论了静止液体中某一点的压强特性,那么静止液体中各点的压强大小与什么有关? 变化规律如何? 下面我们以绝对静止状态的液体(质量力仅有重力)为研究对象,通过力学分析的方法做进一步探讨。

首先来研究静止液体中任意两点的压强关系。如图1-4所示,在质量力仅有重力的静止液体中选同一铅垂线上的任意 1、2 两点,两点高差为 Δh,对应的水深分别为 h_1 和 h_2。以点 1、点 2 为圆心,分别取水平微小面积 ΔA,则再取 ΔA 为底面积、Δh 为高的铅直小液柱作为脱离体。

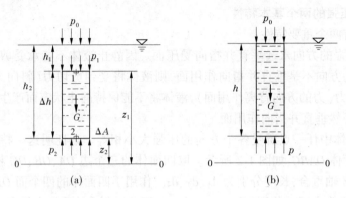

图 1-4

因所取脱离体为铅直小液柱,其侧面皆为铅直面,故侧面所受水压力均为水平方向的力。又由于小液柱处于静止状态,所以其侧面上各部分的水压力必相互平衡(水平方向上合力为零)。由受力分析可知,脱离体铅垂方向上共受以下三个力:

(1)小液柱的自重(重力):$G = \gamma \Delta h \Delta A$,方向铅直向下;

(2)小液柱上表面所受静水总压力:因 ΔA 很小,可认为该面积上各点的压强相等,所以静水总压力为 $p_1 \Delta A$,方向铅直向下;

(3)小液柱底面所受静水总压力:$p_2 \Delta A$,方向铅直向上。

则铅垂方向的静力平衡方程为

$$p_2 \Delta A - p_1 \Delta A - \gamma \Delta h \Delta A = 0$$

方程两边同除以 ΔA 并整理得

$$p_2 - p_1 = \gamma \Delta h$$

或

$$p_2 = p_1 + \gamma \Delta h \qquad (1\text{-}2)$$

因为 p_2 是在下面一点的压强,p_1 是在上面一点的压强,Δh 是两点之间的水深差,所以为便于理解、记忆,将式(1-2)改为

静压基本方程 $\qquad p_\text{下} = p_\text{上} + \gamma \Delta h \qquad (1\text{-}3)$

式(1-3)表明,在质量力仅有重力的静止液体中,水深在下面一点的压强 $p_\text{下}$ 等于其上面一点的压强 $p_\text{上}$ 加上其中间(两点之间)液体产生的压强 $\gamma \Delta h$。由式(1-3)变形可得:$p_\text{上} = p_\text{下} - \gamma \Delta h$,$\gamma \Delta h = p_\text{下} - p_\text{上}$(三部分压强可简单记忆为上、中、下的关系)。式(1-3)适用于水、油、酒精、汞、气体(低于音速)等。这就如同物理学中三块不同密度的木块叠放在一起,越向下受到的压力越大,越向上受到的压力越小,但与固体不同的是,流体密度大的一定要在下面,密度小的一定要在上面。如气体、汽油、水,自上而下一定是气体、汽油、水。显然,当两点位于同一水平面($\Delta h = 0$)时,其静水压强相等。

取脱离体如图 1-4(b)所示,上点位于液面,若液面压强以 p_0 表示,则 $p_\text{上} = p_0$,下点为液面下任意一点,$p_\text{下} = p$,$\Delta h = h$,则式(1-3)可写成

$$p = p_0 + \gamma h \tag{1-4}$$

式(1-4)是密闭容器的液体测量静水压强时常用的静水压强基本方程式。它表明,在质量力仅有重力的静止液体中,液面下任意一点的压强由两部分组成,一部分是从液面传来的表面压强;另一部分是水深为 h 的液体产生的压强。

由式(1-4)可知,表面压强可以不变大小地传递到液体中的各个部分。当表面压强由某种方式增大或减小时,液体中各部分的压强也随之增大或减小,这就是帕斯卡原理。静止液体的这一压强传递特性是制作油压千斤顶、水压机等多种机械的原理。

在水利工程中,大多数水工建筑物是开敞式的(表面压强为大气压),建筑物各部分所受大气压力相互抵消,为简化计算,通常不考虑作用于水面的大气压强,只计算液体产生的压强数值,则此时静水压强可用下式计算:

$$p = \gamma h \tag{1-5}$$

上面各式中,任一点的位置是用水深 h 来表示的,工程中也常用位置高度来表示某点的位置。取某一水平面0—0作为基准面,任一点距基准面的铅垂距离即为该点的位置高度,用 z 来表示。由图1-4(a)可知,任意两点1、2的位置高差就等于其水深之差,即 $z_1 - z_2 = \Delta h$,则式(1-2)可写为

$$p_2 - p_1 = \gamma(z_1 - z_2)$$

整理得

$$z_1 + \frac{p_1}{\gamma} = z_2 + \frac{p_2}{\gamma} \tag{1-6}$$

式(1-6)是静水压强基本方程的另一种表达式,它表明:

(1)在质量力仅有重力的静止液体中,位置高度 z 愈大,压强愈小;位置高度 z 愈小,压强愈大。

(2)在均质($\gamma =$ 常数)、连通、质量力仅有重力的静止液体中,同一水平面($z=C$)必为等压面($p=C$),这就是通常所说的连通器原理。

应用连通器原理时应注意,并不是任意一水平面都是等压面,如果液体中间被气体或另一种液体隔离,或根本不是同一种液体,则同一水平面上各点压强并不相等。例如,在图1-5中,1—2、4—5—6是等压面,而2—3虽然在同一水平面上,但因点2、点3处的液体不同,所以不是等压面。

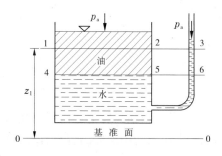

图1-5

注意: 静水压强基本方程适用于各种液体,但要注意计算时应代入相应液体的容重。

几种常见液体的容重见表1-1。

表1-1 几种常见液体的容重

液体名称	温度/℃	容重/(kN/m³)	液体名称	温度/℃	容重/(kN/m³)
蒸馏水	4	9.8	水银	0	133.28
汽油	15	6.664~7.35	润滑油	15	8.72~9.02
酒精	15	7.778 3	空气	20	0.011 8

【例1-1】 求水库中水深为4 m、8 m处的静水压强。

解: 因水库表面压强为大气压,水的容重 $\gamma = 9.8$ kN/m³,则水深为4 m处的静水压强为

$$p = \gamma h = 9.8 \times 4 = 39.2 (kPa)$$

水深为8 m处的静水压强为

$$p = \gamma h = 9.8 \times 8 = 78.4 (kPa)$$

【例1-2】 求液面为大气压的蒸馏水和水银中深度为2 m处的静水压强各为多少?

解: 由表1-1可知,蒸馏水和水银的容重分别为9.8 kN/m³和133.3 kN/m³,则蒸馏水中深度为2 m处的静水压强为

$$p = \gamma h = 9.8 \times 2 = 19.6 (kPa)$$

水银中深度为2 m处的静水压强为

$$p = \gamma h = 133.3 \times 2 = 266.6 (kPa)$$

(二)静水压强基本方程式的意义

1. 静水压强基本方程式的几何意义

所谓几何意义,就是用几何上的高度概念来诠释静水压强方程式。为了能直观反映静水压强方程式的几何高度概念,在如图1-6所示盛有某种液体的容器中任选两点1、2,在其相应位置高度(z_1 和 z_2)的边壁上开两个小孔,孔口处各连接一垂直向上的开口玻璃管(通常称为测压管)。经观察发现,两测压管中均有液柱上升,且两管中液面齐平。称测压管中液柱上升高度为测压管高度,以 $h_{测}$ 表示,根据式(1-5)和连通器原理得

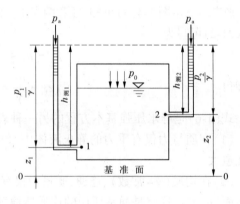

图1-6

$$p_1 = \gamma h_{测1}, \quad p_2 = \gamma h_{测2}$$

因此

$$h_{测1} = \frac{p_1}{\gamma}, \quad h_{测2} = \frac{p_2}{\gamma}$$

由上可知,压强与容重之比可用几何高度(测压管高度)来表示。测压管高度与测点处压强的大小及管中液体的容重有关,对同一种液体,测压管高度与压强成正比。

水力学中常把高度称作"水头",如位置高度 z 称为位置水头,测压管高度 $h_{测} = \frac{p}{\gamma}$ 称为压强水头,$z + \frac{p}{\gamma}$ 则称为测压管水头。

由式(1-6)可知,图1-6中点1、点2的测压管水头应相等,即两管中液面应齐平。所以,式(1-6)的几何意义可表述为:质量力仅有重力的静止液体中,任意一点对同一基准面的测压管水头都相等(为一常数),或者说各测压管中液面位于同一水平面上,即

$$z + \frac{p}{\gamma} = C \tag{1-7}$$

常数 C 值的大小随基准面位置而变,基准面选定,C 值即可确定。

2. 静水压强基本方程式的物理意义

由物理学可知:质量为 m、位置高度为 z 的物体,其位置势能(简称位能)为 mgz。它反映了重力对物体做功的本领。对于液体,因其内部存在压力,且压力也有做功的本领,因此液体还具有压力势能。例如,在图 1-6 中,点 1 处质量为 m 的液体在压力作用下上升至测压管液面,压力势能转化为位置势能,因其上升高度为 $\frac{p_1}{\gamma}$,说明压力对液体所做功的大小为 $mg\frac{p_1}{\gamma}$,这说明质量为 m、压强为 p 的液体,其压力势能为 $mg\frac{p}{\gamma}$。所以,处于静止状态、质量为 m 的液体,其总势能为

$$mgz + mg\frac{p}{\gamma}$$

为方便研究计算,水力学中常取单位重量液体作为研究对象,单位重量液体所具有的势能称为单位势能。因 $\frac{mgz}{mg} = z$,$\frac{mg\frac{p}{\gamma}}{mg} = \frac{p}{\gamma}$,$\frac{mgz + mg\frac{p}{\gamma}}{mg} = z + \frac{p}{\gamma}$,所以 z 称为单位位能,$\frac{p}{\gamma}$ 称为单位压能,$z + \frac{p}{\gamma}$ 称为单位总势能,简称单位势能,用 $E_{势}$ 表示。

根据以上定义,静水压强基本方程式的物理意义为:质量力仅有重力的静止液体中,任意点对于同一基准面的单位势能为一常数,即

$$E_{势} = z_1 + \frac{p_1}{\gamma} = z_2 + \frac{p_2}{\gamma} = \cdots = C \tag{1-8}$$

三、静水压强的量测

(一)静水压强的单位

在水力学中,压强有三种单位,即应力单位、大气压和液柱高。

1. 应力单位

从压强的定义出发,用单位面积上的力来表示,如 kN/m^2 或千帕(kPa)等。

2. 以大气压表示

地球表面大气所产生的压强,称为大气压强。物理学中规定:以海平面的平均大气压 760 mm 高水银柱为 1 标准大气压(英文大气压缩写为 atm),其应力单位数值为

$$1\ atm = 1.033\ kgf/cm^2$$

上式中 kgf/cm^2 为我国工程单位制中的压强单位,工程界为了计算简便,取大气压强的整数值,称之为工程大气压(符号为 p_a)。

$$1\ 工程大气压 = 1.0\ kgf/cm^2 = 98\ kN/m^2$$

注:工程计算中均使用工程大气压。

3. 以液柱高度表示

由于一般液体的容重可看作常量,液柱高 $h = \dfrac{p}{\gamma}$ 即能反映压强的大小。因水的容重大家比较熟悉,所以水利工程中常用水柱高作为压强单位。

因 10 mH_2O 产生的压强为 9.8 $kN/m^3 \times 10$ m = 98 kPa,即 1 工程大气压。而 1 工程大气压相应的水银柱高度为

$$h = \frac{p}{\gamma} = \frac{98\ kN/m^2}{133.3\ kN/m^3} = 0.735\ m = 735\ mm$$

所以三种压强单位间的换算关系为:1 工程大气压 = 98 kPa,相当于 10 mH_2O 或 0.735 mHg。

注:用液柱高度为单位表示压强时,必须在数值后面写明相应的液柱类型,如 10 mH_2O 或 0.735 mHg。

【例 1-3】 某点压强为 0.5 工程大气压,若用应力单位和水柱单位表示,其数值为多少?

解:根据三种压强单位的换算关系得

用应力单位表示

$$\frac{0.5\ 工程大气压}{1\ 工程大气压} \times 98\ kPa = 49\ kPa$$

用水柱表示

$$\frac{0.5\ 工程大气压}{1\ 工程大气压} \times 10\ mH_2O = 5\ mH_2O$$

(二)绝对压强、相对压强、真空及真空值

量度压强的大小,根据起算的基准(零点)不同,分为绝对压强和相对压强两种。

1. 绝对压强

前面已提到 1 工程大气压 = 98 kPa,地球上所有物体都受到这一压强,在计算物体所受压强时,计入大气压所求得的压强称为绝对压强,以 $p_绝$ 表示。例如:当液面为大气压时,求水深为 5 m 处的绝对压强,则 $p_绝 = p_a + \gamma h = 98 + 9.8 \times 5 = 147(kPa)$。

2. 相对压强

在计算物体所受压强时,不计入大气压所求得的压强称为相对压强,以 $p_相$ 表示。例如:当液面为大气压时,求水深为 5 m 处的相对压强,则 $p_相 = \gamma h = 9.8 \times 5 = 49(kPa)$。显然,$p_相$ 与 $p_绝$ 相差一个大气压强。$p_相$ 不计入大气压,$p_绝$ 计入大气压,即

$$p_绝 = p_相 + p_a \tag{1-9}$$

或

$$p_相 = p_绝 - p_a \tag{1-10}$$

因所有物体都受大气压强,因此计算时不再计入大气压强这部分相同值,所以如果不特指,工程中求某点压强均是指相对压强,其符号也不加脚标,直接以 p 表示 $p_相$。

3. 真空、真空值及真空高度

实践中常会遇到绝对压强小于大气压的情况,通常说出现了负压,即相对压强为负值,水力学中把这种情况称为真空现象。

下面通过一个简单的试验来认识和理解真空现象。取一端装有橡皮球的开口玻璃管,先挤压橡皮球将球内一部分气体排出,再将玻璃管插入盛水的敞口容器中,如图1-7所示。

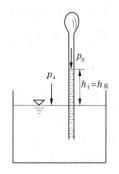

　　观察发现,容器中的水被吸到玻璃管内,管中水面高于容器中水面。若管内表面压强为 p_0,管中水面上升高度以 h_1 表示,根据连通器原理和静压方程可得

$$p_0 + \gamma h_1 = p_a = 0$$
$$p_0 = -\gamma h_1 \tag{1-11}$$

图 1-7

　　由式(1-11)可知,玻璃管中水面相对压强 p_0 为负值,说明玻璃管中出现了真空,且 p_0 绝对值越大,玻璃管中水面上升高度就越大。

　　工程中常用相对压强的绝对值即真空值(真空压强),或水柱上升高度 h_1 来度量真空的大小。真空值以 p_v(或 $p_真$)表示,其与绝对压强及相对压强的关系为

$$p_真 = -p_相 = p_a - p_绝 \quad (p_相 < 0) \tag{1-12}$$

水柱上升高度 h_1 也称吸上高度或真空高度,常以 $h_真$ 表示,其计算式为

$$h_真 = -\frac{p_相}{\gamma} = \frac{p_真}{\gamma} \tag{1-13}$$

　　图1-8为绝对压强、相对压强及真空值关系示意图。从图1-8中可以看出,当绝对压强大于大气压时,相对压强是绝对压强超出大气压的部分;当绝对压强小于大气压时,其不足一个大气压的部分就是真空值;当绝对压强为零时,真空值达到最大。工程中利用离心泵、虹吸管吸水时,泵内或虹吸管内理论最大真空值为一个大气压,理论最大吸程不可能超过10 m。

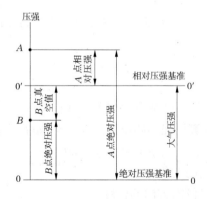

图 1-8

　　【例1-4】　图1-8中 A 点相对压强为25 kPa,B 点相对压强为-25 kPa,求 $p_{A绝}$、$p_{B绝}$ 和 $p_{B真}$。

　　解:因 $p_绝 = p_相 + p_a$,$p_真 = -p_相$,所以 $p_{A绝} = p_{A相} + p_a = 25 + 98 = 123 (\text{kPa})$

$$p_{B绝} = p_{B相} + p_a = -25 + 98 = 73 (\text{kPa})$$

$$p_{B真} = -p_{B相} = -(-25) = 25 (\text{kPa})$$

【例1-5】 求水库水深为 3 m 处的绝对压强和相对压强。

解：因水库水面为大气压，则

$$p_{相} = \gamma h = 9.8 \times 3 = 29.4(\text{kPa})$$
$$p_{绝} = p_{相} + p_a = 29.4 + 98 = 127.4(\text{kPa})$$

(三)静水压强测量仪及静水压强的测算

静水压强的测算有两种情况：一是测算点压强；二是测算两点压强差。工程实际中用于测量压强的仪器很多，可分为液柱式测压仪、金属测压仪、电测仪等，各种仪器的量测值一般为相对压强值。下面重点介绍液柱式测压仪的测算原理。

1.点压强的测算

1）测压管

一般压强用直立测压管，见图 1-9(a)；某点压强较小时，可用斜测压管，见图 1-9(b)。

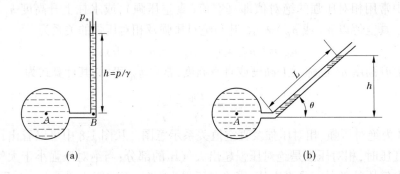

图 1-9　测压管

(1)直立测压管。

直立测压管是最简单也最常用的测压装置，管中液柱高度即反映了所测点的相对压强 p，即

$$p = \gamma h$$

(2)斜测压管。

若所测点的压强较小，为了提高测量精度，可将测压管倾斜放置以增大测距，如图 1-9(b)所示。此时用于计算压强的测压管高度 $h = L\sin\theta$，则被测点压强为

$$p = \gamma h = \gamma L\sin\theta$$

式中　θ——测压管与水平面的夹角；

　　　L——测压管中液柱沿倾斜方向的长度。

(3)轻质液体测压管。

当压强较小时，也可以在测压管中装入与所测点液体互不相溶的轻质液体，如各种油类。因轻质液体容重小，相同压强下其液柱上升高度就大，从而可增大测距，提高测量精度。

2）U 形水银测压计

若所测点压强较大，可采用 U 形水银测压计，见图 1-10。由连通器原理可知，图 1-10

中 1—2 为等压面,若水银容重以 γ_m 表示,则根据静压方程有

$$p_1 = p_A + \gamma a$$
$$p_2 = \gamma_m h$$

因为 $p_1 = p_2$,所以有

$$p_A + \gamma a = \gamma_m h$$

即

$$p_A = \gamma_m h - \gamma a$$

可见,对于 U 形水银测压计,只要测出两水银面高差 h 及安装高度 a,就可计算出某点的压强。

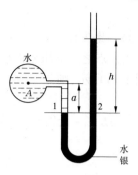

图 1-10 U 形水银测压计

2. 两点压强差测算

测量两点压强差的仪器称为压差计或比压计。常用的压差计有空气压差计和水银压差计。

1)空气压差计

如图 1-11 所示,空气压差计即倒 U 形管上部为空气(其压强可大于或小于大气压),因空气的容重很小,则可认为两管中液面压强相等。根据图 1-11 中各尺寸几何关系及静压方程可知

$$p_A = p_0 + \gamma \Delta h + \gamma(h_2 - z)$$
$$p_B = p_0 + \gamma h_2$$

所以

$$p_A - p_B = \gamma(\Delta h - z)$$

当 A、B 位于同一高程时

$$p_A - p_B = \gamma \Delta h$$

2)水银压差计

图 1-12 为水银压差计装置,取图中 1—2 等压面,由静压方程可得

$$p_1 = p_A + \gamma(z_A + \Delta h)$$
$$p_2 = p_B + \gamma z_B + \gamma_m \Delta h$$

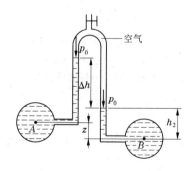

图 1-11 空气压差计

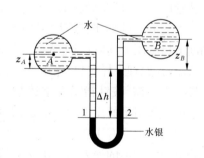

图 1-12 水银压差计

因 $p_1 = p_2$,则

$$p_A - p_B = \gamma(z_B - z_A) + (\gamma_m - \gamma)\Delta h$$

若 A、B 位于同一高程,则

$$p_A - p_B = (\gamma_m - \gamma)\Delta h$$

3) 斜比压计

当两点之间的压差很小时,为提高测量精度,同样可将比压计倾斜放置,即斜比压计,如图 1-13 所示,则

$$p_A - p_B = \gamma\Delta L\sin\theta$$

式中 ΔL ——沿斜面方向两测管读数差。

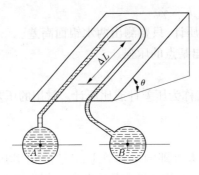

图 1-13   斜比压计

4) 金属压力表

除液体测压计外,在各种给水、排水设施上,常使用各种类型的金属压力表来测量液体的压强,其中使用较多的是一种管环式压力表(又称弹簧式压力表),其构造如图 1-14 所示。其弹簧由椭圆形横剖面的铜管或钢管制成,并弯曲成具有弹性的环状管,管的一端固定且与被测量的液体相连,管的另一端为封闭的自由端,通过连杆、传动系统与表针相连。当大于大气压的液体进入弹簧管后,由于环状管具有弹性,其自由端受压而发生变形向外伸张,带动指针转动,在表盘的刻度上指示压力读数;当进入弹簧管的压力液体为负压时,原理一样,只是作用方向相反,弹簧管变形向内收缩,表针指示真空读数。须指出,金属压力表所指示的压力读数都是相对压强。

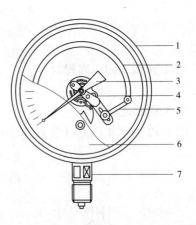

1—机座;2—弹簧管;3—指针;
4—上夹板;5—连杆;6—表盘;7—接头。

图 1-14   弹簧式压力表

压力表盘上标有压强单位 MPa(10^6 Pa)和精度等级,如普通压力表为 2.5 级,表示该表的测值与实际值的误差不超出实际值的±2.5%。

另有隔膜式压力表、风箱式压力表,原理与此相同,不再介绍。一般来说,金属压力表精度不高,灵敏度偏低,须定期率定才可使用。

✏️ 任务二 平面上的静水总压力计算

一、平面上的静水总压力概述

在实际工程中,经常需要计算建筑物与液体接触面上所受静水总压力。例如,确定闸门启闭力,校核闸、坝的稳定等,都需要知道作用于整个受压面上的静水总压力。求静水总压力就是计算受压面上各部分所受作用力的合力,主要确定静水总压力的大小、方向和作用点位置。水工建筑物的受压面一般分为平面和曲面,本任务只研究受力条件较简单的平面壁上静水总压力的计算方法。求壁面上静水总压力(合力),首先要知道受压面各部分力(各分力),下面来研究平面壁上静水压强(各分力)的分布规律。

二、静水压强分布图

表示受压面上静水压强分布规律的几何图形,称为静水压强分布图。工程中一般只画出相对压强分布图。

绘制压强分布图的一般原则:静水中任一点压强的大小由 $p = \gamma h$ 计算;压强的方向根据静水压强第二特性确定(垂直指向受压面);用带箭头的线段表示压强的大小和方向,箭杆长度代表压强的大小,箭头指向表示压强的方向。

因工程中常利用矩形平面壁的静水压强分布图来求总压力,所以下面重点介绍矩形平面壁上静水压强分布图(剖面图)的绘制方法。

因静水压强 p 与水深 h 为线性函数关系,对于矩形平面壁,沿水深方向静水压强大小必呈直线分布,只要绘出两个点的压强,即可确定直线的位置和斜率。具体做法如下:

(1)选择受压面纵剖面线的两端点,按 $p = \gamma h$ 分别计算其压强的大小。

(2)按一定比例绘出两箭杆长度(代表两点压强大小),箭头方向垂直指向两点所在受压面。

(3)标注两点压强大小,连接两箭杆尾部,在封闭图形中标示各点压强大小及方向,如图 1-15 所示。

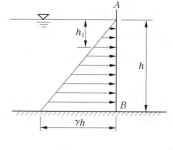

图 1-15

图 1-16 中,图(a)为倾斜放置的矩形平面壁压强分布图,图(b)为折转面的压强分布图形(注意折点处压强的绘制),图(c)为受压面迎水面及背水面均受水压力的情况(图形由两面的压强分布图叠加合并而成)。分析以上各图可知:各种情况下平面壁上静水压强分布均为平行分布力系;当受压面顶端与水面齐平时,压强分布图为三角形;当受压面上下两端均淹没在水面以下时,其压强分布图为梯形;当受压面两面都受压时,压强分布图则为矩形(各点压强均为 γ 乘以上下游水位差)。

若受压面为曲面,各点压强方向垂直于该点的切线且指向曲率中心,其压强分布不再是平行分布力系,如图 1-16(d)所示。

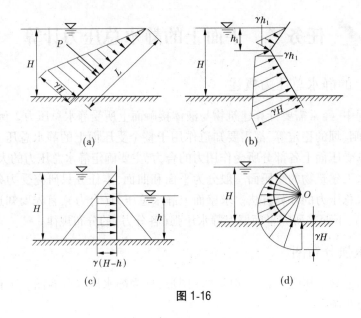

图 1-16

三、图解法求作用于矩形平面壁上的静水总压力

因平面壁上静水压强分布为平行分布力系,由工程力学可知,作用于平面壁上的静水总压力大小就等于压强分布图的体积。因矩形平面壁上压强分布图形状规则,可很容易地根据静水压强分布图求出静水总压力,这种利用压强分布图计算总压力的方法,称为图解法。

(一)静水总压力的大小

图 1-15、图 1-16 中的静水压强分布图均是静水压强分布图的剖面图形。对于矩形平面壁,整个受压面上的静水压强分布图为一棱柱体,压强分布图的剖面图即为棱柱体的底,棱柱体的高即受压面宽度 b,若压强分布图的面积用 Ω 表示,则棱柱体的体积即作用于矩形平面壁上的静水总压力为

$$P = \Omega b \tag{1-14}$$

在图 1-17 中,宽为 b,高为 L,倾斜放置的矩形平板闸门 $ABEF$,其静水压强分布图为梯形,梯形上、下底分别为 A、B 点的压强大小,即 γh_1 和 γh_2,则作用于闸门上的静水总压力为

$$P = \Omega b = \frac{1}{2}\gamma(h_1 + h_2)bL$$

(二)静水总压力的方向及作用点位置

由于平行力系的合力方向与各分力方向相同,因此矩形平面壁上静水总压力的方向必然垂直指向受压面。

静水总压力的作用点即总压力作用线与受压面的交点,称为压力中心,用 D 表示。因受压面纵向对称轴两侧所受水压力相同,故 D 必位于受压面纵向对称轴上(见图 1-17)。又由工程力学知识可知,总压力的作用线必然通过压强分布图的形心,可见压力中心的位置与

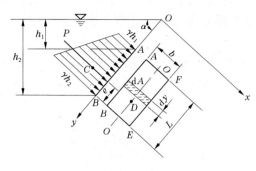

图 1-17

压强分布图形有关。若压力中心位置用 D 至受压面底边缘的垂直距离 e 表示,则
当压强分布图为梯形时

$$e = \frac{L}{3} \frac{2h_1 + h_2}{h_1 + h_2} \qquad (1\text{-}15)$$

当压强分布图为三角形时

$$e = \frac{L}{3} \qquad (1\text{-}16)$$

式中　h_1、h_2——受压面上、下边缘的水深;

　　　　L——受压面长度。

由上述内容可知,图解法求矩形平面壁上静水总压力的步骤如下:

(1)绘制静水压强分布图。

(2)求静水总压力的大小 $P = \Omega b$。

(3)确定压力中心位置。

【例 1-6】　在图 1-17 中,已知 $h_1 = 4$ m, $h_2 = 9$ m,闸门宽 $b = 2$ m 、长 $L = 8$ m,水的容重 $\gamma = 9.8$ kN/m^3,求闸门所受的静水总压力。

解:(1)绘制压强分布图,如图 1-17 所示。

(2)求静水总压力的大小,即

$$P = \Omega b = \frac{1}{2}\gamma(h_1 + h_2)bL = \frac{1}{2} \times 9.8 \times (4 + 9) \times 2 \times 8 = 1\,019.2(\text{kN})$$

(3)确定压力中心位置,即

$$e = \frac{L}{3} \frac{2h_1 + h_2}{h_1 + h_2} = \frac{8}{3} \times \frac{2 \times 4 + 9}{4 + 9} = 3.49(\text{m})$$

四、解析法求作用于任意形状平面壁上的静水总压力

(一)静水总压力的大小

对于任意形状的平面壁,因压强分布图形状不规则,要准确求出其体积很困难,所以图解法不再适用,需用解析法求解,即根据数学及力学原理推导出计算公式,直接用公式求解。

如图 1-18 所示，在倾斜挡水面上放置一任意形状的平面板，面板所在斜面与水平面的夹角为 α，面板面积为 A，形心为 C，形心淹没深度为 h_C。

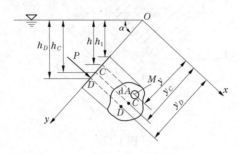

图 1-18

以面板所在平面为直角坐标平面 xOy，取坐标平面与水面的交线为 x 轴，y 轴取在面板范围以外。将 xOy 坐标平面绕 y 轴转 $90°$ 后，可看到其与面板的相对位置，如图 1-18 所示。下面来分析作用于面板上的静水总压力大小和作用点位置。

在面板上任选一点 M，围绕 M 取一微分面积 $\mathrm{d}A$，设点 M 在液面以下的淹没深度为 h，则点 M 的静水压强 $p = \gamma h$。因微小面积 $\mathrm{d}A$ 上的压强可视为相等，所以作用在 $\mathrm{d}A$ 上的静水总压力 $\mathrm{d}P = \gamma h \mathrm{d}A$。由于平行力系的合力等于各分力的代数和，因此作用于整个面板上的静水总压力可通过积分求得

$$P = \int_A \mathrm{d}P = \int_A \gamma h \mathrm{d}A = \int_A \gamma y \sin\alpha \mathrm{d}A = \gamma \sin\alpha \int_A y \mathrm{d}A \tag{1-17}$$

由工程力学知识可知，式（1-17）中 $\int_A y \mathrm{d}A$ 为面板对 Ox 轴的面积矩，它等于面板面积与形心坐标 y_C 的乘积，即 $\int_A y \mathrm{d}A = y_C A$，若用 p_C 代表形心点的静水压强，则有

$$P = \gamma \sin\alpha y_C A = \gamma h_C A = p_C A \tag{1-18}$$

式（1-18）表明：对于任意形状的平面壁，静水总压力的大小等于受压面形心处压强与受压面面积的乘积。受压面形心点的压强相当于受压面的平均压强。

（二）静水总压力的方向及作用点位置

进一步来分析静水总压力作用点即压力中心 D 的位置。根据合力矩定理，面板上静水总压力对 Ox 轴的力矩应等于各微小面积上的力对 Ox 轴的力矩之和。各分力对 Ox 轴的力矩之和可写为

$$\int_A y \mathrm{d}P = \int_A y \gamma h \mathrm{d}A = \int_A y \gamma y \sin\alpha \mathrm{d}A = \gamma \sin\alpha \int_A y^2 \mathrm{d}A$$

所以有

$$P y_D = \gamma \sin\alpha \int_A y^2 \mathrm{d}A \tag{1-19}$$

式（1-19）中 $\int_A y^2 \mathrm{d}A$ 为面板对 Ox 轴的惯性矩，以 I_x 表示。因 I_x 不仅与面板形状有关，还与 Ox 轴位置有关，直接求解很不方便，因此可先计算出面板对其形心轴（过形心与 Ox 平行的轴）的惯性矩 I_C，再根据平移轴定理求出 I_x，即 $I_x = I_C + y_C^2 A$，所以有

$$Py_D = \gamma\sin\alpha(I_C + y_C^2 A) \qquad (1\text{-}20)$$

将式(1-18)代入式(1-20)并整理可得

$$y_D = y_C + \frac{I_C}{y_C A} \qquad (1\text{-}21)$$

因式(1-21)中 $\frac{I_C}{y_C A}$ 一般大于零(受压面为水平面时因 $I_C = 0$，所以 $\frac{I_C}{y_C A} = 0$)，故一般情况下有 $y_D > y_C$，即压力中心 D 总在受压面形心 C 以下。当受压面为水平面时，$y_D = y_C$ (水平面上所有点的 y 坐标都相同)，且因受压面上压强均匀分布，故点 D 与点 C 重合。

常见平面图形的面积形心及 I_C 计算公式见表1-2。

表1-2 常见平面图形的 A、y_C 及 I_C

几何图形		A	y_C	I_C
矩形		bh	$\dfrac{h}{2}$	$\dfrac{bh^3}{12}$
三角形		$\dfrac{bh}{2}$	$\dfrac{2h}{3}$	$\dfrac{bh^3}{36}$
梯形		$\dfrac{h(a+b)}{2}$	$\dfrac{h}{3}\left(\dfrac{a+2b}{a+b}\right)$	$\dfrac{h^3}{36}\left(\dfrac{a^2+4ab+b^2}{a+b}\right)$
圆		πr^2	r	$\dfrac{1}{4}\pi r^4$
半圆		$\dfrac{1}{2}\pi r^2$	$\dfrac{4r}{3\pi}=0.4244r$	$\dfrac{9\pi^2-64}{72\pi}r^4=0.1098r^4$

注：表中 r 为圆的半径；a、b 为受压面的上、下底宽度；h 为受压面的高。

同理，将静水压力对 Oy 轴取力矩，可求得压力中心的另一个坐标 x_D。但因实际工程中的受压面大多具有与 Oy 轴平行的对称轴，且对称轴两侧所受压力相同，则压力中心 D 必位于对称轴上。

【例1-7】 如图1-19所示，一圆形平板闸门，半径 $r = 0.6$ m，$\alpha = 45°$，闸门上边缘距水面深度为 1 m，求闸门所受的静水总压力。

解：根据图1-19及已知条件得

$$h_C = 1 + r\sin\alpha = 1 + 0.6 \times \sin45° = 1.42(\text{m})$$

$$P = \gamma h_C A = 9.8 \times 1.42 \times 3.14 \times 0.6^2 = 15.73(\text{kN})$$

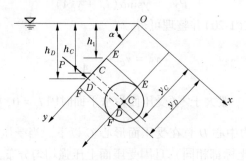

图 1-19

$$I_C = \frac{\pi r^4}{4} = \frac{1}{4} \times 3.14 \times 0.6^4 = 0.10(\text{m}^4)$$

$$y_C = \frac{1}{\sin\alpha} + r = \frac{1}{\sin45°} + 0.6 = 2.01(\text{m})$$

$$y_D = y_C + \frac{I_C}{y_C A} = 2.01 + \frac{0.10}{2.01 \times 3.14 \times 0.6^2} = 2.05(\text{m})$$

✏ 任务三　曲面上的静水总压力

一、静水总压力的两个分力

水工建筑物中常碰到受压面为曲面的情况,如拱坝坝面、弧形闸门、弧形闸墩及边墩等。因曲面壁上各点静水压强的方向互不平行[见图 1-16(d)],则平面壁上求各力代数和确定总压力的方法不再适用。为便于计算,可根据工程力学中力的分解和合成原理,先分别计算水平方向和铅垂方向的分力,再根据求合力的法则,求出静水总压力。

工程中常见的曲面壁多为二向曲面(柱面),现以弧形闸门为例,讨论二向曲面壁静水总压力的计算问题。

取图 1-20(a)中弧形闸门下部水体为脱离体,其剖面图如图 1-20(b)所示。从图 1-20(c)可看出,所取脱离体是以截面 ABC 为底,高为闸门宽度 b 的水体,其侧面为铅垂平面(AC),底面为水平面(BC)。脱离体受力分析如图 1-20(b)所示,图中各符号意义如下:

P' ——闸门对水体的反作用力,与闸门所受静水总压力 P 等值反向;

P'_x、P'_z —— P' 的水平分力和铅直分力;

P_{AC}、P_{BC} ——作用在 AC、BC 面上的静水总压力;

G ——脱离体水重。

(一)静水总压力的水平分力 P_x

根据受力分析,列水平方向的平衡方程得

$$P'_x = P_{AC}$$

根据作用力与反作用力大小相等、方向相反的原理,闸门所受水平分力为

$$P_x = P'_x = P_{AC} \tag{1-22}$$

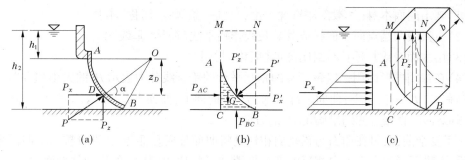

图 1-20

因 AC 为曲面的铅直投影面,则由式(1-22)可知,曲面壁上静水总压力的水平分力等于其铅直投影面上受到的静水总压力。又因 AB 的铅直投影面 AC 为矩形平面[见图 1-20(c)],因此求弧形闸门静水总压力的水平分力就归结为求矩形平面壁上的静水总压力问题。

(二)静水总压力的铅直分力 P_z

图 1-20(b)中脱离体铅直方向的平衡方程式为

$$P'_z = P_{BC} - G$$

由于 BC 是淹没深度为 h_2 的水平面,其上各点压强都等于 γh_2,若以 A_{BC} 表示其面积,则有

$$P_{BC} = \gamma h_2 A_{BC} = \gamma V_{MCBN}$$

式中 V_{MCBN}——以 $MCBN$ 为底、b 为高的棱柱体体积,如图 1-20(c)所示。

脱离体的重量等于其体积乘以水的容重,即

$$G = \gamma V_{ACB}$$

式中 V_{ACB}——以 ACB 为底、b 为高的棱柱体体积,如图 1-20(c)所示。

所以,P'_z 的计算式可写为

$$P'_z = P_{BC} - G = \gamma V_{MCBN} - \gamma V_{ACB} = \gamma V_{MABN}$$

式中 V_{MABN}——以 $MABN$ 为底、b 为高的棱柱体体积,通常称为压力体。

由图 1-20(c)可知,压力体由顶面、底面和侧面组成,顶面为水面或水面的延展面,底面为曲面本身,侧面为由曲面边线向水面所作的铅直面。压力体体积用 $V_{体}$ 表示,棱柱体底面 $MABN$ 称为压力体剖面,其面积以 $A_{剖}$ 表示,则

$$V_{体} = A_{剖} b$$

$$P'_z = \gamma V_{体} = \gamma A_{剖} b$$

因 P_z 与 P'_z 大小相等、方向相反,所以

$$P_z = \gamma A_{剖} b = \gamma V_{体} \tag{1-23}$$

由式(1-23)可知,求解 P_z 的关键在于正确求出 $A_{剖}$,而求 $A_{剖}$ 的关键又在于正确绘出压力体剖面图。

(三)压力体剖面图的绘制

简单曲面的压力体剖面图由四条边[见图 1-20(c)]或三条边(水面与曲面顶部齐平时)围成,复杂曲面壁(凹凸方向不同)的压力体剖面图由简单曲面的压力体剖面图合并

而成。简单曲面的压力体剖面图绘制方法如下：

(1)画出曲面本身(一般忽略壁面厚度,只画一条弧线,简称"本身")。

(2)由弧线两端点向水面线或其延长线作铅垂线(简称"垂线")。

(3)用水面线或其延长线封闭图形(简称"封闭")。

(4)在封闭图形内用一组带箭头的相互平行的铅直线分力表示 P_z 的大小和方向。曲面上部有水, P_z 方向向下;曲面下部有水, P_z 方向向上;曲面上、下都有水时,应分开绘制后将图形合并,根据合并结果确定 P_z 的方向。

对于复杂曲面,可在曲面与铅垂面相切处将曲面分成几部分,各部分按简单曲面分别绘制后,再将图形重合而方向相反的部分抵消,所剩图形即为 P_z 的压力体剖面图。

二、静水总压力计算

求得水平分力 P_x 和铅直分力 P_z 后,按力的合成法则,作用在曲面上的静水总压力 P 为

$$P = \sqrt{P_x^2 + P_z^2} \tag{1-24}$$

由图1-20(a)可知,总压力的方向指向曲面的内法线方向,其作用线与水平线的夹角 α 为

$$\alpha = \arctan\frac{P_z}{P_x} \tag{1-25}$$

总压力的作用点即总压力作用线与曲面的交点 D, D 点位于曲面的纵向对称轴上,其在铅垂方向的位置以该点至受压面曲率中心的铅垂距离 z_D 表示,由图1-20(a)可知

$$z_D = R\sin\alpha \tag{1-26}$$

【例1-8】 试绘制图1-21中各曲面壁上的压力体剖面图。

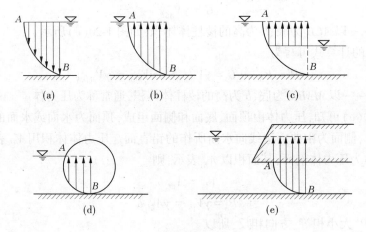

图1-21

【例1-9】 某溢流坝上弧形闸门如图1-22所示。已知闸门宽度 $b = 8$ m,圆弧半径 $R = 6$ m,闸门轴心 O(圆心)与水面齐平,圆心角为45°。求作用在闸门上的静水总压力。

解：闸前水深

$$h = R\sin45° = 6 \times \sin45° = 4.24(\text{m})$$

水平分力

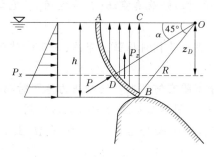

图 1-22

$$P_x = \gamma h_C A_x = \frac{1}{2}\gamma h^2 b = \frac{9.8 \times 4.24^2 \times 8}{2} = 704.72 (\text{kN})$$

铅直分力等于压力体 ABC 内的水重。压力体 ABC 的体积等于扇形 AOB 的面积减去三角形 BOC 的面积再乘以宽度 b。

$$\text{扇形 } AOB \text{ 面积} = \frac{45°}{360°}\pi R^2 = \frac{45°}{360°} \times 3.14 \times 6^2 = 14.13 (\text{m}^2)$$

$$\text{三角形 } BOC \text{ 面积} = \frac{1}{2}\overline{BC}\ \overline{OC} = \frac{1}{2}hR\cos45° = \frac{1}{2} \times 4.24 \times 6 \times \cos45° = 9 (\text{m}^2)$$

压力体 ABC 的体积 $V_{\text{体}} = \Omega b = (14.13 - 9) \times 8 = 41.04 (\text{m}^3)$

因此,铅直分力 P_z 为

$$P_z = \gamma V_{\text{体}} = 9.8 \times 41.04 = 402.19 (\text{kN})$$

作用在闸门上的静水总压力 P 为

$$P = \sqrt{P_x^2 + P_z^2} = \sqrt{704.72^2 + 402.19^2} = 811.41 (\text{kN})$$

总压力的作用线与水平线的夹角 α 为

$$\alpha = \arctan\frac{P_z}{P_x} = \arctan\frac{402.19}{704.72} = 30°$$

总压力作用点 D 与闸门轴心 O 的铅直距离为

$$z_D = R\sin\alpha = 6 \times \sin30° = 3 (\text{m})$$

✏ 小　结

本项目介绍了静水压力的基本概念和静水压强的两个重要基本特性,静水压强基本公式的几何意义和物理意义;介绍了静水压强的三种表示方法和绝对压强、相对压强和真空的概念,以及静水压强的测量方法和计算;介绍了图解法和解析法计算作用在平面上的静水总压力,以及求解曲面上静水总压力的方法。

✏ 思考与练习题

1-1　静水压强基本规律有几种表示方法? 各自的含义是什么?

1-2　什么是相对压强、绝对压强及真空压强(真空值)？它们之间的关系如何？理论的最大真空值是多少？

1-3　静水压强分布图一般应是相对压强分布图，还是绝对压强分布图？绘制压强分布图的意义是什么？

1-4　压力体图与压强分布图有何区别？绘制压力体图时铅直分力的方向如何确定？

1-5　受压面形心、压强分布图形心与压力中心有何区别？

1-6　如图 1-23 所示，某蓄水池深 15 m，试确定护岸 AB 上 1、2 两点的静水压强值，并绘出压强的方向。

1-7　试求出如图 1-24 所示的容器壁面上点 1~5 的静水压强的大小(以各种单位表示)，并绘出静水压强的方向。

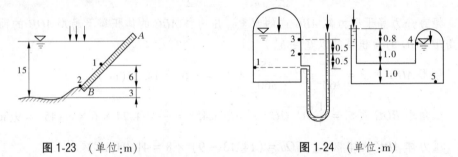

图 1-23　(单位:m)　　　　　　　　图 1-24　(单位:m)

1-8　测得某点的绝对压强为 300 mmHg，若以 kPa 为单位，则其绝对压强、相对压强及真空值各为多少？

1-9　如图 1-25 所示，用水银比压计测量两容器中两点的压强差值。已知 1、2 两点位于同一高度上，比压计两水银面读数差 $h = 350$ mm，试计算 1、2 两点的压强差。

1-10　当两点压差很小时，为了提高测量精度，可用如图 1-26 所示的斜比压计来测量压差。若已知 $\theta = 30°$，测得 $L_1 = 5$ cm，试计算 A、B 两点间的压强差。若将此比压计直立起来($\theta = 90°$)，则两管液面的读数差为多少？

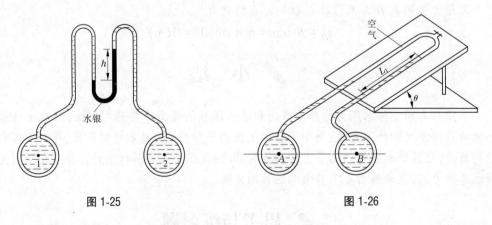

图 1-25　　　　　　　　　　图 1-26

1-11　试绘出图 1-27 所示挡水面上的压强分布图。

1-12　有一混凝土坝如图 1-28 所示，坝上游水深 $h = 24$ m，求每米宽坝面所受的静水

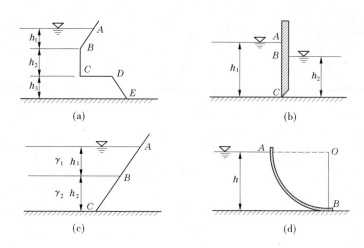

图 1-27

总压力大小及压力中心位置。

1-13　某渠道上有一平板闸门(见图 1-29),闸门在水深 $h = 2.5$ m 下工作,闸门宽度 $b = 4.0$ m。求当闸门倾角 $\alpha = 60°$ 和闸门直立时其受到的静水总压力。

1-14　在渠道侧壁上开有圆形放水孔如图 1-30 所示,放水孔直径 $d = 0.5$ m,孔顶至水面深度 $h = 2$ m,试求放水孔盖板上的静水总压力大小及作用点位置。

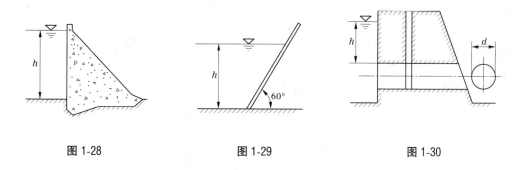

图 1-28　　　　　　　图 1-29　　　　　　　图 1-30

1-15　试绘制图 1-31 中各曲面壁的压力体剖面图及其铅直投影面上的压强分布图。

1-16　有一弧形闸门如图 1-32 所示,已知 $h = 3$ m,$\varphi = 45°$,闸门宽度 $b = 1$ m,求作用在弧形闸门上的静水总压力大小、方向及压力中心位置。

1-17　某弧形闸门 AB,宽度 $b = 4$ m,圆心角 $\varphi = 45°$,半径 $R = 2$ m,闸门的转轴与水面齐平(见图 1-33),求作用在闸门上的静水总压力大小、方向及压力中心位置。

1-18　某混凝土重力坝如图 1-34 所示,为了校核坝的稳定性,试分别计算下游有水和无水两种情况下,作用于 1 m 长坝体上水平方向的水压力和铅直方向的水压力。

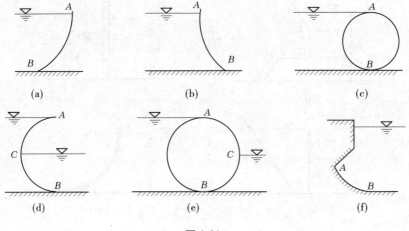

(a)　　　　　　　　　　(b)　　　　　　　　　　(c)

(d)　　　　　　　　　　(e)　　　　　　　　　　(f)

图 1-31

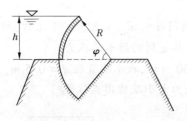

图 1-32

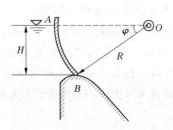

图 1-33

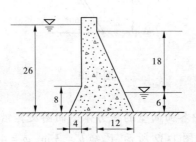

图 1-34　（单位：m）

1-15　对应图 1-31，判断各种情况下作用在弧形曲面 AB 上的压力方向及作用点位置。

1-16　有一半圆柱体如图所示，已知半径 $R=1\,\mathrm{m}$，水深 $h=R=1\,\mathrm{m}$，试求作用在该柱面上的压力大小及方向。

1-17　有一弧形闸门如图所示，已知水深 $H=3\,\mathrm{m}$，半径 $R=5\,\mathrm{m}$，圆心角 φ，试求作用在门上的静水总压力的大小和方向。（图 1-33）

1-18　某混凝土重力坝如图 1-34 所示，已知各部分尺寸如图。上游水深 26 m，下游水深 6 m，试求作用在坝体上的静水总压力。

项目二 水流运动规律的应用

【**学习目标**】 掌握描述水流运动的两种方法和基本概念;熟悉水流运动的类型;掌握恒定总流连续性方程、能量方程、动量方程的原理,并能进行水力计算的应用;熟悉产生水头损失的原因和沿程水头损失系数的变化规律;了解紊流运动的基本特征、沿程水头损失与切应力的关系、层流和紊流的断面应力分布和流速分布规律。

任务一 水流运动基本原理的认知

一、描述水流运动的两种方法

水流运动的特征可用流速、压强、加速度等物理量来表征。这些物理量通称为水流运动要素,运动要素随时间、空间位置不断发生变化。水力学中描述水流运动通常采用两种方法——迹线法和流线法。

(一)迹线法与流线法

1.迹线法

迹线法又叫拉格朗日(Lagrange)法,就是像物理学中研究固体运动那样,把液体中单个质点作为研究对象,通过对每个水流质点运动轨迹的研究来获得液体质点群运动的规律。运用迹线法研究液体运动实质上与研究一般固体力学方法相同,所以也称为质点系法。由于质点运动的轨迹十分复杂,而且水流中质点数众多,显然,用这种方法来研究水流运动是非常困难的。

2.流线法

流线法又叫欧拉(Euler)法,就是把充满液体质点的固定空间作为研究对象,不再跟踪每个质点,而是把注意力集中在考察分析水流中的各个不同水质点在通过固定空间点时的运动要素(如流速、压强)的变化情况,来获得整个液体运动的规律。水流运动时在同一时刻每个质点都占据一个空间点,只要搞清楚每个空间点上运动要素随时间的变化规律,就可以了解整个水流的运动规律了。由于流线法是以流动的空间作为研究对象,而且通常把液体流动所占据的空间称为流场,所以流线法还称为流场法。

(二)迹线与流线

用迹线法描述液体运动,是研究个别液体质点在不同时刻的运动情况,如果把液体质点在运动过程中不同时刻所占据的空间位置描绘出来,就得到水流质点的轨迹连线,称为迹线,也就是液体质点运动的轨迹线,如树叶在水中漂浮所描绘出来的轨迹。

用流线法描述液体运动,是考察同一时刻液体质点在不同空间点的运动方向和速度,如果把这些液体质点按一定规律连接起来就形成一条条线,这些表示水流运动方向的线就是流线。它是指某一瞬时在流场中绘出的一条空间曲线,该曲线上所有液体质点在该时刻的流速矢量都与这一曲线相切。借助流线可以清晰地看出水流各质点的流动方向。

　　从以上可以看出,迹线法和流线法的主要区别在于描述水流运动时着眼点不同。迹线法着眼于水流质点本身的运动特性,而流线法着眼于水流运动时所占据的空间点的运动属性,却不考虑该点是哪个水流质点通过的。而流线和迹线也是两个完全不同的概念,流线是同一瞬时描述流动场中水流质点流动方向的曲线,迹线则是指同一水质点在一段时间内所流经的轨迹。在实际工程中,一般需要了解在某位置上的水流运动情况,没有必要研究每个质点的运动轨迹,所以在水力学中常采用流线法来描述水流运动。

　　流线可用下述方法绘制:设想某一瞬时,在流场中任取一点 A_1,该液体质点的流速矢量为 u_1(见图 2-1),沿矢量 u_1 的方向取一微小线段 Δl_1 得到点 A_2,点 A_2 的流速矢量为 u_2,再沿 u_2 的方向取一微小线段 Δl_2 得到 A_3…继续做下去,就构成一条折线 $A_1A_2A_3A_4$…若折线上相邻各点的距离趋近于零,那么折线 $A_1A_2A_3A_4$…将成为一条曲线,此曲线即为流线。

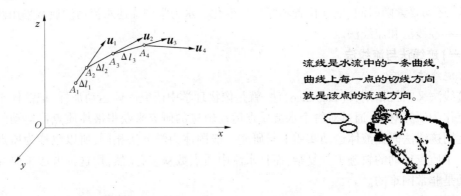

图 2-1

　　据流线的概念可知,流线有以下特征:

　　(1)流线上所有各质点的切线方向就代表了该点的流动方向,一个水流质点只能有一个流动方向。所以,流线既不能相交,也不能是折线,而只能是一条光滑的连续曲线。

　　(2)流线上的液体质点只能沿着流线运动。这是因为水质点的流速是与流线相切的,在流线上不可能有垂直于流线的速度分量,所以液体质点不可能有横越流线的流动。

　　(3)恒定流的流线形状不随时间发生变化,且流线与迹线重合。因为在恒定流中,运动要素不随时间发生变化,故不同时刻的流线,其位置和形状保持不变。而非恒定流的运动要素随时间发生变化,所以其流线一般与迹线不重合。

　　某一瞬时,在运动液体的整个空间绘出的一系列流线所构成的图形,称为流线图(见图 2-2),它可形象地描绘出该瞬时整个液流的流动趋势。流线图具有以下两个特点:

　　(1)流线图的疏密程度反映该时刻流场中各点的速度大小。流线密的地方流速大,流线稀的地方流速小。

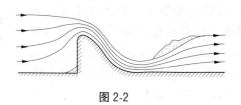

图 2-2

（2）流线的形状受到固体边界形状影响，距离边界愈近，边界的影响愈大，流线的形状愈接近边界的形状。

掌握了流线的特征和流线图的特点，就不难绘出各种边界条件下的流线图形。

二、水流运动的基本要素

为了研究问题的方便，在欧拉法的基础上，水力学从不同的角度对液体的运动进行分类，并建立了有关液体运动的基本概念，从而为更好地解决实际问题奠定了理论基础。下面分别介绍。

（一）流管、元流、总流、过水断面

1. 流管

在流场中任取一封闭曲线，通过封闭曲线上各点画出许许多多条流线所构成的管状结构，称为流管。根据流线特征，流管内液体质点不能穿越流管壁流动，如图 2-3（a）所示。

2. 元流

充满以流管为边界的一束液流称为元流，元流也叫微小流束［见图 2-3（b）］。元流过水断面面积很微小，各点的运动要素在同一时刻一般可认为是相等的。由于元流的外包面是流管，因此元流与束外液体无能量、质量和动量的交换。

3. 总流

由无数元流组成的、具有一定边界尺寸的实际水流，称为总流，如管流和明渠水流。

4. 过水断面

与元流或总流流线正交的、过水的那部分液流横断面，称为过水断面。当流线相互平行时，过水断面为平面；否则，过水断面为曲面（见图 2-4）。

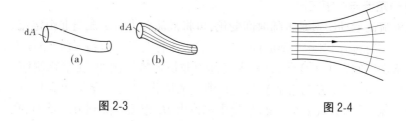

图 2-3   图 2-4

（二）流量、断面平均流速

1. 流量

单位时间内通过某一过水断面的液体体积，称为流量，用 Q 表示，其单位为米^3/秒

（m³/s）或升/秒（L/s）。流量是衡量过水断面输水能力大小的一个物理量。假设在总流中任取一微小流束，其过水断面面积为 dA，dA 上同一时刻各点的流速相等，都为 u，在 dt 时段内通过过水断面 dA 的液体体积为 $udtdA$，则单位时间内通过该微小流束过水断面的流量为

记住：流管边界全部是由水质点组成的。

$$dQ = udA \qquad (2\text{-}1)$$

设总流的过水断面面积为 A，则总流的流量应等于无数个微小流束的流量之和，即

$$Q = \int_Q dQ = \int_A udA \qquad (2\text{-}2)$$

若流速 u 在过水断面上的分布已知，则可通过积分求得通过该过水断面的流量。

2. 断面平均流速

在总流过水断面上各点的流速 u 大小不相同，一般在近壁处较小，且断面流速分布又十分复杂。为使研究方便，实际工程中通常引入断面平均流速的概念。

设想过水断面上各点的流速都均匀分布，且等于 v（见图2-5），按这一流速计算所得的流量与按各点的真实流速计算所得的流量相等，则把流速 v 定义为该断面的平均流速，即

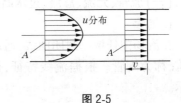

$$Q = \int_A udA = vA \qquad (2\text{-}3)$$

图2-5

所以

$$v = \frac{\int_A udA}{A} = \frac{Q}{A} \qquad (2\text{-}4)$$

可见，总流的流量 Q 等于断面平均流速 v 与过水断面面积 A 的乘积。断面平均流速的概念，使对水流运动的分析得以简化。因为在实际应用中，有时并不一定需要知道总流过水断面上的流速分布，仅需要了解断面平均流速沿流程与随时间的变化情况。

三、水流运动的类型

（一）恒定流与非恒定流

根据液流的运动要素是否随时间变化，可将液流分为恒定流与非恒定流。

液体运动时，运动要素不随时间而改变的水流称为恒定流；若任何空间点上有任何一个运动要素随时间发生了变化，这种水流称为非恒定流。例如，在水箱侧壁上开有孔口，当箱内水位保持不变（H 为常数）时，孔口泄流的形状、尺寸及运动要素均不随时间而变，这就是恒定流［见图2-6(a)］。反之，箱中水位由 H_1 连续下降到 H_2，此时，孔口泄流的形状、尺寸、运动要素都随时间而发生了变化，这就是非恒定流［见图2-6(b)］。

恒定流是实际工程中最常见的一类水流运动，如天然河道中的水流。由于恒定流时运动要素不随时间而改变，则流线形状也不随时间而变化，此时，流线与迹线重合，水流运动的分析比较简单。本项目只研究恒定流。

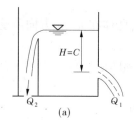
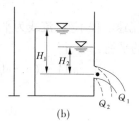

图 2-6

(二)均匀流与非均匀流

1. 定义

在恒定流中,可根据液流的运动要素是否沿程变化,将液流分为均匀流与非均匀流。同一流线上液体质点流速的大小和方向均沿程不变的流动,称为均匀流。如液体在直径不变的长直管中的流动,或在断面形状、尺寸沿程不变的长直渠道中的流动。当液流流线上各质点的运动要素沿程发生变化,流线不是彼此平行的直线时,称为非均匀流。液体在收缩管、扩散管或弯管中的流动,以及液体在断面形状、尺寸改变的渠道中的流动,均为非均匀流。

2. 均匀流的特征

(1)流线是一组互相平行的直线,过水断面为平面,在该平面内不存在速度及加速度,也没有离心惯性力。

(2)过水断面大小沿流程不变,各过水断面流速分布相同,断面平均流速相等。

(3)同一均匀流过水断面上的动水压强分布规律与静水压强的分布规律相同,即在同一过水断面上各点测压管水头为一常数。

一般情况下,实际液体中某点的动水压强与受压面方向有关,过水断面动水压强的分布规律与静水压强的分布规律也有所不同,但在某些特殊情况下,如均匀流和渐变流中却可以认为动水压强具有与静水压强同样的特性,实际液体中某点的动水压强与受压面方向无关,且过水断面上动水压强的分布符合静水压强直线分布规律。下面来证明这一特性。

3. 均匀流中过水断面上的动水压强分布规律

对于均匀流,流线为一组平行直线,因而过水断面为平面。在均匀流过水断面沿 $n—n$ 轴上任意两相邻流线间取一长 $\mathrm{d}l$、高为 $\mathrm{d}z$、底面面积为 $\mathrm{d}A$、与铅垂方向夹角为 θ 的微小柱体(见图 2-7),设该微小柱体两端面形心点处的动水压强分别为 p 与 $p + \mathrm{d}p$。下面分析沿 $n—n$ 轴向作用于微小柱体上的力。

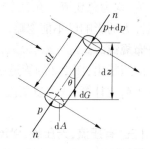

图 2-7

(1)柱体两端面上的动水压力分别为 $p\mathrm{d}A$ 和 $(p + \mathrm{d}p)\mathrm{d}A$。

(2)柱体自重沿 $n—n$ 方向的分力为 $\mathrm{d}G\cos\theta = \gamma \mathrm{d}l\mathrm{d}A\cos\theta = \gamma \mathrm{d}A\mathrm{d}z$。

(3)柱体侧面上的动水压力及水流的内摩擦力均与轴线 $n—n$ 正交,故沿 $n—n$ 方向投影为零。

（4）均匀流中流速沿程不变，流线为平行直线，柱体在 $n—n$ 方向所受的惯性力为零。沿 $n—n$ 轴向列力的平衡方程，得

$$pdA - (p + dp)dA - \gamma dAdz = 0$$

化简后得

$$\gamma dz + dp = 0$$

积分后得

$$z + \frac{p}{\gamma} = C \tag{2-5}$$

式（2-5）表明，均匀流过水断面上的动水压强分布规律与静水压强分布规律相同，即在同一过水断面上各点相对于同一基准面的测压管水头（或单位势能）为一常数，但对于不同的过水断面测压管水头是不相同的。

4. 渐变流与急变流

在非均匀流中，根据流线的不平行程度和弯曲程度，可将其分为渐变流与急变流。渐变流是指流线接近于平行直线的流动。此时，各流线的曲率很小（曲率半径 R 较大），流线间的夹角也很小，它的极限情况就是流线为平行直线的均匀流。由于渐变流中流线近似平行，因此可认为渐变流过水断面近似为平面。过水断面上的离心惯性力的影响可以忽略，过水断面动水压强仍存在 $z + \frac{p}{\gamma} = C$ 的关系。渐变流与均匀流受力情况基本一致，其同一过水断面上的动水压强分布规律也近似符合静水压强分布规律，即同一过水断面上各点相对于同一基准面的测压管水头相等。上述关于均匀流或渐变流过水断面上动水压强分布规律的结论，只适用于有一定固体边界约束（如管壁和渠壁）的水流。当液体从管道末端流入大气时，出口附近的液体也符合均匀流或渐变流的条件，但因该断面周界均与大气相通，断面周界上各点的动水压强为零，因而此种情况下过水断面上的动水压强分布不符合静水压强分布规律。

急变流是指流线的曲率较大，流线之间的夹角也较大的流动。此时，流线已不再是一组平行的直线，因此过水断面为曲面。如管道转弯、断面扩大或收缩使水面发生急剧变化的水流，均为急变流。在急变流中，因流线的曲率较大，液体质点做曲线运动而产生的离心惯性力的影响已不能忽略。因此，过水断面上动水压强的分布规律将不再服从静水压强分布规律。

应当指出，图 2-8 的管道中，实际急变流发生在局部范围，都应占有一段管道的长度，但为了简化计算，认为急变流发生在一个断面上，不占有管道长度，所以成为图 2-8 的流动状况。

（三）有压流、无压流、射流

根据液流在流动过程中有无自由表面，可将其分为有压流与无压流。液体沿流程整个周界都与固体壁面接触，而无自由表面的流动称为有压流。它主要是依靠压力作用而流动，其过水断面上任意一点的动水压强一般与大气压强不等。例如，自来水管和水电站的压力管道中的水流，均为有压流。

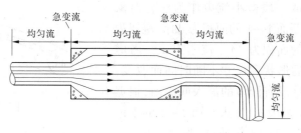

图 2-8

若液体沿流程一部分周界与固体壁面接触,另一部分与空气接触,具有自由表面的流动,称为无压流。它主要是依靠重力作用而流动,因无压流液面与大气相通,故又可称为重力流或明渠流。例如,河渠中的水流和未充满管道断面中的水流,均为无压流。

水流从管道末端的喷嘴流出,射向某一固体壁面的流动,称为射流。射流四周均与大气相接触。

(四)一元流、二元流、三元流

在工程实际中,水流的运动一般很复杂,它的运动要素是空间位置坐标和时间的函数(对于恒定流,则仅是空间位置坐标的函数)。根据液流运动要素依据空间自变量的个数,可将液流分为一元流、二元流和三元流。

如果水流运动要素只与一个空间自变量有关,这种水流称为一元流。例如,引入断面平均流速的管流和明渠水流就是一元流,其断面平均流速只是流程坐标的函数,即 $v = v(s)$。对于总流,严格地讲都不是一元流,但若把过水断面上与点的坐标有关的运动要素(如流速、压强等)进行断面平均,用断面平均流速去代替过水断面上各点的流速,这时总流也可视为一元流。

如果水流运动要素与两个空间自变量有关,这种水流称为二元流。例如,水流在宽浅的矩形明渠中流动,当两侧边界对流动的影响忽略不计时,水流中任一点的流速只与决定该点所在断面位置的流程坐标和该点距渠底的铅垂距离有关,属于二元流。

如果水流运动要素与三个空间自变量有关,这种水流称为三元流。严格来讲,任何实际水流都是三元流,如天然河道及断面形状、尺寸沿程变化的人工渠道中的水流。

从理论上讲,只有按三元流来分析水流现象才符合实际,但此时水力计算较为复杂,难以求解。因此,在实际工程中,常结合具体水流运动特点,采用各种平均方法(如最常见的断面平均法),将三元流简化为一元流或二元流,由此而引起的误差,可通过修正系数来加以校正。

✏ 任务二　水流运动规律及应用

一、恒定总流连续性方程

水流运动和其他物质运动一样,也必须遵循质量守恒定律。恒定流连续性方程,实质上就是质量守恒定律在水流运动中的具体体现。

在恒定流中任取一段微小流束作为研究对象(见图 2-9),设过水断面 1—1 的面积为 dA_1,流速为 u_1,过水断面 2—2 的面积为 dA_2,流速为 u_2。考虑到恒定流微小流束的形状和尺寸不随时间而改变,通过微小流束的侧壁没有液体的流入或流出,根据质量守恒定律,在 dt 时段内,流入断面 1—1 的水体质量等于流出断面 2—2 的水体质量,即

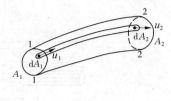

图 2-9

$$\rho u_1 dA_1 dt = \rho u_2 dA_2 dt$$

一般认为水是不可压缩和连续的,ρ 为常数。于是

$$u_1 dA_1 = u_2 dA_2$$

或

$$u_1 dA_1 = u_2 dA_2 = dQ = 常数 \qquad (2-6)$$

式(2-6)即为恒定流微小流束的连续性方程。

总流是无数个微小流束的总和,想得到总流断面上的流量,只需将微小流束的连续性方程在总流过水断面上积分,就可得到总流连续性方程,即

$$\int_Q dQ = \int_{A_1} u_1 dA_1 = \int_{A_2} u_2 dA_2$$

得

$$Q = v_1 A_1 = v_2 A_2 = 常数 \qquad (2-7)$$

或

$$\frac{v_2}{v_1} = \frac{A_1}{A_2} \qquad (2-8)$$

式中 v_1、v_2——过水断面 A_1 及 A_2 的断面平均流速。

式(2-7)即为恒定总流的连续性方程。连续性方程表明:

(1)对于不可压缩的恒定总流,流量沿程不变。

(2)任意两个过水断面的平均流速的大小与过水断面面积成反比。断面大的地方流速小,断面小的地方流速大。

上述总流的连续性方程是在流量沿程不变的条件下建立的,当沿程有流量汇入或分出的情况时,其连续性方程分别为:

有流量汇入[见图 2-10(a)]时

$$Q_1 + Q_3 = Q_2 \qquad (2-9)$$

有流量分出[见图 2-10(b)]时

$$Q_1 = Q_2 + Q_3 \qquad (2-10)$$

【例 2-1】 直径 d 为 100 mm 的输水管道中有一变截面管段(见图 2-11),若测得管内流量 $Q = 10$ L/s,变截面弯管段最小截面处的断面平均流速 $v_0 = 19.8$ m/s,求输水管的断面平均流速 v 及最小截面处的直径 d_0。

解:由式(2-7)得

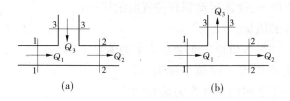

图 2-10

$$v = \frac{Q}{A} = \frac{Q}{\frac{1}{4}\pi d^2} = \frac{10 \times 10^{-3}}{\frac{1}{4} \times 3.14 \times 0.1^2} = 1.27(\text{m/s})$$

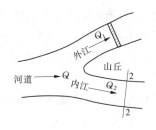

图 2-11

根据式(2-8)得

$$d_0^2 = \frac{v}{v_0}d^2 = \frac{1.27}{19.8} \times 0.1^2 = 0.000\ 641$$

故
$$d_0 = 0.025\ \text{m} = 25\ \text{mm}$$

【例 2-2】 有一河道在某处分为两支:内江和外江,如图 2-12 所示。为便于引水灌溉农田,在外江设溢流坝一座,用于抬高上游水位。已测得上游河道流量 $Q = 1\ 600\ \text{m}^3/\text{s}$,通过溢流坝的流量 $Q_1 = 450\ \text{m}^3/\text{s}$。内江过水断面面积 $A_2 = 330\ \text{m}^2$,求通过内江的流量 Q_2 及断面 2—2 的平均流速。

解:根据连续性方程得

$$Q_2 = Q - Q_1 = 1\ 600 - 450 = 1\ 150(\text{m}^3/\text{s})$$

则断面 2—2 的平均流速为

图 2-12

$$v_2 = \frac{Q_2}{A_2} = \frac{1\ 150}{330} = 3.48(\text{m/s})$$

二、恒定总流的能量方程

恒定流的连续性方程虽然揭示了液流断面平均流速与过水断面面积之间的关系,但却不能解决工程实际中常涉及的作用力和能量问题。为此,还需进一步研究液体运动所遵循的其他规律。恒定流的能量方程就是应用能量转化与守恒原理,分析液体运动时动能、压能和位能三者之间的相互关系。它为解决实际工程的水力计算问题奠定了理论基础。

(一) 恒定流微小流束的能量方程

由物理学动能定理可知,运动液体动能的增量,应等于同一时段内作用于运动液体上各外力对液体做功的代数和,即

$$\sum M = \frac{1}{2}mu_2^2 - \frac{1}{2}mu_1^2$$

式中 $\sum M$——所有外力对物体做功的代数和;

u_1——物体处于起始位置时的速度;

u_2——在外力作用下,物体运动到新位置时的速度;

m——运动物体的质量。

下面就根据动能定理来分析恒定流微小流束的能量方程。

在实际液体恒定流中取出一段微小流束,选取断面1—1与断面2—2之间的水体作为研究对象(见图2-13)。设微小流束过水断面1—1与过水断面2—2的面积分别为dA_1和dA_2,其断面形心点的位置高度分别为z_1和z_2,动水压强分别为p_1和p_2,相应的速度分别为u_1和u_2。对于微小流束由原来的1—2位置移动到了新位置1′—2′,则断面1—1与断面2—2所移动的距离分别为

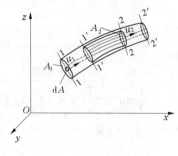

图2-13

$$dl_1 = u_1 dt$$
$$dl_2 = u_2 dt$$

由图2-13可见,1′—2是dt时段内运动液体始末共有流段,这段微小流束水体虽有液体质点的流动和替换,但由于所选的微小流束为恒定流,1′—2段水体的形状、体积和位置都不随时间发生变化。所以,要研究微小流束从1—2位置移动到1′—2′位置的动能变化,只需研究微小流束从1—1′位置移动到2—2′位置的运动就可以了。下面对其进行分析。

1. 作用在微小流束上的外力及其所做的功

1) 重力做功

设微小流束段1—1′和2—2′的位置高度差为$z_1 - z_2$,重力对共有段1′—2不做功,于是液体从1—1′位置移动到2—2′位置时重力所做的功为

$$G(z_1 - z_2) = \gamma dQ dt(z_1 - z_2)$$

2) 动水压力做功

作用于微小流束上的动水压力有两端断面上的动水压力和微小流束侧表面上的动水压力。由于微小流束侧表面上的动水压力与水流运动方向垂直,因此不做功。

作用于过水断面1—1上的动水压力$p_1 dA_1$与水流运动方向相同,因此为正功;作用于过水断面2—2上的动水压力$p_2 dA_2$与水流运动方向相反,因此为负功。于是压力所做的功为

$$p_1 dA_1 dl_1 - p_2 dA_2 dl_2 = p_1 dA_1 u_1 dt - p_2 dA_2 u_2 dt = dQ dt(p_1 - p_2)$$

3) 阻力做功

对于实际液体,由于黏滞性的存在,液体运动时必须克服内摩擦阻力,消耗一定的能量,因此阻力所做的功为负功。设阻力对单位重量液体所做的功为h'_w,则对于所研究的微小流束由1—1′位置移动到2—2′位置时,阻力所做的功为

$$- \gamma dQ dt h'_w$$

那么外力对微小流束所做的功,应等于上述三项外力所做功的代数和,即

$$\gamma dQ dt(z_1 - z_2) + dQ dt(p_1 - p_2) - \gamma dQ dt h'_w$$

2. 动能的增量

在恒定流条件下，共有流段 1′—2 的质量和各点的流速不随时间而变化，所以动能也不随时间变化，因此微小流束段动能的增量就等于流段 2—2′ 动能与流段 1—1′ 动能之差。根据质量守恒定律，流段 2—2′ 与流段 1—1′ 的质量是相等的，即 $m = \rho dV = \rho dQdt = \dfrac{\gamma}{g}dQdt$，于是动能的增量可表示为

$$\frac{1}{2}mu_2^2 - \frac{1}{2}mu_1^2 = \frac{\gamma dQdt}{2g}(u_2^2 - u_1^2) = \gamma dQdt\left(\frac{u_2^2}{2g} - \frac{u_1^2}{2g}\right)$$

3. 微小流束的能量方程式

根据动量定理，最终整理后得单位重量液体功和能之间的关系式

$$z_1 + \frac{p_1}{\gamma} + \frac{u_1^2}{2g} = z_2 + \frac{p_2}{\gamma} + \frac{u_2^2}{2g} + h_w' \tag{2-11}$$

这就是不可压缩实际液体微小流束的能量方程，该式是由瑞士的物理学家和数学家伯努利（Bermoulli）在 1738 年首次推导出来的，故又称为恒定流微小流束的伯努利方程。

（二）恒定总流的能量方程

微小流束的能量方程只能反映微小流束内部或边界上各点的流速和压强的变化，为了解决工程实际问题，还需将微小流束的能量方程加以推广，得出恒定总流的能量方程。

设通过微小流束液体的体积为 dQ，则单位时间内通过微小流束液体的重量为 γdQ，给式（2-11）各项分别乘以 γdQ，并分别积分，就可得到单位时间内通过总流两过水断面的总能量之间的关系式，即

$$\gamma\int_Q\left(z_1 + \frac{p_1}{\gamma}\right)dQ + \gamma\int_Q\frac{u_1^2}{2g}dQ = \gamma\int_Q\left(z_2 + \frac{p_2}{\gamma}\right)dQ + \gamma\int_Q\frac{u_2^2}{2g}dQ + \gamma\int_Q h_w'dQ \tag{2-12}$$

由式（2-12）可见，共有三种形式积分，现分别加以分析：

（1）势能类积分。表示单位时间内通过总流过水断面的液体势能的总和。若所取的总流过水断面符合均匀流或渐变流条件，则断面上各点的单位势能 $z + \dfrac{p}{\gamma} =$ 常数，积分是可能的，则有

$$\gamma\int_Q\left(z + \frac{p}{\gamma}\right)dQ = \gamma\left(z + \frac{p}{\gamma}\right)\int_Q dQ = \left(z + \frac{p}{\gamma}\right)\gamma Q \tag{2-13}$$

（2）动能类积分。表示单位时间内通过总流过水断面动能的总和。一般情况下，总流过水断面上各点的流速是不相等的，且分布规律不易确定，所以直接积分该项较困难。因此，可考虑用断面平均流速 v 代替断面上各点的流速 u，即用 $\dfrac{\gamma}{2g}\int_A v^3 dA$ 来代替 $\dfrac{\gamma}{2g}\int_A u^3 dA$，但两者实际并不相等。根据数学上有关平均值的性质，有 $\int u^3 dA > \int v^3 dA$（此式是可证的），用平均流速代替积分号里的点流速需要乘以一个大于 1 的修正系数 α，才能使之相等，于是动能类积分为

$$\frac{\gamma}{2g}\int_A u^3 dA = \frac{\gamma}{2g}\alpha v^3 A = \frac{\alpha v^2}{2g}\gamma Q \tag{2-14}$$

式中,α 称为动能修正系数,表示过水断面上实际流速积分与按断面平均流速积分计算所得结果之比,即

$$\alpha = \frac{\int_A u^3 dA}{v^3 A}$$

α 值取决于总流过水断面上的流速分布情况,流速分布愈均匀,α 值愈接近于 1。当水流为均匀流或渐变流时,一般可取 $\alpha = 1.05 \sim 1.10$,在实际工程计算中,常取 $\alpha = 1.0$。

(3)损失能量类积分。表示单位时间内总流从过水断面 1—1 流到过水断面 2—2 间的机械能损失的总和。设 h_w 为总流单位重量液体在这两断面间的平均机械能损失,则

$$\gamma \int_Q h'_w dQ = h_w \gamma Q \qquad (2\text{-}15)$$

将式(2-13)~式(2-15)代入式(2-12),同时各项除以 γQ 整理后得

$$z_1 + \frac{p_1}{\gamma} + \frac{\alpha_1 v_1^2}{2g} = z_2 + \frac{p_2}{\gamma} + \frac{\alpha_2 v_2^2}{2g} + h_w \qquad (2\text{-}16)$$

式(2-16)即为不可压缩液体恒定总流的能量方程(伯努利方程)。它能够反映总流各断面上单位重量液体的平均位能、平均压能和平均动能之间的能量转化关系,是水力学中三大基本方程之一。该式表明机械能沿程减小,水流机械能转化成热能而损失掉。

(三) 能量方程的意义

1. 能量方程的物理意义

从能量方程的建立过程可知,能量方程中各项都是表示过水断面上单位重量水体所具有的不同形式的能量,其共有四项:

z——单位重量液体的位能(位置势能或重力势能);

$\dfrac{p}{\gamma}$——单位重量液体的压能(压强势能);

$z + \dfrac{p}{\gamma}$——总流过水断面上单位重量液体的平均势能,即位置势能与压强势能之和;

$\dfrac{\alpha v^2}{2g}$——单位重量液体的动能;

h_w——总流单位重量液体的能量损失;

$z + \dfrac{p}{\gamma} + \dfrac{\alpha v^2}{2g}$——单位重量液体的总机械能,通常用 H 或 E 表示。

2. 能量方程的几何意义

能量方程中的各项表示了某种高度,因为都具有长度的单位,可以用几何线段表示,所以在水力学上习惯称为水头。

z——总流过水断面上某点的位置高度(相对于某基准面),称为位置水头;

$\dfrac{p}{\gamma}$——压强水头,p 为相对压强时,也叫测压管高度;

$z + \dfrac{p}{\gamma}$——测压管水头,以 H_p 表示;

$\dfrac{\alpha v^2}{2g}$——流速水头,也是液体以速度 v 垂直向上喷射到空中时所达到的高度(不计空

气阻力);

$z + \dfrac{p}{\gamma} + \dfrac{\alpha v^2}{2g}$——总水头,以 H 或 E 表示,所以总水头与测压管水头之差等于流速

水头;

h_w——水头损失或损失水头。

式(2-16)表明,对于不可压缩恒定流动,在不同的过水断面上,位置水头、压强水头和流速水头之间可以互相转化,在转化过程中能量有所损失。

设 H_1 和 H_2 分别表示总流任意两过水断面上液流所具有的总水头,根据能量方程式 $H_1 = H_2 + h_w$,即

$$H_1 - H_2 = h_w \tag{2-17}$$

可见,因为水流在流动过程中要产生能量损失,所以水流只能从总机械能大的地方流向总机械能小的地方。据此可以判断水流的流向。对于理想液体,$h_w = 0$,则 $H_1 = H_2$,即总流中任何过水断面上总水头保持不变。

3. 能量方程的图示——水头线

由于总流能量方程中各项均表示单位重量液体所具有的能量或水头,且各项的单位都是长度单位,因此可用几何线段来表示,使能量沿流程的转化情况更形象、更直观地体现出来。图2-14为一段总流机械能转化的图示。首先选取基准面0—0,并画出总流的中心线。总流各断面中心点离基准面的高度就代表了该断面的位置高度 z,所以总流的中心线就表示位置水头 z 沿程的变化,即位置水头线。

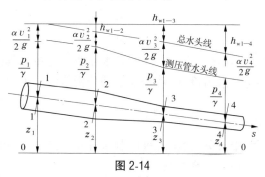

图 2-14

在各断面的中心上作铅垂线,并在铅垂线上截取高度等于中心点压强水头 $\dfrac{p}{\gamma}$ 的线

段,得到测压管水头 $\left(z + \dfrac{p}{\gamma}\right)$,即各断面上测压管水面离基准面的高度,如将各断面的测压管水头用线连起来,就得到测压管水头线。测压管水头线反映了水流势能沿流程的变化情况。测压管水头线和位置水头线之间的铅垂距离反映了压强水头沿流程的变化情况。如测压管水头线在轴心线位置以上,压强为正;反之为负。

在铅垂线所标示的测压管水头线以上截取高度等于流速水头 $\dfrac{\alpha v^2}{2g}$ 的线段,得到该断面的总水头 $H = z + \dfrac{p}{\gamma} + \dfrac{\alpha v^2}{2g}$,各断面总水头的连线称为总水头线,它反映了液流总机械能沿流程的变化情况。

根据能量方程,实际液体一定存在水头损失,因而总水头线为一条逐渐下降的直线或曲线。任意两个断面间总水头线下降的高度就是它们之间水流的水头损失。总水头线沿流程的下降情况可用单位流程上的水头损失表示,即用水力坡度 J 来表示。当总水头线为直线时,得

$$J = \frac{H_1 - H_2}{L} = \frac{h_w}{L} \qquad (2\text{-}18)$$

当总水头线为曲线时,水力坡度为变值,在某一断面处可表示为

$$J = \frac{\mathrm{d}h_w}{\mathrm{d}L} = -\frac{\mathrm{d}H}{\mathrm{d}L} \qquad (2\text{-}19)$$

因为总水头增量 $\mathrm{d}H$ 一定为负值,为使水力坡度为正值,式(2-19)中要加负号。

由于总流几何边界条件的沿程变化必将引起动能和势能的相互转化,因此测压管水头线可以沿程下降或上升,也可沿程不变。它沿流程的变化情况可用单位流程上测压管水头的降低值或升高值表示,即用测压管坡度 J_p 来表示。

当测压管水头线为直线时

$$J_p = \frac{\left(z_1 + \dfrac{p_1}{\gamma}\right) - \left(z_2 + \dfrac{p_2}{\gamma}\right)}{L} \qquad (2\text{-}20)$$

当测压管水头线为曲线时

$$J_p = -\frac{\mathrm{d}H_p}{\mathrm{d}L} \qquad (2\text{-}21)$$

对于河渠中的渐变流,其测压管水头线就是水面线。能量方程的这种图示方法,常运用于长距离有压输水管道的水力设计中,用来帮助分析水流现象,找出实际水流的沿程变化规律。

(四) 能量方程的应用

在能量方程推导过程中,都已给出各种限制条件及注意事项,可归纳如下。

1. 能量方程的应用条件及注意事项

1) 能量方程的应用条件

实际液体恒定总流的能量方程式是水力学中最常用的基本方程之一,能解决很多工程实际问题。从该方程的推导可以看出,能量方程式(2-16)有一定的适用范围,应满足以下条件:

(1) 水流必须是恒定流、均质不可压缩,且总流流量沿程不变。

(2) 所取过水断面 1—1、2—2 应在均匀流或渐变流区域,以符合断面上各点测压管水头等于常数,且作用的质量力只有重力等条件,但两个断面间可以是急变流。

（3）所取过水断面 1—1、2—2 之间，没有其他机械能的输入与输出。

但因总流能量方程中各项均指单位重量液体的能量，所以在水流有分支或汇入的情况下，仍可分别对每一支水流建立能量方程式。

对于有流量汇入情况[见图 2-10（a）]，可建立断面 1—1 与断面 2—2 和断面 3—3 与断面 2—2 的能量方程如下：

$$\left.\begin{aligned} z_1 + \frac{p_1}{\gamma} + \frac{\alpha_1 v_1^2}{2g} &= z_2 + \frac{p_2}{\gamma} + \frac{\alpha_2 v_2^2}{2g} + h_{w1-2} \\ z_2 + \frac{p_2}{\gamma} + \frac{\alpha_2 v_2^2}{2g} &= z_3 + \frac{p_3}{\gamma} + \frac{\alpha_3 v_3^2}{2g} + h_{w2-3} \end{aligned}\right\} \qquad (2\text{-}22)$$

对于有流量分出情况[见图 2-10（b）]，可建立断面 1—1 与断面 2—2 和断面 1—1 与断面 3—3 的能量方程如下：

$$\left.\begin{aligned} z_1 + \frac{p_1}{\gamma} + \frac{\alpha_1 v_1^2}{2g} &= z_2 + \frac{p_2}{\gamma} + \frac{\alpha_2 v_2^2}{2g} + h_{w1-2} \\ z_1 + \frac{p_1}{\gamma} + \frac{\alpha_1 v_1^2}{2g} &= z_3 + \frac{p_3}{\gamma} + \frac{\alpha_3 v_3^2}{2g} + h_{w1-3} \end{aligned}\right\} \qquad (2\text{-}23)$$

2）能量方程的注意事项

为了更方便、快捷地应用能量方程解决实际问题，能量方程在应用时应注意以下几点：

（1）列能量方程必须按照"三选一列"的原则。三选，即选"两个过水断面 1—1、2—2"，选"计算点"，选"0 基准面"；一列，即对所选计算点列能量方程。

（2）两过水断面 1—1、2—2 必须取在均匀流或渐变流段上，而且要选在已知条件多的地方。一般计算点要选在水面或管轴线上。

（3）为简化计算，压强 p 一般采用相对压强，也可采用绝对压强，但须统一压强标准。

（4）不同过水断面的动能修正系数 α 不相等，且不等于 1.0。但在实际计算中，为简化计算，一般取 $\alpha_1 = \alpha_2 = 1.0$。当行近流速水头较小时，可将其忽略不计。

（5）未知数多时可与连续方程和动量方程联解（后面讲动量方程）。

【例 2-3】 图 2-15 为水流经溢流坝前后的水流纵断面图。设坝的溢流段较长，上下游每米宽的流量相等。当坝顶水头为 1.5 m 时，上游断面 1—1 的流速为 0.8 m/s，坝址断面 2—2 的水深为 0.42 m，下游断面 3—3 处的水深为 2.2 m。

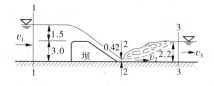

图 2-15 （单位：m）

试求：（1）断面 1—1、2—2、3—3 处单位重量水体的势能、动能和总机械能。

（2）断面 1—1 至断面 2—2 的水头损失和断面 2—2 至断面 3—3 的水头损失。

解：1.计算单位重量水体的势能、动能和总机械能

列断面 1—1 和断面 2—2 的连续性方程

$$A_1 v_1 = A_2 v_2$$

故

$$v_2 = \frac{A_1 v_1}{A_2} = \frac{bh_1}{bh_2} v_1 = \frac{h_1}{h_2} v_1 = \frac{4.5}{0.42} \times 0.8 = 8.57 (\text{m/s})$$

列断面 1—1 和断面 3—3 的连续性方程

$$A_1 v_1 = A_3 v_3$$

故

$$v_3 = \frac{A_1 v_1}{A_3} = \frac{bh_1}{bh_3} v_1 = \frac{h_1}{h_3} v_1 = \frac{4.5}{2.2} \times 0.8 = 1.64 (\text{m/s})$$

以河床底部为基准面,计算点选在自由表面上,取 $\alpha_1 = \alpha_2 = \alpha_3 = 1.0$,计算各断面能量。

(1)断面 1—1。

单位势能

$$z_1 + \frac{p_1}{\gamma} = 4.5 + 0 = 4.5 (\text{m})$$

单位动能

$$\frac{v_1^2}{2g} = \frac{0.8^2}{2 \times 9.8} = 0.03 (\text{m})$$

单位总机械能

$$H_1 = z_1 + \frac{p_1}{\gamma} + \frac{v_1^2}{2g} = 4.5 + 0.03 = 4.53 (\text{m})$$

(2)断面 2—2。

单位势能

$$z_2 + \frac{p_2}{\gamma} = 0.42 + 0 = 0.42 (\text{m})$$

单位动能

$$\frac{v_2^2}{2g} = \frac{8.57^2}{2 \times 9.8} = 3.75 (\text{m})$$

单位总机械能

$$H_2 = z_2 + \frac{p_2}{\gamma} + \frac{v_2^2}{2g} = 0.42 + 3.75 = 4.17 (\text{m})$$

(3)断面 3—3。

单位势能

$$z_3 + \frac{p_3}{\gamma} = 2.2 + 0 = 2.2 (\text{m})$$

单位动能

$$\frac{v_3^2}{2g} = \frac{1.64^2}{2 \times 9.8} = 0.14(\text{m})$$

单位总机械能

$$H_3 = z_3 + \frac{p_3}{\gamma} + \frac{v_3^2}{2g} = 2.2 + 0.14 = 2.34(\text{m})$$

2. 计算水头损失

$$h_{w1-2} = H_1 - H_2 = 4.53 - 4.17 = 0.36(\text{m})$$

$$h_{w2-3} = H_2 - H_3 = 4.17 - 2.34 = 1.83(\text{m})$$

【例 2-4】　一水位不变的敞口水箱,通过下部一条直径 $d = 200$ mm 的管道向外供水(见图 2-16),已知水箱水位与管道出口断面中心高差为 3.5 m,管道的水头损失为 3 m。试求管道出口的流速和流量。

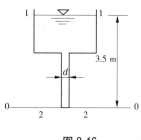

图 2-16

解:设以通过出口断面的水平面 0—0 为基准面,选取水箱自由表面断面 1—1 和管道出口断面 2—2 作为计算断面,计算点分别选在断面 1—1 的水面上和断面 2—2 的轴线上,列断面 1—1 和断面 2—2 的能量方程,即

$$z_1 + \frac{p_1}{\gamma} + \frac{\alpha_1 v_1^2}{2g} = z_2 + \frac{p_2}{\gamma} + \frac{\alpha_2 v_2^2}{2g} + h_{w1-2}$$

式中,$z_1 = 3.5$ m;$\frac{p_1}{\gamma} = 0$;$z_2 = 0$;$\frac{p_2}{\gamma} = 0$;$h_{w1-2} = 3$ m。

由于水箱水面比管道出口断面大得多,其断面平均流速比管道出口平均流速小得多,故可认为 $\frac{\alpha_1 v_1^2}{2g} \approx 0$,取 $\alpha_2 = 1.0$ 带入能量方程,得

$$3.5 + 0 + 0 = 0 + 0 + \frac{v_2^2}{2g} + 3$$

整理后得

$$\frac{v_2^2}{2g} = 0.5$$

则管道出口流速为

$$v_2 = \sqrt{2g \times 0.5} = \sqrt{2 \times 9.8 \times 0.5} = 3.13(\text{m/s})$$

管中流量为

$$Q = v_2 A_2 = v_2 \times \frac{\pi}{4}d^2 = 3.13 \times \frac{3.14}{4} \times 0.2^2 = 0.0983(\text{m}^3/\text{s})$$

【例 2-5】　一水泵(见图 2-17)的抽水量 $Q = 30$ L/s,吸水管的直径 $d = 150$ mm,水泵进口允许真空值 $p_v = 6.8$ m,吸水管内的水头损失 $h_w = 1.0$ m。试求此水泵在水面上的安装高度 h_s。

解:取水池断面 1—1 为基准面,以断面 1—1 和水泵进口处断面 2—2 作为计算断面,

计算点分别选在水池水面和断面 2—2 的中心点上,列
出其能量方程

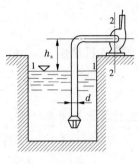

$$z_1 + \frac{p_1}{\gamma} + \frac{\alpha_1 v_1^2}{2g} = z_2 + \frac{p_2}{\gamma} + \frac{\alpha_2 v_2^2}{2g} + h_{w1-2}$$

式中, $z_1 = 0$; $\frac{\alpha_1 v_1^2}{2g} \approx 0$; $z_2 = h_s$;取 $\alpha_2 = 1.0$。

按相对压强计算

$$\frac{p_1}{\gamma} = 0; \frac{p_2}{\gamma} = -6.8 \text{ m}$$

图 2-17

将以上条件代入能量方程得

$$0 + 0 + 0 = h_s - 6.8 + \frac{v_2^2}{2g} + h_{w1-2}$$

$$v_2 = \frac{Q}{A_2} = \frac{Q}{\frac{\pi}{4}d^2} = \frac{0.03}{\frac{3.14}{4} \times 0.15^2} = 1.699(\text{m/s})$$

所以,水泵安装高度

$$h_s = 6.8 - \frac{1.699^2}{2 \times 9.8} - 1.0 = 5.653(\text{m})$$

3)有能量输入与输出的能量方程

在实际工程中,有时会遇到沿程两个断面有能量输入与输出的情况,如水泵向水流提
供能量把水提到一定高度,水轮机从水流获得能量,带动发电机发电等。

(1)有能量输入时的能量方程。

若在管道系统中有一水泵(见图 2-18),水泵工作时,通过水泵叶片转动对水流做功,
使水流能量增加。设单位重量水体通过水泵后所获得的外加能量为 H_t,则总流的能量方
程(2-17)改为

$$H_1 + H_t = H_2 + h_{w1-2} \tag{2-24}$$

式中　H_t——水泵扬程。

当不计上下游水池流速时,有

$$H_t = z + h_{w1-2} \tag{2-25}$$

式中　z——上下游水位差;

　　h_{w1-2}——断面 1—1、断面 2—2 之间
　　　　　　(不包括水泵)全部管道的
　　　　　　水头损失。

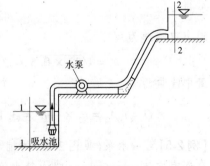

图 2-18

单位时间内动力机械给予水泵的功称为
水泵的轴功率,用 N_p 表示。设单位时间内通
过水泵的水流重量为 γQ,那么在单位时间内
水泵获得的总能量为 γQH_t,称为水泵的有效

功率。由于水流通过水泵时有漏损和水头损失,再加上水泵本身的机械磨损,因此水泵的

有效功率小于轴功率。两者的比值称为水泵的效率 η_p，因此有

$$N_p = \gamma Q \frac{H_t}{\eta_p} \qquad (2\text{-}26)$$

式中，γ 的单位是 N/m^3；Q 的单位是 m^3/s；H_t 的单位是 m；N_p 的单位是 W（$N \cdot m/s$），功率常用马力作单位，1 马力 = 735 W。

（2）有能量输出时的能量方程。

若在管道系统中有一水轮机（见图 2-19），由于水流驱使水轮机转动，对水力机械做功，因而水流能量减少。设单位重量水体给予水轮机的能量为 H_t，则总流的能量方程为

$$H_1 - H_t = H_2 + h_{w1-2} \qquad (2\text{-}27)$$

式中　H_t——水轮机的作用水头；

h_{w1-2}——断面 1—1、断面 2—2 之间全部管道的水头损失，但不包括水轮机系统内部的能量损失。

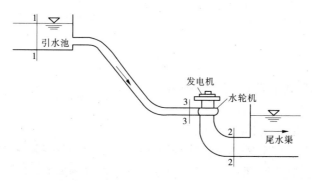

图 2-19

由水轮机主轴发出的功率又称为水轮机的出力 N_t。设单位时间内通过水轮机的水流总重量为 γQ，那么单位时间内水流对水轮机作用的总能量为 $\gamma Q H_t$。由于水流通过水轮机时有漏损和水头损失，再加上水轮机本身的机械磨损，所以水轮机的出力要小于水流给水轮机的功率。两者的比值称为水轮机的效率，用 η_t 表示，因此有

$$N_t = \eta_t \gamma Q H_t \qquad (2\text{-}28)$$

2. 能量方程的应用举例

如何利用能量方程式来分析和解决具体水力学问题，以下通过几个应用实例来说明。

1）毕托管测流速

毕托管是一种常用的测量流体点流速的仪器，用以量测流速水头和流速。它是亨利·毕托在 1703 年首创的，其测量原理就是能量的转化和守恒原理。若在运动液体（如管流）中放置一根测速管，如图 2-20 所示，它是弯成直角的两端开口的细管，一端正对来流，置于测定点 B 处，另一端垂直向上。由于测速管的阻滞流速等于零，B 点的运动质点动

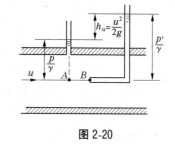

图 2-20

能全部转化为压能,使得测速管中液面升高至 $\frac{p'}{\gamma}$。常把 B 点称为滞止点或驻点。另外,在 B 点上游同一水平流线上相距很近的 A 点未受测速管的影响,流速为 u,其测压管高度 $\frac{p}{\gamma}$ 可通过同一过水断面壁上的测压管测定。应用恒定流理想液体沿流线的伯努利方程于 A、B 两点,由于 A、B 两点很近,忽略水头损失,则有

$$\frac{p}{\gamma} + \frac{u^2}{2g} = \frac{p'}{\gamma}$$

整理得

$$\frac{u^2}{2g} = \frac{p'}{\gamma} - \frac{p}{\gamma} = h_u \qquad (2\text{-}29)$$

由此说明了流速水头等于两测速管的液面差 h_u。这是流速水头几何意义的另一种解释。

由式(2-29)得流速

$$u = \sqrt{2g\frac{p'-p}{\gamma}} = \sqrt{2gh_u} \qquad (2\text{-}30)$$

根据这个原理,可将测压管与测速管组合制成一种测定点流速的仪器,称为毕托(H. Pitot)管。其构造如图 2-21 所示,其中与前端迎流孔相通的是测速管,与侧面顺流孔(一般有 4~8 个)相通的是测压管。考虑到实际液体从前端小孔至侧面小孔的黏性效应,还有毕托管放入后对流场的干扰,以及前端小孔实测到的流速与测压管高度 $\frac{p'}{\gamma}$ 不是一点

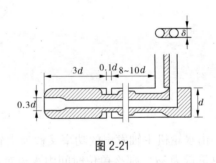

图 2-21

的值,而是小孔截面的平均值,会造成一定误差,所以引入修正系数 ζ,即

$$u = \zeta\sqrt{2g\frac{p'-p}{\gamma}} = \zeta\sqrt{2gh_u} \qquad (2\text{-}31)$$

式中,ζ 值由试验测定,一般为 $0.98 \sim 1.0$。

2)文德里流量计

文德里流量计是用于测量管道中流量大小的一种装置,包括收缩段、喉管和扩散段三部分,安装在需要测定流量的管道中。在收缩段进口前断面 1—1 和喉管断面 2—2 分别安装测压管,如图 2-22 所示。通过测量断面 1—1 和断面 2—2 测压管水头差 Δh 值,就能计算出管道通过的流量 Q,其原理就是应用恒定总流的能量方程。

因为管轴线是水平的,取管轴线所在的水平面 0—0 为基准面,对渐变流断面 1—1、断面 2—2 列能量方程(取 $\alpha_1 = \alpha_2 = 1.0$,暂不考虑水头损失),有

$$0 + \frac{p_1}{\gamma} + \frac{v_1^2}{2g} = 0 + \frac{p_2}{\gamma} + \frac{v_2^2}{2g} + 0$$

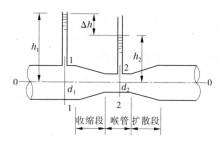

图 2-22

式中, $\dfrac{p_1}{\gamma} = h_1$;$\dfrac{p_2}{\gamma} = h_2$;$h_1 - h_2 = \Delta h$,则

$$\frac{p_1}{\gamma} - \frac{p_2}{\gamma} = \frac{v_2^2}{2g} - \frac{v_1^2}{2g} = \Delta h \qquad (2\text{-}32)$$

根据连续性方程得

$$v_2 = \frac{A_1 v_1}{A_2} = \left(\frac{d_1}{d_2}\right)^2 v_1 \qquad (2\text{-}33)$$

将式(2-33)代入式(2-32),得

$$\Delta h = \frac{v_1^2}{2g}\left[\left(\frac{d_1}{d_2}\right)^4 - 1\right]$$

整理后得

$$v_1 = \frac{1}{\sqrt{\left(\dfrac{d_1}{d_2}\right)^4 - 1}}\sqrt{2g\Delta h}$$

因此

$$Q = A_1 v_1 = \frac{\pi}{4}d_1^2 \frac{1}{\sqrt{\left(\dfrac{d_1}{d_2}\right)^4 - 1}}\sqrt{2g\Delta h} = \frac{\pi d_1^2 d_2^2}{4\sqrt{d_1^4 - d_2^4}}\sqrt{2g\Delta h}$$

令 $K = \dfrac{\pi d_1^2 d_2^2}{4\sqrt{d_1^4 - d_2^4}}\sqrt{2g}$,则

$$Q = K\sqrt{\Delta h} \qquad (2\text{-}34)$$

实际上,液体存在水头损失,通过文德里流量计的实际流量要比式(2-34)理论计算出的流量偏小。通常给式(2-34)乘以一个小于1的修正系数 μ 来修正,得实际流量为

$$Q = \mu K\sqrt{\Delta h} \qquad (2\text{-}35)$$

式中 μ ——文德里流量计的流量系数,一般为 0.95~0.98。

如果断面 1—1、断面 2—2 的动水压强很大,这时可在文德里管上直接安装水银压差计(见图 2-23)。由压差计原理可知

$$\frac{p_1}{\gamma} - \frac{p_2}{\gamma} = \frac{\gamma_m - \gamma}{\gamma}\Delta h = 12.6\Delta h$$

这样

$$Q = \mu K \sqrt{12.6\Delta h} \qquad (2-36)$$

式中 Δh——水银压差计两支管中水银面的高差。

【例2-6】 有一文德里管如图2-24所示,若水银压差计的指示为360 mmHg,并设从截面 A 流到截面 B 的水头损失为0.2 m。$d_A = 300$ mm,$d_B = 150$ mm。试求此时通过文德里管的流量。

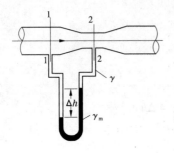

图 2-23

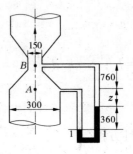

图 2-24 (单位:mm)

解: 以截面 A 为基准面列出截面 A 和截面 B 的伯努利方程为

$$0 + \frac{p_A}{\gamma} + \frac{v_A^2}{2g} = 0.76 + \frac{p_B}{\gamma} + \frac{v_B^2}{2g} + h_w$$

由此得

$$\frac{p_A}{\gamma} - \frac{p_B}{\gamma} = \frac{v_B^2}{2g} - \frac{v_A^2}{2g} + 0.76 + 0.2 \qquad (a)$$

由连续性方程得

$$v_A A_A = v_B A_B$$

$$v_A = v_B \frac{A_B}{A_A} = v_B \left(\frac{d_B}{d_A}\right)^2 \qquad (b)$$

水银压差计 1—1 为等压面,则有

$$p_A + (z + 0.36)\gamma = p_B + (0.76 + z)\gamma + 0.36\gamma_{汞}$$

$$\frac{p_A}{\gamma} - \frac{p_B}{\gamma} = 0.76 - 0.36 + 0.36 \times \frac{\gamma_{汞}}{\rho g} = 0.40 + 0.36 \times \frac{133\,400}{9\,800} = 5.3(\text{mH}_2\text{O}) \quad (c)$$

将式(c)和式(b)代入式(a)中得

$$5.3 = \frac{v_B^2}{2g}\left[1 - \left(\frac{d_B}{d_A}\right)^4\right] + 0.96$$

解得

$$v_B = \sqrt{\frac{2g(5.3 - 0.96)}{1 - \left(\frac{d_B}{d_A}\right)^4}} = \sqrt{\frac{2 \times 9.8 \times (5.3 - 0.96)}{1 - \left(\frac{0.15}{0.3}\right)^4}} = 9.53(\text{m/s})$$

$$Q = v_B \frac{\pi}{4} d_B^2 = 9.53 \times \frac{\pi}{4} \times 0.15^2 = 0.168(\mathrm{m^3/s})$$

3）文德里量水槽

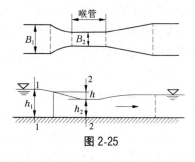

图 2-25

文德里量水槽是用来量测渠道和河道中的流量，它的形状与文德里管相似，由上游做成喇叭口的收缩段、中间束窄的喉管及下游放宽到原有渠道的扩散段三部分组成（见图 2-25）。两者的区别在于：在文德里管中，喉管部分压能转化为动能，通过量测由此产生的压力差来确定流量；而在文德里量水槽中，是位能转化为动能，通过量测由此产生的水位差来确定流量。下面来分析文德里量水槽的原理：如图 2-25 所示，令断面 1—1 为收缩段进口，断面 2—2 为最小的喉管断面，两断面的水宽、渠宽、断面平均流速分别为 h_1、B_1、v_1 和 h_2、B_2、v_2。以槽底部所在的水平面为基准，不考虑水头损失的影响，取 $\alpha_1 = \alpha_2 = 1.0$，对断面 1—1、断面 2—2 写能量方程，有

$$h_1 + \frac{v_1^2}{2g} = h_2 + \frac{v_2^2}{2g}$$

因为

$$v_1 = \frac{Q}{A_1}, v_2 = \frac{Q}{A_2}$$

所以

$$h_1 + \frac{Q^2}{2gA_1^2} = h_2 + \frac{Q^2}{2gA_2^2}$$

整理后得

$$Q = A_2 \sqrt{\frac{2g(h_1 - h_2)}{1 - \left(\frac{A_2}{A_1}\right)^2}} \qquad (2-37)$$

将 $A_1 = B_1 h_1$，$A_2 = B_2 h_2$，$h = h_1 - h_2$ 代入式（2-37），得

$$Q = B_2 h_2 \sqrt{\frac{2gh}{1 - \left(\frac{B_2 h_2}{B_1 h_1}\right)^2}} \qquad (2-38)$$

考虑到水头损失的影响，对式（2-38）进行修正。以 μ 表示文德里量水槽的流量系数，一般取 0.96~0.99，则

$$Q = \mu B_2 h_2 \sqrt{\frac{2gh}{1 - \left(\frac{B_2 h_2}{B_1 h_1}\right)^2}} \qquad (2-39)$$

三、恒定总流的动量方程

利用前面介绍的连续性方程和能量方程，已经能够解决许多实际水力学问题，但对于

某些较复杂的水流运动问题,尤其是涉及计算水流与固体边界间的相互作用力问题,如水流作用于闸门的动水总压力,以及水流经过弯管时,对管壁产生的作用力等计算问题,用连续性方程和能量方程则无法求解,而必须建立动量方程来解决这些问题。

动量方程实际上就是物理学中的动量定理在水力学中的具体体现,它反映了水流运动时动量变化与作用力间的相互关系,其特点是可避开计算急变流范围内水头损失这一复杂的问题,使急变流中的水流与边界面之间的相互作用力问题较方便地得以解决。

(一)动量方程式的推导及注意事项

1. 动量方程式的推导

由物理学可知,动量定理可表述为:运动物体在单位时间内动量的变化量等于物体所受各外力的合力。下面根据动量定理,推导恒定总流的动量方程。在不可压缩的恒定流中,截取一渐变流流段 1—2(见图 2-13)。设断面 1—1 的过水断面面积为 A_1,平均流速为 v_1,断面 2—2 的过水断面面积为 A_2,平均流速为 v_2。取坐标如图 2-13 所示,经过 dt 时段后,流段由原来的 1—2 位置运动到了新的位置 1′—2′处,从而动量发生了变化。设其动量的变化为 dK,它应等于时段末流段 1′—2′的动量 $K_{1'-2'}$ 与时段初流段 1—2 的动量 K_{1-2} 之差,则

$$dK = K_{1'-2'} - K_{1-2} = (K_{1'-2} + K_{2-2'}) - (K_{1-1'} + K_{1'-2}) = K_{2-2'} - K_{1-1'}$$

如按平均流速计算任意断面的动量就等于通过断面的质量 ρQ 乘以平均流速 v,即 $\rho Q v$。但实际断面上的流速是不均匀的,而按实际流速通过断面的动量,应对所有微小流速的动量 ρdQu 进行积分才能求得实际总流动量,研究表明按平均流速通过的动量 $\rho Q v$ 并不等于实际动量,需引入一个动量修正系数 β 来加以修正才能相等,即

$$\int_Q \rho dQu = \int_A \rho u dAu = \int_A \rho \beta v dAv = \beta \rho v v \int_A dA = \beta \rho v v A = \beta \rho Q v \qquad (2\text{-}40)$$

因此

$$\beta = \frac{\int_A u^2 dA}{Qv} = \frac{\int_A u^2 dA}{v^2 A}$$

由此可见,动量修正系数是表示单位时间内通过总流过水断面的单位质量液体实际动量与单位时间内以相应的断面平均流速通过的动量的比值。同样可以证明,β 值大于 1,且其大小取决于过水断面的流速分布。通常在渐变流中取 $\beta = 1.02 \sim 1.05$。在工程实际中,为简便起见,一般采用 $\beta = 1.0$。根据式(2-40)可知,在 dt 时段内:

从断面 2—2 流出的动量为

$$K_{2-2'} = \beta_2 \rho Q v_2 dt$$

从断面 1—1 流进的动量为

$$K_{1-1'} = \beta_1 \rho Q v_1 dt$$

则 dt 时段内断面 1—1 与断面 2—2 之间水体动量的变化量为

$$dK = K_{2-2'} - K_{1-1'} = \beta_2 \rho Q v_2 dt - \beta_1 \rho Q v_1 dt$$

单位时间内断面 1—1 与断面 2—2 之间水体动量的变化量为

$$\frac{dK}{dt} = \frac{\beta_2 \rho Q v_2 dt - \beta_1 \rho Q v_1 dt}{dt} = \beta_2 \rho Q v_2 - \beta_1 \rho Q v_1 = \rho Q(\beta_2 v_2 - \beta_1 v_1)$$

由动量定理知 $\dfrac{\mathrm{d}K}{\mathrm{d}t}$ 应等于断面 1—1 与断面 2—2 之间水体所受各外力的合力 $\sum F$，则得

$$\sum F = \rho Q(\beta_2 v_2 - \beta_1 v_1) \tag{2-41}$$

式(2-41)即为恒定总流的动量方程。它表明，单位时间内作用于所研究总流流段上的所有外力，等于从总流流段下游断面流出的动量与上游断面流入的动量之差。式(2-41)为沿任意方向流动水流的动量方程，实际计算中需要将其投影到 x、y、z 三坐标轴方向上列动量方程，式(2-42)便是动量方程的投影式

$$\left.\begin{array}{l} \sum F_x = \rho Q(\beta_2 v_{2x} - \beta_1 v_{1x}) \\ \sum F_y = \rho Q(\beta_2 v_{2y} - \beta_1 v_{1y}) \\ \sum F_z = \rho Q(\beta_2 v_{2z} - \beta_1 v_{1z}) \end{array}\right\} \tag{2-42}$$

式中　v_{2x}、v_{2y}、v_{2z} 和 v_{1x}、v_{1y}、v_{1z}——总流下游过水断面 2—2 和上游过水断面 1—1 的平均流速 v_2 和 v_1 在三个坐标方向上的投影；

　　$\sum F_x$、$\sum F_y$、$\sum F_z$——作用在断面 1—1 与断面 2—2 间液体上的所有外力在三个坐标轴方向投影的代数和。

2. 列动量方程式的注意事项

(1)列动量方程必须按照"取、选、标"的原则。取，即取"脱离体"；选，即选"x、y坐标系"；标，即在脱离体图上以箭头标注"力和速度"。在此基础上才可以列 x、y 方向的动量方程(一般有过水断面上的动水压力、脱离体的重力、固体边界表面对脱离体的作用力)。

(2)列 x、y 方向动量方程时，力和速度的投影与坐标轴方向一致取正，反之取负。

(3)选取脱离体时，过水断面 1—1、2—2 要取在渐变流段，且要已知条件多并包含待求量。过水断面的动量修正系数均可取 1.0。

(4)列动量方程时，输入和输出的流量须相等，一定是流出的动量减去流入的动量。

(5)未知数多时，可与连续性方程和能量方程联解。

实际上，动量方程也可以推广应用于沿程水流有分支或汇合的情况。例如，对某一分叉管路[见图 2-10(b)]，可以把管壁及上下游过水断面所组成的封闭段作为脱离体来应用动量方程。此时，对该脱离体建立 x 方向的动量方程应为

$$\rho Q_2 \beta_2 v_{2x} + \rho Q_3 \beta_3 v_{3x} - \rho Q_1 \beta_1 v_{1x} = \sum F_x \tag{2-43}$$

式中　v_{1x}、v_{2x}、v_{3x}——1—1、2—2、3—3 三个过水断面上的平均流速在 x 方向的投影；

　　$\sum F_x$——作用于脱离体上的各外力的合力在 x 方向的投影。

同理，可建立 y 方向的动量方程。

(二)动量方程的应用举例

【例 2-7】　管路中一段水平放置的等截面弯管，直径 d 为 200 mm，弯角为 45°(见图 2-26)。管中断面 1—1 的平均流速 $v_1 = 4$ m/s，其形心处的相对压强 p_1 为 1 个大气压。若不计管流的水头损失，求水流对弯管的作用力 R。

解:按照"取、选、标"的原则,取渐变流过水断面
1—1、2—2 及管内壁所围成的水体为脱离体;选坐标
系如图 2-26 所示;在脱离体上标注各力和速度箭
头。R' 是弯管对水流的反作用力(与 R 等值反向),
其方向可以先假设,求出结果为正则假设正确,为负
则与假设反向。R'_x、R'_y 为 R' 在 x、y 轴上的分力。作用
在两断面上的动水压力分别为 $P_1 = p_1 A_1$,$P_2 = p_2 A_2$。
作用在控制面内的水流重力,因与所研究的水平面垂
直,故不必考虑。总流的动量方程式(2-41)在 x 轴与
y 轴上的投影为

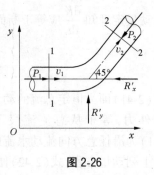

图 2-26

$$\left.\begin{array}{l} \rho Q(\beta_2 v_2 \cos45° - \beta_1 v_1) = p_1 A_1 - p_2 A_2 \cos45° - R'_x \\ \rho Q(\beta_2 v_2 \sin45° - 0) = 0 - p_2 A_2 \sin45° + R'_y \end{array}\right\}$$

则

$$\left.\begin{array}{l} R'_x = p_1 A_1 - p_2 A_2 \cos45° - \rho Q(\beta_2 v_2 \cos45° - \beta_1 v_1) \\ R'_y = p_2 A_2 \sin45° + \rho Q \beta_2 v_2 \sin45° \end{array}\right\} \quad (a)$$

式中

$$Q = \frac{1}{4}\pi d^2 v_1 = \frac{1}{4} \times 3.14 \times 0.2^2 \times 4 = 0.126(\text{m}^3/\text{s})$$

由 $A_1 v_1 = A_2 v_2$,得 $v_1 = v_2 = 4 \text{ m/s}$。

对断面 1—1 和断面 2—2 列能量方程得

$$p_2 = p_1 = 1 \text{ 个大气压} = 98 \text{ kN/m}^2$$

则

$$p_2 A_2 = p_1 A_1 = p_1 \frac{1}{4}\pi d^2 = 98 \times \frac{1}{4} \times 3.14 \times 0.2^2 = 3.077(\text{kN})$$

取

$$\beta_1 = \beta_2 = 1$$

将它们代入式(a)得

$$R'_x = 3\,077 - 3\,077 \times \frac{\sqrt{2}}{2} - 1\,000 \times 0.126 \times 4 \times (\frac{\sqrt{2}}{2} - 1) = 1\,048.85(\text{N}) = 1.05 \text{ kN}$$

$$R'_y = 3\,077 \times \frac{\sqrt{2}}{2} + 1\,000 \times 0.126 \times 4 \times \frac{\sqrt{2}}{2} = 2\,532.15(\text{N}) = 2.53 \text{ kN}$$

R_x 与 R'_x,R_y 与 R'_y 分别大小相等,方向相反,则水流对弯管的作用力

$$R = \sqrt{R_x^2 + R_y^2} = \sqrt{1.05^2 + 2.53^2} = 2.74(\text{kN})$$

【例 2-8】 某溢流坝(见图 2-27),上游渐变流断面 1—1 处的水深 $h_1 = 2$ m,下游渐
变流断面 2—2 处的水深 $h_2 = 0.8$ m,若忽略水头损失,试求水流作用在 1 m 坝宽上的水
平推力。

解:建立 x 轴坐标方向,并选取渐变流断面 1—1、断面 2—2 之间水体为脱离体。脱离
体内水体沿 x 轴方向所受的外力有:断面 1—1、断面 2—2 上的动水压力 P_1 和 P_2;溢流坝
对水流的作用力 F,它实际上是水流对溢流坝水平推力 F' 的反作用力。取动量修正系数
$\beta_1 = \beta_2 = 1.0$,列出 x 轴方向上的动量方程为

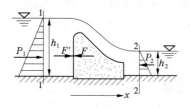

图 2-27

$$\rho Q(v_2 - v_1) = P_1 - P_2 - F$$

则
$$F = P_1 - P_2 - \rho Q(v_2 - v_1) \tag{a}$$

断面 1—1 动水压力为

$$P_1 = \frac{1}{2}\gamma h_1^2 b = \frac{1}{2} \times 9.8 \times 2^2 \times 1 = 19.6(\text{kN})$$

断面 2—2 动水压力为

$$P_2 = \frac{1}{2}\gamma h_2^2 b = \frac{1}{2} \times 9.8 \times 0.8^2 \times 1 = 3.136(\text{kN})$$

为求流量,取底部 0—0 面为基准面,列出断面 1—1 和断面 2—2 上的能量方程为

$$h_1 + \frac{v_1^2}{2g} = h_2 + \frac{v_2^2}{2g} \tag{b}$$

由连续性方程可得

$$v_2 = \frac{A_1}{A_2}v_1 = \frac{2}{0.8}v_1 = 2.5v_1 \tag{c}$$

将式(c)代入式(b),得

$$2 + \frac{v_1^2}{2g} = 0.8 + \frac{(2.5v_1)^2}{2g}$$

故
$$v_1 = \sqrt{\frac{2g \times (2 - 0.8)}{2.5^2 - 1}} = 2.12(\text{m/s})$$

$$v_2 = 2.5v_1 = 2.5 \times 2.12 = 5.3(\text{m/s})$$

$$Q = v_1 A_1 = 2.12 \times 2 \times 1 = 4.24(\text{m}^3/\text{s})$$

将已求得的 P_1、P_2、v_1、v_2 及 Q 值代入式(a)得

$$F = 19.6 - 3.136 - 1 \times 4.24 \times (5.3 - 2.12) = 2.981(\text{kN})$$

因 F 为正值,说明所设 F 方向正确,所以作用于坝体上的水平推力 $F' = 2.981$ kN,方向与 F 相反。

任务三　水流型态和水头损失的计算

前面讨论了液流的能量方程。能量方程式中的 h_w 表示单位重量的水流在流动过程中产生的水头损失,工程水力计算中要求会计算 h_w。例如:供水塔高 60 m,需要引水到水塔,那么 60 m 的能量能否成功引水至塔顶呢? 明显不可以,因为水在管道的流动过程中有水头损失,必须在 60 m 基础上考虑管道行水的水头损失 h_w。h_w 如何计算? 本任务将介绍怎样计算 h_w。

一、水头损失概述

(一)水头损失的根源和分类

实际液体在流动过程中,与边界面接触的液体质点黏附于固体表面,流速为零。在边界面的法线方向上流速逐渐增大,过水断面上的流速分布处于不均匀状态,如果选取相邻两流层来研究,两层间存在相对运动。实际液体又具有黏滞性,所以在有相对运动的相邻两流层间会产生内摩擦力。液体运动过程中要克服这种摩擦阻力,必须损耗部分液流的机械能,转化为热能散失掉,所以实际液体总是存在水头损失。而理想液体过水断面的流速在垂直方向上无变化,水流不必为克服黏滞切应力而损失能量,所以理想液体水头损失总是为零。至于固体边界几何条件和粗糙程度对水头损失的影响,对实际液体,只能起到增大或减小水头损失的作用,不能决定水头损失的有无。对理想液体,无论边界条件怎样变化、怎样粗糙,因 $\tau = \mu \dfrac{du}{dy} = 0$,因此水头损失总是为零,所以水头损失的根源是液体的黏滞性。根据水流流动类型把水头损失分为两类,一类发生在均匀流中,均匀流总是发生在长直且形状尺寸沿流程不变的固体边界上,在这种边界上产生的水头损失沿程都有,并随流程长度增加,所以把均匀流中的水头损失叫作沿程水头损失,并用 h_f 表示。如输水管道、隧洞和河渠中的均匀流流段内的水头损失,就是沿程水头损失。另一类是发生在急变流中,因为急变流总是发生在固体边界发生突变的局部范围,所以把发生在急变流中的水头损失叫作局部水头损失,用 h_j 表示。当固体边界形状、尺寸或方向发生突变时,在突变处水流会脱离边界,并在水流与边界之间产生旋涡,形成急变流,如图 2-28 所示,水流旋涡使水头损失增大,如过水断面突然扩大、突然缩小、转弯、阀门等处的水头损失就是局部水头损失。为简化计算,认为 h_j 是发生在突变断面上而不是局部,所以急变流不占有管道的长度,因此在计算沿程水头损失时,整个管道长度中的水流都视为均匀流,如图 2-29 所示。

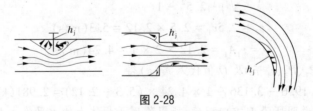

图 2-28

在实际水流沿程运动中,既存在着各种沿程水头损失,又存在着局部水头损失。所以,整个流程上的总水头损失应是所有沿程水头损失和局部水头损失之和。

综上所述:

水头损失

$$h_w = \sum h_f + \sum h_j \qquad (2\text{-}44)$$

式中　h_w ——总流中平均每单位重量液体在整个流程中的水流能量损失,简称水头损失;

$\sum h_f$ ——总流中平均每单位重量液体在流程中各均匀流段的沿程水头损失

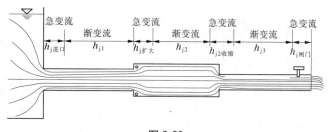

图 2-29

之和；

$\sum h_j$ ——总流中平均每单位重量液体在流程中各种局部水头损失之和。

图 2-29 中：
$$h_w = \sum_{n=1}^{3} h_{fn} + \sum_{n=1}^{4} h_{jn}$$

(二) 边界对水头损失的影响

液流过水断面与固体或液体边界接触的周界叫作湿周，用 χ 表示，如管、渠与固体有接触的过水断面周界，以及在液流中取一流束，流束的过水断面周界，都是湿周 χ，不过流束的 χ 是液体周界。χ、A 对水头损失都有影响，显然 χ 大，周界阻力就越大，引起的水头损失也就越大；χ 小，周界阻力就越小，由此引起的水头损失也就越小。对水断面面积 A，当通过相同流量时，A 小，通过的流速就大，相应水头损失也就越大；反之，水头损失就越小。

假若有相同流量，一般情况下，过水断面面积大时，湿周也较大，此时水头损失大，但面积大的流速小，故水头损失小，那么此时水头损失是大是小，无法准确判断。为了全面表征过水断面的水力特征，水力学中将两者相互联系起来，将过水断面面积 A 与湿周 χ 的比值称为水力半径 R，即

$$R = \frac{A}{\chi} \tag{2-45}$$

水力半径表示平均每米长湿周所包含的过水断面面积，是表示过水断面形状尺寸对水头损失影响的一个重要的水力要素。设计管、渠过水断面时，在其他条件满足的情况下，应使设计的 R 值大些，可使水头损失减小。因为 $R = \dfrac{A}{\chi}$ 的单位为"$\dfrac{m^2}{m}$"，可以消掉一个"m"，于是 R 的单位为米（m）。R 适用于管流和渠流，例如：直径为 d 的圆管，当充满液流时，$A = \dfrac{\pi d^2}{4}$，$\chi = \pi d$，故水力半径 $R = \dfrac{A}{\chi} = \dfrac{d}{4}$。矩形渠宽为 b，水深为 h，则 $R = \dfrac{A}{\chi} = \dfrac{bh}{b+2h}$。

(三) 均匀流沿程水头损失与切应力的关系

在管道或明渠均匀流里，任取一段总流米分析，如图 2-30 所示。设管道的中心线与水平面的夹角为 α，流段长度为 l，过水断面面积为 A。用 p_1 和 p_2 分别表示作用在流段两过水断面 1—1 和断面 2—2 形心点上的动水压强，z_1 和 z_2 为该两断面形心点距基准面的高度，则作用在该流段上的外力有：

（1）两断面上的动水压力。作用在断面 1—1 上的动水压力可按静水总压力公式计算，即

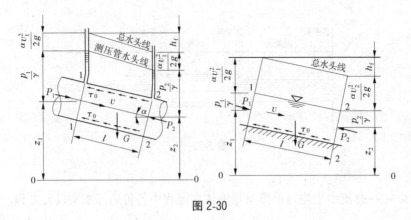

图 2-30

$P_1 = p_1 A$；作用在断面 2—2 上的动水压力为 $P_2 = p_2 A$，方向都是竖直指向作用面。

（2）重力。$G = \gamma A l$，方向竖直向下。

（3）摩擦阻力。设 τ_0 为流段的固体边界作用于水流上的平均切应力，则整个流段固体边界作用于水流的总摩擦阻力为 $T = \tau_0 l \chi$（χ 为湿周），摩擦阻力与水流的方向相反。

由于所研究的均匀流处于平衡状态，则作用在该流段上的各外力沿流向必须符合力的平衡条件，即

$$P_1 - P_2 + G\sin\alpha - T = 0$$
$$p_1 A - p_2 A + \gamma A l \sin\alpha - \tau_0 l \chi = 0 \tag{2-46}$$

由图 2-30 知
$$\sin\alpha = \frac{z_1 - z_2}{l}$$

式（2-46）各项除以 γA 整理得

$$\left(z_1 + \frac{p_1}{\gamma}\right) - \left(z_2 + \frac{p_2}{\gamma}\right) = \frac{l\chi}{A}\frac{\tau_0}{\gamma} \tag{2-47}$$

由于过水断面 1—1 和断面 2—2 的流速水头相等，对这两个过水断面列能量方程得

$$\left(z_1 + \frac{p_1}{\gamma}\right) - \left(z_2 + \frac{p_2}{\gamma}\right) = h_f \tag{2-48}$$

将式（2-48）及 $R = \dfrac{A}{\chi}$ 代入式（2-47）得

$$h_f = \frac{l}{R}\frac{\tau_0}{\gamma} \tag{2-49}$$

式（2-49）即为均匀流中沿程水头损失与边界切应力的关系式。

单位长度的水头损失称为水力坡度，即 $J = \dfrac{h_f}{L}$，代入式（2-49）得

$$\tau_0 = \gamma R J \tag{2-50}$$

式（2-50）即为均匀流边界的切应力公式。因为即便是紊流，其固体边界上的水流仍有一层是层流，所以公式（2-50）适用于均匀流层流固体边界，也适用于均匀紊流固体边界。但该式不能用于计算沿程水头损失，还须对层流和紊流的流动规律进行研究。

二、层流与紊流

1883 年,英国物理学家雷诺（Reynolds）对水流现象进行试验研究,发现水流分为两种流态:层流和紊流,而且在这两种流态中,h_f 随 v 的变化规律不同。

(一)雷诺试验

雷诺试验装置如图 2-31 所示。在试验过程中,利用溢流板保持水箱中水位恒定,保证管段内水流为恒定均匀流。试验时,先将阀 k_1 慢慢开启,使试验管中水流流速较小,然后再将有色水的阀 k_2 打开,此时,在玻璃管内出现一条细直鲜明的颜色水流束,此有色水流束并不与管内的无色水流相混杂,如图 2-31(a)所示。再将阀 k_1 逐渐开大,管中流速逐渐增大,玻璃管中的有色水流束开始波动,形成波状流束,如图 2-31(b)所示。随着阀 k_1 继续开大,有色水的波状流束先在别的地方出现断裂,在流速达到某一定值时,有色水流束便完全破裂,并很快扩散布满全管,使管中水流全部着色,有色水与无色水完全混掺在一起,如图 2-31(c)所示。上述试验表明水流具有两种不同的流动型态。当流速较小时,水流质点分层流动,且在流动中不串层,称为层流。当流速较大时,水流质点相互串层、掺混,流动紊乱,称为紊流。

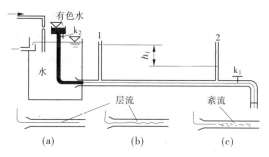

图 2-31　雷诺试验装置

(二)水流型态的判别

为了鉴别层流与紊流这两种水流型态,把两类水流型态转换时的流速称为临界流速。其中,紊流变层流时的临界流速较小,称为下临界流速 v_k。层流变紊流时的临界流速较大,称为上临界流速 v_k'。但临界流速会随水温、管径或液流种类变化,所以不能被作为流态判别依据。

进一步研究发现:在管流中,液体流态的转变,取决于液体流速 v 和管径 d 的乘积与液体运动黏滞性系数 ν 的比值 $\dfrac{vd}{\nu}$;这一研究结果,同样也适用于明渠流动,只是要用水力半径 R 来替代直径 d,则比值为 $\dfrac{vR}{\nu}$。该比值被称为雷诺数,用 Re 表示,Re 是无量纲数,则

圆管雷诺数 $$Re = \frac{vd}{\nu} \tag{2-51}$$

明渠雷诺数 $$Re = \frac{vR}{\nu} \tag{2-52}$$

流态转换时的雷诺数称为临界雷诺数。层流变紊流的雷诺数称为上临界雷诺数。紊流变层流时的雷诺数称为下临界雷诺数。下临界雷诺数比较稳定,而上临界雷诺数的数

值随流动起始条件和试验条件不同,其值差异很大,而且实际工程中,上、下雷诺数之间的流态极不稳定,只要有微小扰动,就可以使层流变为紊流,所以实用中都将过渡区的流态看作是紊流,因此把下临界雷诺数作为判别标准,称为临界雷诺数,用 Re_k 表示。临界雷诺数是过水断面形状的函数,与液流性质、断面大小无关。例如:圆管管流的临界雷诺数为 2 320,把液体由水换成油,或是管径增大、减小,Re_k 不受影响,还是 2 320。注意:对一种断面形状的过水断面,Re_k 只有一个,但 Re 却有无数个。试验测得:

圆管临界雷诺数　　　$Re_k = 2\ 320$　　(试验值为 2 000~3 000)

明渠临界雷诺数　　　　　　　　$Re_k = 580$

判别方法:

$$Re < Re_k,为层流$$

$$Re > Re_k,为紊流$$

雷诺试验的结果,不仅适用于水,也适用于油、酒精、汞、低速气体等。

当 Re 较小时,水流中黏滞力大于惯性力,黏滞力对水流质点起约束作用,使水流为层流,质点互不串层。当 Re 较大时,水流中黏滞力小于惯性力,惯性力对水流质点起控制作用,在惯性力作用下,水流质点可以摆脱黏滞力约束发生串层、混掺而成紊流。

【例2-9】 管道直径 $d = 100$ mm,输送水流量 $Q = 0.01$ m³/s,水的运动黏滞系数 $\nu = 1 \times 10^{-6}$ m²/s,求水在管中的流动型态。若输送 $\nu = 1.14 \times 10^{-4}$ m²/s 的石油,保持前一种情况下的流速不变,流动又是什么型态?

解: (1) $v = \dfrac{4Q}{\pi d^2} = \dfrac{4 \times 0.01}{3.14 \times 0.1^2} = 1.27(\text{m/s})$

$$Re = \frac{vd}{\nu} = \frac{1.27 \times 0.1}{1 \times 10^{-6}} = 1.27 \times 10^5 > 2\ 320$$

故水流流态是紊流。

(2) $Re = \dfrac{vd}{\nu} = \dfrac{1.27 \times 0.1}{1.14 \times 10^{-4}} = 1\ 114 < 2\ 320$

故石油在管中是层流。

【例2-10】 某实验室的矩形试验明槽,底宽 $b = 0.20$ m,水深 $h = 0.10$ m,今测得其断面平均流速 $v = 0.15$ m/s,室内水温为 20 ℃,试判别槽内水流的型态。

解: (1)计算明槽过水断面的水力要素。

$$A = bh = 0.20 \times 0.10 = 0.02(\text{m}^2)$$

$$\chi = b + 2h = 0.20 + 2 \times 0.10 = 0.40(\text{m})$$

$$R = \frac{A}{\chi} = \frac{0.02}{0.40} = 0.05(\text{m})$$

(2)判别水流的流态。

由水温为 20 ℃,查表 0-1 得 $\nu = 1.003 \times 10^{-6}$ m²/s,则

$$Re = \frac{vR}{\nu} = \frac{0.15 \times 0.05}{1.003 \times 10^{-6}} = 7\ 478$$

因 $Re > 580$,故明槽中的水流为紊流。

（三）流动型态和水头损失的关系

在雷诺试验装置中，将水平放置的玻璃管段两端各接一根测压管，测量管段两端断面 1—1 和 2—2 之间的沿程水头损失 h_f，如图 2-32 所示。对过水断面 1—1 和 2—2 列能量方程得

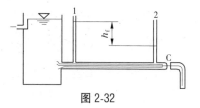

图 2-32

$$z_1 + \frac{p_1}{\gamma} + \frac{\alpha_1 v_1^2}{2g} = z_2 + \frac{p_2}{\gamma} + \frac{\alpha_2 v_2^2}{2g} + h_f$$

由图 2-32 可知，$z_1 = z_2$，$\dfrac{\alpha_1 v_1^2}{2g} = \dfrac{\alpha_2 v_2^2}{2g}$，则

$$h_f = \frac{p_1}{\gamma} - \frac{p_2}{\gamma} = h_1 - h_2 = \Delta h \qquad (2\text{-}53)$$

式（2-53）表明：两测压管中的水位差即为两过水断面之间的沿程水头损失。

（四）紊流的形成过程

由雷诺试验可知，层流与紊流的主要区别在于紊流时各流层间液体质点有不断互相混掺作用，而层流则无。涡体的形成是混掺作用产生的根源。

当水流处于层流时，液流内任一液层的上下面上均有方向相反的摩阻切力，故在流层上作用着摩阻力矩。当液体偶然受到外界轻微干扰或受来流中残存的扰动，该液层会发生微微的波动，如图 2-33（a）所示。随着这种波动而来的是局部流速和压强的重新调整。此时，在波峰处，上部流线压紧，过水断面减小，流速增大，根据伯努利方程，压强减小；在波峰下部，则流速减小，压强增大。这样就使发生微小波动的流层各段承受不同方向的横向压力 P。显然，这种横向压力将使波峰愈凸，波谷愈凹，促使波幅更加增大，如图 2-33（b）所示。增大到一定程度以后，由于横向压力与切应力的综合作用，最后使波峰与波谷重叠，形成涡体，如图 2-33（c）所示。涡体形成后，涡体旋转方向与水流流速方向一致的一边流速变大，相反的一边流速变小。流速大的一边压强小，流速小的一边压强大，这样就使涡体上下两边产生压差，形成作用于涡体的升力，如图 2-33（d）所示。这种升力就有可能推动涡体脱离原流层而掺入流速较高的邻层，从而扰动邻层进一步产生新的涡体。如此发展下去，最终层流转化为紊流。

涡体的形成并不一定能使层流立即变成紊流，一方面涡体由于惯性有保持其本身运动的倾向，而另一方面因为液体有黏滞性，黏滞作用又要约束涡体运动，所以涡体是否脱离原流层而掺入邻层，就要看惯性作用与黏滞作用的关系。只有惯性作用比黏滞作用大到某一程度（$Re > Re_k$）时，涡体才能发生向其他流层的混掺，形成紊流。

（五）层流运动

前面我们已经讨论过层流，层流是一种非常有规律的流动，各流层之间互不混掺。圆管中的层流运动，可以看成是由无限薄的同心圆筒流层，一个套一个地分层流动。明槽中的层流运动由于槽身形状种类较多，作层流运动的流层断面形状也是各不相同。对于宽式明槽，因其槽身宽较水深大得多，侧壁对水流的影响很小，可以忽略不计。因此，这种层流运动可以近似地看作是平行渠底的分层流动。

层流的沿程水头损失有局部水头损失和沿程水头损失之分，一般情况很少有局部阻

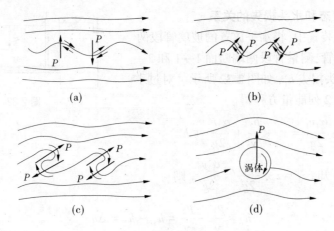

图 2-33

碍处是层流的情况,故层流的水头损失计算主要是沿程水头损失的计算。后文的达西公式可以计算层流的沿程水头损失。

三、沿程水头损失的分析和计算

(一)沿程水头损失的达西公式

沿程水头损失计算的基本公式

达西公式
$$h_f = \lambda \frac{l}{4R} \frac{v^2}{2g} \tag{2-54}$$

式中　R——水力半径,m;

　　　l——流程长度,m;

　　　v——断面平均流速,m/s;

　　　λ——沿程阻力系数,它是表征沿程阻力大小的一个无量纲系数。

该公式先由达西(Darcy),后由魏斯巴哈(Weisbach)推出达西-魏斯巴哈公式,简称达-魏公式。该公式适用管流和渠流所有流区,是一通用理论公式,水利工程中所有具体的 h_f 计算公式都是由达西公式推导而来的。

对于圆管,其水力半径 $R = \dfrac{d}{4}$,故沿程水头损失的表达式可写为

$$h_f = \lambda \frac{l}{d} \frac{v^2}{2g} \tag{2-55}$$

达西公式适用于均匀流下的层流和紊流,但在层流、紊流中沿程阻力系数 λ 的计算方法不同,下面将讨论沿程阻力系数 λ 在层流与紊流中的变化规律与计算方法。

(二)沿程阻力系数 λ 值的测定与分析

1. λ 值的测定

沿程阻力系数 λ 的测定试验装置如图 2-34 所示。试验时,要保证水箱中的水位不变,测压管 AB 所在的断面距管道的进、出口有一定距离,使 AB 两断面保持均匀流,首先测出管长 l、管径 d 及 AB 两断面的测压管水头差 Δh。

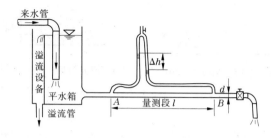

图 2-34

由于各断面流速相同,没有局部水头损失,因而根据能量方程得

$$h_w = h_f = (z_A + \frac{p_A}{\gamma}) - (z_B + \frac{p_B}{\gamma}) = h_1 - h_2 = \Delta h$$

将量测到的 Δh 及测出流量 $Q = \frac{V}{t}$ 代入达-魏公式,得:

$$\lambda = \frac{\Delta h}{\frac{l}{d} \frac{Q^2}{2gA^2}} \tag{2-56}$$

由式(2-56)可算出,该管道通过流量 Q 时的 λ 值。对不同相对粗糙度的管子用不同的流量进行试验,即可得出不同相对粗糙度的管道在不同流区时的沿程阻力系数 λ。

2. λ 的分析

为了计算沿程水头损失,即需要求解 λ。为了探讨沿程阻力系数的变化规律,尼古拉兹曾用不同粒径的人工砂贴在不同直径的管道内壁上,以表示管壁的粗糙状况。他通过一系列试验,并绘制了反映沿程阻力系数值变化规律的关系曲线,后来,蔡克士大用同样的方法在矩形明渠中进行试验,也得到了与尼古拉兹试验结果相类似的曲线。

1944 年,莫迪(F. Moody)在总结前人试验研究的基础上,对工业用的 20 根不同管径的实际管道进行了试验研究,发现水流在紊流时,因 $\frac{\Delta}{\delta_0}$ 的不同,水流又分为 3 个流区,加上层流区,水流共分为四个流区,见图 2-35。$Re < 2\ 320$ 时为层流区。$Re > 2\ 320$ 时紊流又分为三个流区: $\frac{\Delta}{\delta_0} < 0.4$ 为紊流光滑区;$0.4 < \frac{\Delta}{\delta_0} < 6$ 为紊流过渡区;$\frac{\Delta}{\delta_0} > 6$ 为紊流粗糙区。

莫迪发现 λ 在四个流区的变化规律与雷诺数 Re 和 $\frac{\Delta}{d}$ 有关($\frac{\Delta}{d}$ 称为相对粗糙度),并把该规律绘成图(称为莫迪图),见图 2-36。下面以圆管为例,结合莫迪图分别讨论 λ 在四个流区的变化规律。

1)层流区($Re < 2\ 320$)

由图 2-36 中 AB 直线($Re < 2\ 320$)即为层流区,可以看出,20 根管道的试验点都集中在同一条直线 AB 上。壁面的 Δ 完全掩盖在层流中,此时 λ 与 $\frac{\Delta}{d}$ 无关,只与 Re 有关,即

$\lambda = \frac{64}{Re}$; λ 与 $\frac{\Delta}{d}$ 无关; $h_f \propto v^{1.00}$。

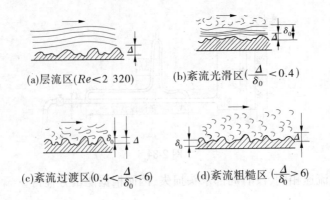

(a)层流区($Re<2\ 320$) (b)紊流光滑区($\dfrac{\Delta}{\delta_0}<0.4$)

(c)紊流过渡区($0.4<\dfrac{\Delta}{\delta_0}<6$) (d)紊流粗糙区($\dfrac{\Delta}{\delta_0}>6$)

图 2-35

2）紊流光滑区（$\dfrac{\Delta}{\delta_0}<0.4$）

由图 2-36 可以看出，20 根管道的试验点都在一定区域内落在最下面 CD 曲线上。CD 曲线即为紊流光滑区。Δ 仍被 δ_0 掩盖，水流就像在光滑的管壁上流动，对紊流流核区不发生影响，所以称这时的水流为紊流光滑区，这时的边界称为水力光滑管（相应情况的明槽称水力光滑槽）。此时，$\lambda=f(Re)$；λ 与 $\dfrac{\Delta}{d}$ 无关；$h_{\mathrm{f}}\propto v^{1.75}$。

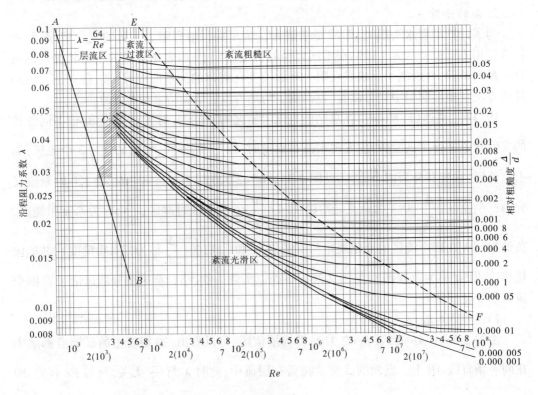

图 2-36

3）紊流过渡区（$0.4 < \dfrac{\Delta}{\delta_0} < 6$）

图 2-36 中最下面 CD 曲线与上面 EF 虚线之间的区域即为紊流过渡区。δ_0 已不能完全掩盖住 Δ 的作用，部分 Δ 突进紊流流核区而影响水流流动。此时，$\lambda = f(Re, \dfrac{\Delta}{d})$；$h_{\mathrm{f}} \propto v^{1.75 \sim 2.00}$。

4）紊流粗糙区（$\dfrac{\Delta}{\delta_0} > 6$）

图 2-36，EF 虚线之上的区域即为紊流粗糙区。随流速和雷诺数的增大，黏性底层厚度 δ_0 比绝对粗糙度 Δ 小得多，已失去对边壁粗糙度的掩盖作用，这时的管称为粗糙管（相应情况的明槽称水力粗糙槽），绝对粗糙度 Δ 对水流影响较大，所以称这时的水流为紊流粗糙区。此时，$\lambda = f(\dfrac{\Delta}{d})$；$\lambda$ 与 Re 无关；$h_{\mathrm{f}} \propto v^{2.00}$，由于水头损失与流速的平方成比例，因此该流区又称阻力平方区。

以上 λ 在四个流区的变化规律适用于管流和明渠水流。

由以上分析可知，在不同流区中，λ 遵循不同规律，有不同的计算公式。因此，在计算 λ 值时，必须区分所在流区。在一种水流条件下，若判断管道为水力光滑管，但当水流的 Re 加大，黏性底层厚度 δ_0 减小时，原属水力光滑的壁面可能转变成水力粗糙区或过渡区。可见，若水流条件改变，需要重新判定流区。

3. λ 的求解

一种方法是由 $\dfrac{\Delta}{\delta_0}$ 判别水流在哪一个流区，根据经验公式 $\delta_0 = 32.8 \dfrac{d}{Re\sqrt{\lambda}}$ 计算 δ_0，由于此时 λ 也未知，必须进行试算，较为烦琐，所以工程中不采用。

另一种方法是查莫迪图求 λ，由横坐标 Re 向上作垂线，与 $\dfrac{\Delta}{d}$ 曲线相交，再由交点向左作水平线，即得所求。这种方法须知道各种边界的 Δ 值，实际管道 Δ 不均匀，所以把与实际管道 λ 值相同的人工均匀粗糙管的 Δ 值作为实际管道的当量粗糙度。表 2-1 是苏联基谢列夫提供的当量粗糙度。

表 2-1　当量粗糙度 Δ

序号	边界条件	当量粗糙度值 Δ/mm	序号	边界条件	当量粗糙度值 Δ/mm
1	铜或玻璃的无缝管	0.001 5～0.01	8	磨光的水泥管	0.33
2	涂有沥青的钢管	0.12～0.24	9	未刨光的木槽	0.35～0.70
3	白铁皮管	0.15	10	旧的生锈金属管	0.60
4	一般状况的钢管	0.19	11	污秽的金属管	0.75～0.97
5	清洁的镀锌铁管	0.25	12	混凝土衬砌渠道	0.8～9.0
6	新的生铁管	0.25～0.4	13	土渠	4～11
7	木管或清洁的水泥面	0.25～1.25	14	卵石河床（$d = 70 \sim 80\ \mathrm{mm}$）	30～60

【例 2-11】　某发电引水管采用钢管，管径 $d = 0.25\ \mathrm{m}$，管长 $l = 100\ \mathrm{m}$，管壁绝对粗糙

度 $\Delta = 0.2$ mm,管内水温 10 ℃。当流量为 100 L/s 时,求管中沿程水头损失 h_f。

解:(1)求 Re。

过水断面面积 $\qquad A = \dfrac{\pi}{4}d^2 = \dfrac{3.14}{4} \times 0.25^2 = 0.05(\text{m}^2)$

断面平均流速 $\qquad v = \dfrac{Q}{A} = \dfrac{0.1}{0.05} = 2.00(\text{m/s})$

由水温 $t = 10$ ℃查表 0-1 得运动黏滞系数 $\nu = 1.31 \times 10^{-6}$ m²/s,则雷诺数 $Re = \dfrac{vd}{\nu} =$ $\dfrac{2.00 \times 0.25}{1.31 \times 10^{-6}} = 381\,679 > 2\,320$

故水流为紊流。

(2)求 λ。

$\dfrac{\Delta}{d} = \dfrac{0.2}{250} = 0.000\,8$。由 $Re = 381\,679$ 和 $\dfrac{\Delta}{d} = 0.000\,8$ 查莫迪图求 λ。从图 2-36 右坐标上找到 $\dfrac{\Delta}{d} = 0.000\,8$ 的一条曲线,由横坐标上 $Re = 381\,679$ 的点引一垂直线,两线交于一点,由该点向左作水平线交得 $\lambda = 0.019\,5$。

(3)计算沿程水头损失。

$$h_f = \lambda \frac{l}{d} \frac{v^2}{2g} = 0.019\,5 \times \frac{100}{0.25} \times \frac{2.00^2}{2 \times 9.8} = 1.59(\text{m})$$

(三)谢才公式

1769 年,法国工程师谢才(Chezy)根据明渠均匀流的实测资料提出的谢才公式,该公式为一经验公式。适用紊流粗糙区(后面会有说明),达西公式和谢才公式在世界水利工程中被广泛采用,均被纳入我国国家规范。

谢才公式 $\qquad v = C\sqrt{RJ} \qquad$ 或 $\qquad h_f = \dfrac{v^2}{C^2 R}l \qquad\qquad$ (2-57)

式中 $\quad R$ ——水力半径,m;

$\quad v$ ——断面平均流速,m/s;

$\quad J$ ——水力坡度,即 $J = \dfrac{h_f}{l}$;

$\quad l$ ——流程长度,m;

$\quad C$ ——谢才系数,反映边壁粗糙度和过水断面形状、尺寸对水头损失的影响,与雷诺数无关,m$^{1/2}$/s。

由谢才公式 $h_f = \dfrac{v^2}{C^2 R}l = \dfrac{8g}{C^2} \dfrac{l}{4R} \dfrac{v^2}{2g}$,与达西公式比较可得:

$$\lambda = \frac{8g}{C^2} \qquad\qquad (2\text{-}58)$$

注意:因为谢才系数 C 只有在紊流粗糙区才有计算公式,所以在紊流粗糙区时,式(2-58)既可以用于达西公式又可以用于谢才公式。

(四)实际工程中沿程水头损失的计算公式

前面主要从理论角度讲述沿程水头损失的计算。实际工程中必须使用国家规定的标准计算公式,而这些公式也是根据达-魏公式和谢才公式再结合管渠的形状、尺寸、边界条件进行试验和推导而来的。按照输水目的不同分为两大类型:

1. 灌溉

渠灌及喷灌、低压管灌须按照《渠道防渗工程技术规范》(SL 18—2004)、《喷灌工程技术规范》(GB/T 50085—2007)、《低压管道输水灌溉工程技术规范(井灌区部分)》(SL/T 153—1995)中规定的公式:

(1)渠流计算公式

$$v = C\sqrt{Ri} \ \text{或} \ Q = Av = A\frac{1}{n}R^{\frac{2}{3}}i^{\frac{1}{2}} \tag{2-59}$$

渠流公式即曼宁公式

$$C = \frac{1}{n}R^{\frac{1}{6}}$$

式中　i——渠道底坡,指单位渠长的渠底高程改变量,均匀流时 $i = J = \dfrac{h_{\mathrm{f}}}{l}$;

　　n——粗糙系数,简称糙率,无量纲,反映固体边壁粗糙程度,见表2-2。

表2-2　糙率 n

壁面种类及状况	n	$\dfrac{1}{n}$
特别光滑的黄铜管、玻璃管、涂有珐琅质或其他釉料的表面	0.009	111
精致水泥浆抹面,安装及连接良好的新制的清洁铸铁管及钢管,精刨木板	0.011	90.9
很好地安装的未刨木板,正常情况下无显著水锈的给水管,非常清洁的排水管,最光滑的混凝土面	0.012	83.3
良好的砖砌体,正常情况的排水管,略有积污的给水管	0.013	76.9
积污的给水管和排水管,中等情况下渠道的混凝土砌面	0.014	71.4
良好的块石圬工,旧的砖砌体,比较粗制的混凝土砌面,特别光滑、仔细开挖的岩石面	0.017	58.8
坚实黏土的渠道,不密实淤泥层(有的地方是中断的)覆盖的黄土、砾石及泥土的渠道,良好养护情况下的大渠道	0.022 5	44.4
良好的干砌圬工,中等养护情况的土渠,情况良好的天然河流(河床清洁、顺直、水流通畅、无塌岸及深潭)	0.025	40.0
养护情况在中等标准以下的土渠	0.027 5	36.4
情况比较不良的土渠(如部分渠底有水草、卵石或砾石,部分边岸崩塌等),水流条件良好的天然河流	0.030	33.3
情况特别坏的渠道(有不少深潭及塌岸、芦苇丛生、渠底有大石及密生的树根等),过水条件差、石子及水草数量增加、有深潭及浅滩等的弯曲河道	0.040	25.0

（2）管流计算公式

$$h_f = f \frac{Q^m}{d^b} l \qquad (2\text{-}60)$$

式中　h_f——沿程水头损失，m；

　　　Q——流量，m^3/h；

　　　f——管材摩阻系数；

　　　d——管道直径，mm；

　　　m——流量指数；

　　　b——管径指数；

　　　l——管长，m。

注意式(2-60)中各参数单位不可改变，否则系数会改变。

各种管材的 f、b、m 值，可按表2-3取用。

表2-3　f、b、m 值

管材类别	f	m	b
混凝土管、钢筋混凝土管			
$n=0.013$	1.312×10^6	2.00	5.33
$n=0.014$	1.516×10^6	2.00	5.33
$n=0.015$	1.749×10^6	2.00	5.33
当地材料管	$7.76n^2\times10^9$	2.00	5.33
旧钢管、旧铸铁管	6.25×10^5	1.90	5.10
石棉水泥管	1.455×10^5	1.85	4.89
硬塑料管	0.948×10^5	1.77	4.77
铝管、铝合金管	0.861×10^5	1.74	4.74

注：1. 地埋薄壁塑料管的 f 值，宜用表列硬塑料管 f 值的1.05倍。

　　2. n 为糙率，水泥砂土管 $n=0.0143$。

2. 室外给水

城镇工作、生活、公共设施、消防、绿化等室外给水管、渠设计须按照我国《室外给水设计标准》(GB 50013—2018)中规定的公式。

（1）塑料管及采用塑料内衬的管道。

$$h_f = \lambda \frac{l}{d_j} \frac{v^2}{2g} \qquad (2\text{-}61)$$

$$\frac{1}{\sqrt{\lambda}} = -2\lg\left(\frac{\Delta}{3.7d_j} + \frac{2.51}{Re\sqrt{\lambda}}\right) \qquad (2\text{-}62)$$

式中　λ——沿程阻力系数；

　　　l——管段长度，m；

d_j——管道计算内径,m;

v——过水断面平均流速,m/s;

g——重力加速度,m/s^2;

Δ——当量粗糙度;

Re——雷诺数。

(2)混凝土管及采用水泥砂浆内衬的金属管、混凝土渠。

$$h_f = \frac{v^2}{C^2 R} l \quad (谢才公式) \tag{2-63}$$

式中
$$C = \frac{1}{n} R^y \quad (巴甫洛夫斯基公式) \tag{2-64}$$

$$y = 2.5\sqrt{n} - 0.13 - 0.75\sqrt{R}(\sqrt{n} - 0.1)$$

管流时用曼宁公式 $y = \dfrac{1}{6}$。

式(2-64)适用于 $0.1 \leqslant R \leqslant 3.0$; $0.011 \leqslant n \leqslant 0.040$; n 值见表2-2。

(3)输配水管道、给水管网。

$$h_f = \frac{10.67 Q^{1.852}}{C_h^{1.852} d^{4.87}} l \tag{2-65}$$

式中　C_h——海曾-威廉系数,见表2-4;

d——管内径,m;

l——管长,m;

Q——流量,m^3/s。

公式应用说明:近些年来给水管道及给水管网已不再采用不加内衬的铸铁管和钢管,所以不再介绍比阻法及舍维列夫公式(公式适用不加内衬的铸铁管和钢管)。美国及日本等国家和地区广泛采用海曾-威廉公式,我国近些年也多采用海曾-威廉公式。

表2-4　海曾-威廉系数 C_h

管道材料	C_h	管道材料	C_h
玻璃管、塑料管、铜管	145～150	新铸铁管,最好状态	140
		新管	130
		旧管	100
		严重锈蚀	90～100
石棉水泥管、混凝土管	130～140	钢管、铸铁管水泥砂浆内衬	120～130
焊接钢管新管	110	钢管、铸铁管涂料内衬	130～140
焊接钢管旧管	95	陶土管	110

【例2-12】　某灌渠长 1 000 m,矩形断面,采用混凝土砌面(中等情况),底宽 $b = 2.00$ m,水深 $h = 1.60$ m,求流量 $Q = 9.60$ m^3/s 时渠道的沿程水头损失(按均匀流 $i = J = \dfrac{h_f}{l}$ 计算)。

解：正确选择公式，灌渠计算，由 $Q = A \frac{1}{n} R^{\frac{2}{3}} i^{\frac{1}{2}}$ 得 $h_f = \left(\frac{Qn}{AR^{\frac{2}{3}}}\right)^2 l$。

$$A = 2.00 \times 1.60 = 3.20(\text{m})$$

$$R = \frac{A}{\chi} = \frac{3.20}{2.00 + 2.00 \times 1.60} = 0.62(\text{m})$$

查表 2-2 得 $n = 0.014$，则

$$h_f = \left(\frac{Qn}{AR^{\frac{2}{3}}}\right)^2 l = \left(\frac{9.60 \times 0.014}{3.20 \times 0.62^{\frac{2}{3}}}\right)^2 \times 1\,000 = 3.34(\text{m})$$

【例 2-13】 某城市供水渠道，长 1 600 m，矩形断面，采用良好的块石圬工，底宽 $b = 6.00$ m，水深 $h = 3.20$ m，求流量 $Q = 46.90$ m³/s 时渠道的沿程水头损失。

解：正确选择公式，供水渠应选择式（2-63）计算。

$$R = \frac{A}{\chi} = \frac{6.00 \times 3.20}{6.00 + 2 \times 3.20} = 1.55(\text{m})$$

查表 2-2 得糙率 $n = 0.017$，则

$$y = 2.5\sqrt{n} - 0.13 - 0.75\sqrt{R}(\sqrt{n} - 0.1)$$
$$= 2.5 \times \sqrt{0.017} - 0.13 - 0.75 \times \sqrt{1.55} \times (\sqrt{0.017} - 0.1) = 0.17$$

$$C = \frac{1}{n} R^y = \frac{1}{0.017} \times 1.55^{0.17} = 63.37(\text{m}^{0.5}/\text{s})$$

$$v = \frac{Q}{A} = \frac{46.90}{6.00 \times 3.20} = 2.44(\text{m/s})$$

$$h_f = \frac{v^2}{C^2 R} l = \frac{2.44^2}{63.37^2 \times 1.55} \times 1\,600 = 1.53(\text{m})$$

四、局部水头损失的分析和计算

（一）水流与边界的分离现象

1. 边界层的概念

边界层（boundary layer）是高雷诺数绕流中紧贴物面的黏性力不可忽略的流动薄层，又称为流动边界层、附面层。这个概念由近代流体力学的奠基人普朗特于 1904 年首先提出。从那时起，边界层研究就成为流体力学中的一个重要课题和领域。在边界层内，紧贴物面的流体由于分子引力的作用，完全黏附于物面上，与物体的相对速度为零。

2. 边界层分离现象

边界层中的流体质点受惯性力、黏性力和压力的作用。其中，黏性力的作用始终是阻滞流体质点运动，使流体质点减速，失去动能；压力的作用取决于绕流物体的形状和流道形状，顺压梯度有助于流体加速前进，而逆压梯度则会阻碍流体运动。下面以圆柱绕流为例说明边界层的分离现象。

对于理想流体，流体微团绕过圆柱时，如图 2-37 所示，在 OM 段为加速减压区，压能转化为动能。在 MF 段为减速增压区，动能减小，压能增加。

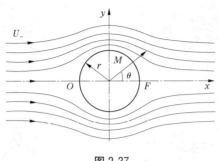

图 2-37

对于黏性流体,在上述能量的转化过程中,由于黏性的作用,边界层内的流体质点将要克服黏性力做功而消耗机械能。因此微团在逆压区,不可能到达 F 点,而是在 MF 段中的某点处微团速度降为零,以后来的质点将改道进入主流中,使来流边界层与壁面分离。在分离点下游的区域,受逆压梯度的作用而发生倒流。分离点定义为紧邻壁面顺流区与倒流区的分界点。

在分离点附近和分离区,由于边界层厚度大大增加,边界层假设不再成立。边界层分离的必要条件是:逆压梯度和物面黏性的阻滞作用同时存在。仅有黏性的阻滞作用而无逆压梯度,不会发生边界层的分离,因为无反推力使边界层流体进入到外流区。这说明,顺压梯度的流动不可能发生边界层分离。只有逆压梯度而无黏性的阻滞作用,同样也不会发生分离现象,因为无阻滞作用,运动流体不可能消耗动能而滞止下来。

需要指出的是:逆压梯度和壁面黏性阻滞作用是边界层分离的必要条件,但不是充分的,也就是说只有在一定的逆压梯度下,才有可能发生分离。

(二)局部水头损失的计算

水流运动时,流动边界发生突变时,水流将产生局部水头损失。边界突然变化的形式多种多样,如断面突然扩大、突然缩小、转弯、分岔、阀门等。断面的突变对水流运动产生的影响可归纳为以下两点:

(1)在断面突变处,水流因受惯性作用,将不紧贴壁面流动,与壁面产生分离,并形成旋涡。旋涡的分裂和互相摩擦要消耗大量的能量,因此旋涡区的大小和旋涡的强度直接影响局部水头损失的大小。

(2)由于主流脱离边界形成旋涡区,主流或受到压缩,或随着主流沿程不断扩散,流速分布急剧调整。如图 2-38 中断面 1—1 的流速分布图,经过不断改变,最后在断面 2—2 接近于下游正常水流的流速分布。在流速改变的过程中,质点内部相对运动加强、碰撞、摩擦作用加剧,从而造成较大的能量损失。局部水头损失可以用流速水头与局部水头损失系数 ζ 的乘积来表示:

$$h_j = \zeta \frac{v^2}{2g} \tag{2-66}$$

其中,局部水头损失系数 ζ 通常由试验测定,现列于表 2-5 中。必须指出对应关系,与 ζ 相应的流速水头在表 2-5 中已标明。更详细的局部水头损失系数可查《给排水设计手册》。

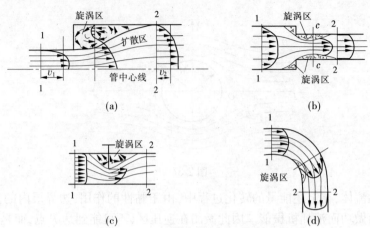

图 2-38

表 2-5　局部水头损失系数 ζ 值

名称	简图		局部水头损失系数 ζ 值									
断面突然扩大			$\zeta' = (1 - \dfrac{A_1}{A_2})^2$ （应用公式 $h_j = \zeta' \dfrac{v_1^2}{2g}$）									
			$\zeta'' = (\dfrac{A_2}{A_1} - 1)^2$ （应用公式 $h_j = \zeta'' \dfrac{v_2^2}{2g}$）									
断面突然缩小			$\zeta = 0.5(1 - \dfrac{A_2}{A_1})$									
进口		完全修圆	0.05~0.10									
		稍微修圆	0.20~0.25									
		没有修圆	0.50									
出口		流入水库（池）	1.0									
		流入明渠	A_1/A_2	0.1	0.2	0.3	0.4	0.5	0.6	0.7	0.8	0.9
			ζ	0.81	0.64	0.49	0.36	0.25	0.16	0.09	0.04	0.01

续表 2-5

名称	简图		局部水头损失系数 ζ 值							
急转弯管	（简图：急转弯管，α，$v \rightarrow d$）	圆形	$\alpha/(°)$	30	40	50	60	70	80	90
			ζ	0.20	0.30	0.40	0.55	0.70	0.90	1.10
		矩形	$\alpha/(°)$	15	30	45		60		90
			ζ	0.025	0.11	0.26		0.49		1.20
弯管	（简图：90°弯管，R，d，v）	90°	R/d	0.5	1.0	1.5	2.0	3.0	4.0	5.0
			$\zeta_{90°}$	1.2	0.80	0.60	0.48	0.36	0.30	0.29
	（简图：任意角度弯管，α，v，d）	任意角度	$\zeta_{\alpha°}=a\zeta_{90°}$　$\alpha/(°)$	20	30	40	50	60	70	80
			a	0.40	0.55	0.65	0.75	0.83	0.88	0.95
			$\alpha/(°)$	90	100	120	140	160		180
			a	1.00	1.05	1.13	1.20	1.27		1.33

名称	简图		局部水头损失系数 ζ 值						
闸阀	（简图：闸阀，d，a，v）	圆形管道	当全开时（$a/d=1$）						
			d/mm	15	20~50	80	100	150	200~250
			ζ	1.5	0.5	0.4	0.2	0.1	0.08
			d/mm	300~450		500~800		900~1 000	
			ζ	0.07		0.06		0.05	
			当各种开启度时						
			a/d	7/8	6/8	5/8	4/8	3/8	2/8	1/8
			$A_{开启}/A_{总}$	0.948	0.856	0.740	0.609	0.466	0.315	0.159
			ζ	0.15	0.26	0.81	2.06	5.52	17.0	97.8
截止阀	（简图：截止阀，v）	全开	4.3~6.1						

续表 2-5

名称	简图		局部水头损失系数 ζ 值												
莲蓬头 (滤水网)		无底阀	2~3												
		有底阀	d/ mm	40	50	75	100	150	200	250	300	350	400	500	750
			ζ	12	10	8.5	7.0	6.0	5.2	4.4	3.7	3.4	3.1	2.5	1.6
平板门槽			0.05~0.20												

拦污栅的简图与公式：

$$\zeta = \beta \left(\frac{s}{b}\right)^{4/3} \sin\alpha$$

式中　s——栅条宽度；

　　　b——栅条间距；

　　　α——倾角；

　　　β——栅条形状系数，用下表确定

栅条形状	1	2	3	4	5	6
β	2.42	1.83	1.67	1.035	0.92	0.76

【例 2-14】　从水箱引一直径不同的管道，如图 2-39 所示。已知 $d_1 = 175$ mm，$l_1 = 30$ m，$\lambda_1 = 0.032$，$d_2 = 125$ mm，$l_2 = 20$ m，$\lambda_2 = 0.037$，第二段管子上有一平板闸阀，其开度为 $a/d = 0.5$，当输水流量 $Q = 25$ L/s 时，试求：①沿程水头损失 $\sum h_f$；②局部水头损失 $\sum h_j$；③水箱的水头 H。

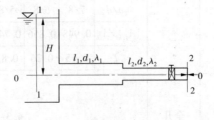

图 2-39

解：(1) 沿程水头损失。

$$v_1 = \frac{Q}{A_1} = \frac{0.025}{\frac{\pi}{4} \times 0.175^2} = 1.04(\text{m/s})$$

$$v_2 = \frac{Q}{A_2} = \frac{4 \times 0.025}{3.14 \times 0.125^2} = 2.04(\text{m/s})$$

$$\sum h_f = h_{f1} + h_{f2} = \lambda_1 \frac{l_1}{d_1} \frac{v_1^2}{2g} + \lambda_2 \frac{l_2}{d_2} \frac{v_2^2}{2g}$$

$$= 0.032 \times \frac{30}{0.175} \times \frac{1.04^2}{19.6} + 0.037 \times \frac{20}{0.125} \times \frac{2.04^2}{19.6} = 1.56(\text{m})$$

（2）局部水头损失。

进口损失由直角进口查表 2-5 得 $\zeta_{进口} = 0.50$。则

$$h_{j1} = \zeta_{进口} \times \frac{v_1^2}{2g} = 0.50 \times \frac{1.04^2}{19.6} = 0.03(\text{m})$$

由 $\frac{A_2}{A_1} = \left(\frac{d_2}{d_1}\right)^2 = \left(\frac{0.125}{0.175}\right)^2 = 0.51$，查表 2-5 得

$$\zeta_{缩} = 0.5 \times \left(1 - \frac{A_2}{A_1}\right) = 0.5 \times (1 - 0.51) = 0.25$$

则

$$h_{j2} = \zeta_{缩} \times \frac{v_2^2}{2g} = 0.25 \times \frac{2.04^2}{19.6} = 0.05(\text{m})$$

闸阀损失由平板闸门的开度 $a/d = 0.5$，查表 2-5 得 $\zeta_{阀} = 2.06$，则

$$h_{j3} = \zeta_{阀} \times \frac{v_2^2}{2g} = 2.06 \times \frac{2.04^2}{2 \times 9.8} = 0.44(\text{m})$$

$$\sum h_j = h_{j1} + h_{j2} + h_{j3} = 0.03 + 0.05 + 0.44 = 0.52(\text{m})$$

（3）水箱的水头。以管轴线为基准面，取水箱内横断面和管出口断面为两过水断面，断面 1—1 取水面点为计算点，其位置高度为 H，压强为大气压，流速近似为零，断面 2—2 取中心点为代表点，位置高度为零，因断面四周为大气压强，故中心点也近似为大气压强，流速为 v_2，列能量方程得

$$H = \frac{\alpha v_2^2}{2g} + h_w = \frac{\alpha v_2^2}{2g} + \sum h_f + \sum h_j = \frac{2.04^2}{19.6} + 1.56 + 0.52 = 2.29(\text{m})$$

✎ 小　结

本项目介绍水流运动的基本概念，研究液体运动的基本方程式及应用，并简要介绍了如何运用这些基本方程式分析解决实际工程问题。三大基本方程是分析水流现象，研究液体运动的重要"工具"，也是分析解决实际工程的水力学问题最重要的理论基础。

思考与练习题

2-1 流线法和迹线法都是用来描述液体运动的,两者有何区别?

2-2 流线和迹线的区别在哪里?

2-3 有人认为均匀流和渐变流一定是恒定流,急变流一定是非恒定流,这种说法对吗? 为什么?

2-4 有一变直径圆管,已知断面1—1和断面2—2的直径分别是d_1和d_2。当两断面平均流速之比为1:2时,其直径成什么比例?

2-5 某给水管路的直径$d=300$ mm,若每小时通过水的体积为500 m³,试求管内流量及断面平均流速。

2-6 如图2-40所示一压力管,已知$d_1=300$ mm,$d_2=200$ mm,$d_3=100$ mm,第三段管中的平均流速$v_3=3$ m/s。试求管中的流量Q及断面平均流速v。

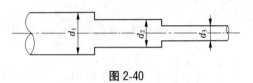

图2-40

2-7 有一倾斜放置的渐变管如图2-41所示,A—A、B—B两个过水断面形心点的高差为1.0 m。断面A—A管径$d_A=150$ mm,形心点$p_A=68.5$ kN/m²。断面B—B管径$d_B=300$ mm,形心点$p_B=58$ kN/m²,断面平均流速$v_B=1.5$ m/s。

试求:(1)管中水流的方向;

(2)两断面之间的能量损失;

(3)通过管道的流量。

2-8 如图2-42所示某水管,已知管径$d=100$ mm,当阀门全关时,压力计读数为0.5个大气压。当阀门开启后,保持恒定流,压力计读数降至0.2个大气压。若压力计前段的水头损失为$2\dfrac{v^2}{2g}$,试求管中的流速和流量。

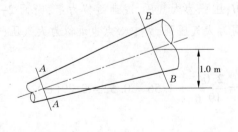

图2-41

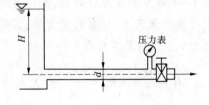

图2-42

2-9 水轮机的锥形尾水管如图2-43所示。已知断面A—A管径$d_A=0.6$ m,断面平均流速$v_A=5$ m/s。出口断面B—B管径$d_B=0.9$ m,由A到B的水头损失为$0.2\dfrac{v_A^2}{2g}$。试

求当 $z = 5$ m 时，断面 $A—A$ 的真空度。

2-10 某泵站的吸水管路如图 2-44 所示。已知管径 $d = 150$ mm，流量 $Q = 40$ L/s，水头损失（包括进口）为 1.0 m。若限制水泵进口前断面 $A—A$ 的真空度不超过 7 mH$_2$O，试确定水泵的最大安装高度 h_s。

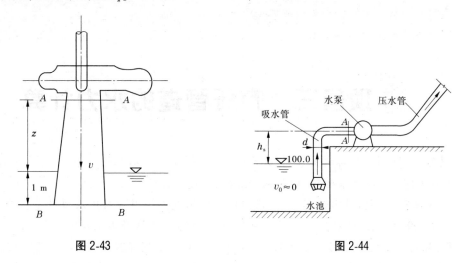

图 2-43　　　　　　　　　　　　　　图 2-44

2-11 水流经过变直径弯管从 A 管流入 B 管，管轴线位于同一水平面内，流量 $Q = 150$ L/s，弯管转角 $\alpha = 45°$，如图 2-45 所示，已知 A 管直径 $d_A = 250$ mm，断面 $A—A$ 形心点相对压强 $p_A = 150$ kN/m^2。B 管直径 $d_B = 200$ mm，若不计水头损失，试求水流对弯管的作用力。

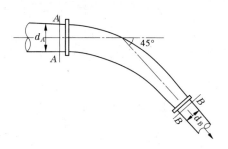

图 2-45

第二部分　工程水力计算

项目三　有压管道的水力计算

【学习目标】　熟练求解管流的 Q、H、d，求解虹吸管、水泵的 h_s、d、$p_真$；了解倒虹吸管的 d、z；清楚串联及并联管路、树状网、环状网的设计方法。

【工程实际项目基本资料】　某城镇区域供水范围的现状居民人口数是347人，无工业用水，居民住宅以两层居多。设计年限内人口的自然增长率为12%，工程设计年限取20年，最高日居民生活用水定额取100 L/(人·d)。管网布置如图3-1所示，试进行管网水力计算。

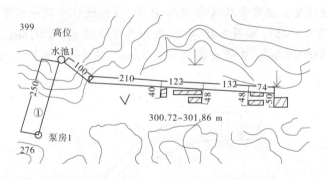

图3-1　（单位：m）

任务一　恒定管流的计算

一、管道系统认知

(一)水利工程及日常生活中常见的有压管

水利工程及日常生活中常见的有压管有水电站的压力钢管、有压引水隧洞、农灌工程中的虹吸管和倒虹吸管、城市自来水管、石油工程中的输油管、人体中的血管等。

(二)有压管水流运动的特点

(1)断面被液体全充满。

（2）无自由液面。

（3）管内壁均受动水压强的作用,且一般不等于大气压强,靠压力流动。

(三)管流分类

1.按管道出口水流特点分类

（1）自由出流。水经管路流入大气、水股四周受大气压作用的情况称为自由出流。

（2）淹没出流。如果管道出口位于液面下称为淹没出流。

2.按管道中水流的沿程水头损失、局部水头损失及流速水头所占的比重不同分类

（1）长管。凡沿程水头损失起主要作用,局部水头损失和流速水头可以忽略不计的管道,称为长管。

（2）短管。凡局部水头损失和流速水头与沿程水头损失相比不能忽略,必须同时考虑的管道,称为短管。

3.按管道的布置分类

（1）简单管路。是指单根管径不变的管路,如图 3-2(a)、(b)所示。

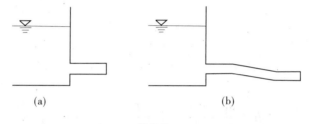

图 3-2

（2）复杂管路。是指管径发生变化或由两根以上的管道所组成的管路,如图 3-3(a)、(b)、(c)所示。

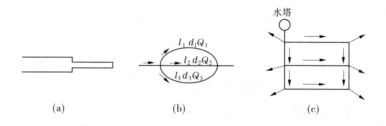

图 3-3

(四)有压管中恒定流的计算类型

（1）管道输水能力的计算。已知水头、管线布置和断面尺寸,确定其输送的流量。

（2）水头的计算。已知管线布置、管道尺寸和流量,要求确定管路的水头损失。

（3）管道的断面尺寸计算。已知管线布置、作用水头及输送流量,要求确定管路的断面尺寸。

（4）管道的断面压强计算。已知流量、作用水头及断面尺寸,要求确定管路的各断面压强。

二、简单管道的水力计算

(一)自由出流

如图 3-4 所示,短管由三段管径不变的管道组成,以出口断面中心的水平面 0—0 为基准面,对渐变流断面 1—1 和 2—2 列出能量方程:

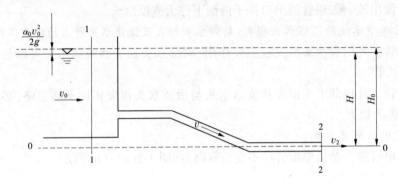

图 3-4

$$H + \frac{p_1}{\gamma} + \frac{\alpha_1 v_1^2}{2g} = 0 + \frac{p_2}{\gamma} + \frac{\alpha_2 v_2^2}{2g} + h_{w1-2}$$

因 $p_1 = p_2 = p_a = 0$,令 $\alpha_1 = \alpha_0 = \alpha_2 = 1$,$v_2 = v_0$,$v_1 = v_0$,又

$$h_{w1-2} = h_f + \sum h_j = (\lambda \frac{l}{d} + \sum \zeta) \frac{v^2}{2g}$$

并令

$$H_0 = H + \frac{\alpha_0 v_0^2}{2g}$$

则有

$$H_0 = \frac{v^2}{2g} + (\lambda \frac{l}{d} + \sum \zeta) \frac{v^2}{2g} \tag{3-1}$$

式中　v_0——上游水池中的流速,称为行近流速;

　　　H——管路出口断面中心与上游水池水面的高差,称为管道的水头;

　　　H_0——包括行近流速水头在内的总水头。

将式(3-1)整理,可得管道中的断面平均流速为

$$v = \frac{1}{\sqrt{1 + \lambda \frac{l}{d} + \sum \zeta}} \sqrt{2gH_0} \tag{3-2}$$

设管道过水断面面积为 A,则通过管道的流量为

$$Q = Av = \frac{1}{\sqrt{1 + \lambda \frac{l}{d} + \sum \zeta}} A \sqrt{2gH_0} \tag{3-3}$$

令 $\mu_c = \dfrac{1}{\sqrt{1 + \lambda \dfrac{l}{d} + \sum \zeta}}$,式(3-3)可写为

$$Q = \mu_c A \sqrt{2gH_0} \qquad (3\text{-}4)$$

式中 μ_c——短管自由出流的流量系数。

式(3-4)就是短管自由出流的计算公式,它表达了短管的过水能力、作用水头和阻力的相互关系。

如行近流速很小,$\dfrac{v_0^2}{2g}$ 可忽略不计,$H \approx H_0$,则式(3-4)可写为

$$Q = \mu_c A \sqrt{2gH} \qquad (3\text{-}5)$$

(二)淹没出流

图 3-5 为淹没出流的情况,以下游水面 0—0 为基准面,取渐变流断面 1—1 和 2—2 列能量方程得

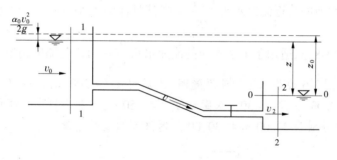

图 3-5

$$z + \frac{p_1}{\gamma} + \frac{\alpha_1 v_0^2}{2g} = 0 + \frac{p_2}{\gamma} + \frac{\alpha_2 v_2^2}{2g} + h_{w1-2}$$

同理,$p_1 = p_2 = p_a = 0$,令 $z_0 = z + \dfrac{\alpha_1 v_0^2}{2g}$,又因断面 2—2 面积很大,于是 $\dfrac{\alpha_2 v_2^2}{2g}$ 可以忽略,且管中流速为 v,$h_{w1-2} = \left(\lambda \dfrac{l}{d} + \sum \zeta\right)\dfrac{v^2}{2g}$,将上述各项代入能量方程,可得

$$z_0 = \left(\lambda \frac{l}{d} + \sum \zeta\right)\frac{v^2}{2g} \qquad (3\text{-}6)$$

整理后可得

$$v = \frac{1}{\sqrt{\lambda \dfrac{l}{d} + \sum \zeta}}\sqrt{2gz_0} \qquad (3\text{-}7)$$

令 $\mu_c = \dfrac{1}{\sqrt{\lambda \dfrac{l}{d} + \sum \zeta}}$,故淹没出流的公式为

$$Q = \mu_c A \sqrt{2gz_0} \qquad (3\text{-}8)$$

式中　μ_c——短管自由出流的流量系数。

当行近流速水头很小时,可忽略不计,则式(3-8)可写成

$$Q = \mu_c A \sqrt{2gz} \qquad (3\text{-}9)$$

式(3-8)和式(3-9)就是短管淹没出流的流量计算公式。

比较自由出流和淹没出流的流量计算公式,首先,它们的形式基本相同,只是水头的含义不同,自由出流时 H 是指管道出口断面与上游水面的高差,而淹没出流时,z 则为上下游水面高差。

其次,在两种情况下的管道流量系数 μ_c 的计算公式在形式上虽然不同,但 μ_c 的值是近似相等的。因为淹没出流时的流量系数中虽没有 α 一项,但 $\sum \zeta$ 中却增加了出口局部水头损失 $\zeta_{出口}$,若 $\sigma_{02} = 0$,则 $\zeta_{出口} = 1$,若取 $\alpha = 1$,则自由出流与淹没出流的流量系数 μ_c 值相等。

再次,上游水池的行近流速水头 $\dfrac{\alpha_0 v_0^2}{2g}$ 应视其具体的大小,在计算时既可以计入也可以忽略不计;式(3-8)只适用于下游水池的流速水头 $\dfrac{\alpha_2 v_2^2}{2g}$ 可以忽略的情况。

【例 3-1】　图 3-6 为某水库的泄洪隧洞,已知洞长 $L = 300$ m,洞径 $d = 2$ m,隧洞的沿程阻力系数 $\lambda = 0.03$,转角 $\alpha = 30°$,水库水位为 42.50 m,隧洞出口中心高程为 25.00 mm。试确定下游水位分别为 22.00 m 和 30.00 m 时隧洞的泄洪流量。

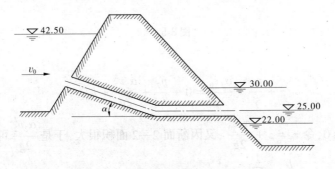

图 3-6

解: (1)下游水位为 22.00 m 时为自由出流。由于水库中行近流速很小,按式(3-5)计算其流量。

$$\mu_c = \frac{1}{\sqrt{1 + \lambda\,\dfrac{l}{d} + \sum \zeta}} = \frac{1}{\sqrt{1 + 0.03 \times \dfrac{300}{2} + 0.5 + 0.2}} = 0.402$$

$$H = 42.50 - 25.00 = 17.50\,(\text{m})$$

$$Q = \mu_c A \sqrt{2gH} = 0.402 \times \frac{3.14 \times 2^2}{4} \times \sqrt{2 \times 9.8 \times 17.50} = 23.38(\text{m}^3/\text{s})$$

（2）下游水位为 30.00 m 时为淹没出流，则

$$z = 42.50 - 30.00 = 12.50(\text{m}) \qquad \mu_c = 0.402$$

故隧洞的泄流量为

$$Q = \mu_c A \sqrt{2gz} = 0.402 \times \frac{3.14 \times 2^2}{4} \times \sqrt{2 \times 9.8 \times 12.50} = 19.76(\text{m}^3/\text{s})$$

（三）管径的确定

（1）当管线布置已定，流量 Q 和水头 H 已知时，其管径 d 可由公式算出。

对于圆管：$A = \pi d^2 / 4$，则

$$d = \sqrt{\frac{4Q}{\pi \mu_c \sqrt{2gH}}} \tag{3-10}$$

式中的流量系数 $\mu_c = \dfrac{1}{\sqrt{1 + \lambda \dfrac{l}{d} + \sum \zeta}}$ 与管径 d 有关，因此式(3-10)只能用试算法求管径 d。

（2）当管道的管线布置和输水量 Q 已知，要求同时确定所需管径 d 及相应的水头 H 时，一般就从技术和经济条件先选定管径 d，然后再求水头 H。

影响管径的因素较多，因此在满足流量要求和水流中的泥沙沉积的前提下，应按投资和运行费用总和最小的原则，确定管道经济流速 v，然后再根据 $d = \sqrt{\dfrac{4Q}{\pi v}}$ 确定其相应的管径 d。一般用允许流速的经验值来确定管径。

（四）总水头线和测压管水头线的绘制

1. 绘制总水头线和测压管水头线的具体步骤

绘制管道的测压管水头线，是为了了解管中动水压强沿程变化的情况。

（1）根据各管的流量 Q_i，计算相应的流速 v_i、沿程水头损失 h_{fi} 和局部水头损失 h_{ji}。

（2）自管道进口到出口，算出第一管段两端的总水头值，并绘出总水头线。

（3）在绘制测压管水头线之前，常先绘制总水头线，这是因为任一断面的测压管水头 $\left(z + \dfrac{p}{\gamma}\right)$ 等于该断面的总水头 $\left(z + \dfrac{p}{\gamma} + \dfrac{\alpha v^2}{2g}\right)$ 与流速水头 $\dfrac{\alpha_i v_i^2}{2g}$ 之差。

在绘制总水头线时，局部水头损失可作为集中损失绘在边界突然变化的断面上，沿程水头损失则是沿程逐渐增加的，因此总水头线在有局部水头损失的地方是突然下降的，而在有沿程水头损失的管段中则是逐渐下降的。

从总水头线向下减去相应断面的流速水头值，便可绘出测压管水头线。也可算出各断面的测压管水头值，即可绘出管道的测压管水头线。

管道出口断面压强受到边界条件的控制。

由总水头线、测压管水头线和基准线三者的相互关系可以明确地表示出管道任一断面各种单位机械能量的大小。

2. 绘制总水头线和测压管水头线应注意的问题

(1)在绘制总水头线和测压管水头线时,等直径管段的 h_f 沿管长均匀分布。

(2)在等直径管段中,测压管水头线与总水头线平行。

(3)在绘制水头线时,应该注意管道出口的边界条件,如图 3-7 所示。

当上游行近流速水头 $\dfrac{\alpha_0 v_0^2}{2g} \approx 0$ 时,总水头线的起点在上游液面,如图 3-7(a)所示;当

$\dfrac{\alpha_0 v_0^2}{2g} \neq 0$ 时,总水头线在起点较上游液面高出 $\dfrac{\alpha_0 v_0^2}{2g}$,如图 3-7(b)所示。

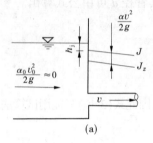 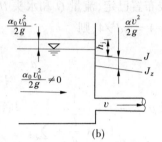

图 3-7

(4)还应注意管道出口的边界条件,如图 3-8 所示。

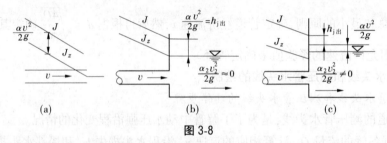

图 3-8

图 3-8(a)为自由出流,测压管水头线的终点应画在出口断面的形心上;

图 3-8(b)为淹没出流,且下游流速水头 $\dfrac{\alpha_0 v_0^2}{2g} \approx 0$,测压管水头线的终点应与下游液面平齐;

图 3-8(c)亦为淹没出流,且下游流速水头 $\dfrac{\alpha_0 v_0^2}{2g} \neq 0$,表示管流出口的动能没有全部损失掉,一部分转化为动能,尚有一部分转化为下游势能,使下游液面抬高,高于管道出口断面的测压管水头,故测压管水头线的终点应低于下游液面。

(5)测压管水头线沿程可以上升或下降,但总水头线沿程只能下降。

3. 压段的判别

测压管水头高于管轴线的部分,其压强水头为正;否则,为负。

4. 调整管道布置,避免产生负压

由图3-9知,管道任意断面的压强水头为

$$\frac{p_i}{\gamma} = H_0 - h_{w0-i} - \frac{\alpha_i v_i^2}{2g} - z_i \tag{3-11}$$

在 H_0 一定的条件下,影响压强水头的因素为式(3-11)中的后三项。较有效的方法是降低管线的高度,以提高管道中压强的大小,避免管道中出现负压。

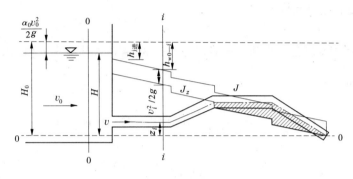

图 3-9

(五) 短管应用

【例3-2】 虹吸管的水力计算。

用一直径 $d = 0.4$ m 的铸铁虹吸管,将上游明渠中的水输送到下游明渠,如图3-10所示。已知上下游渠道的水位差为 2.5 m,虹吸管各段长分别为 $l_1 = 10.0$ m, $l_2 = 6.0$ m, $l_3 = 12.0$ m。虹吸管进口为无底阀滤水网,其局部阻力系数 $\zeta_1 = 2.5$,其他局部阻力系数:两个折角弯头 $\zeta_2 = \zeta_3 = 0.55$,阀门 $\zeta_4 = 0.2$,出口 $\zeta_5 = 1.0$。虹吸管顶端中心线距上游水面的安装高度 $h_s = 4.0$ m,允许真空度采用 $h_v = 7.0$ m。试确定虹吸管输水流量,校核虹吸管中最大真空值是否超过允许值。

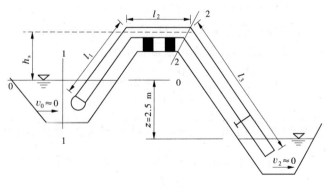

图 3-10

相关知识点:

(1)虹吸管。是指有一段管道高出上游液面,而出口低于上游液面的管道。

(2)虹吸管的工作原理。先对管内进行抽气,使管内形成一定的真空值。由于某种原因虹吸管进口处水面的压强为大气压强,因此管内管外形成压强差,迫使水流由压强大的地方流向压强小的地方。只要虹吸管内的真空不被破坏,而且保持上下游有一定的水位差,水就会不断地由上游通过虹吸管流向下游。其真空值一般控制在 $6\sim 8\ \mathrm{mH_2O}$ 内,以满足虹吸管内水流不致汽化。

(3)虹吸管的水力计算。①在已定上下游水位差的条件下,已知管径,确定输水流量;②由虹吸管水流的允许真空度,确定管顶允许最大安装高度;③已知安装高度,校核管中最大真空度是否超过允许值。

计算过程:

解:(1)确定输水流量。先确定管路阻力系数 λ,取铸铁管糙率 $n=0.013$。水力半径 $R=\dfrac{d}{4}=0.10\ \mathrm{m}$。

$$C=\frac{1}{n}R^{1/6}=\frac{1}{0.013}\times 0.10^{1/6}=52.41(\mathrm{m^{1/2}/s})$$

$$\lambda=\frac{8g}{C^2}=\frac{8\times 9.8}{52.41^2}=0.0285$$

$$\mu_c=\frac{1}{\sqrt{\lambda\dfrac{l}{d}+\sum\zeta}}=\frac{1}{\sqrt{0.0285\times\dfrac{10.0+6.0+12.0}{0.4}+2.5+2\times 0.55+0.2+1.0}}$$
$$=0.384$$

通过虹吸管流量为

$$Q=\mu_c A\sqrt{2gz}=0.384\times\frac{3.14\times 0.4^2}{4}\times\sqrt{2\times 9.8\times 2.5}=0.338(\mathrm{m^3/s})$$

(2)校核虹吸管中最大真空度。最大真空发生在管顶最高段(第二管段)内。由于管中流速水头沿程不变,最低压强应在该项管段末端的弯头断面,即断面2—2。同时,认为弯头局部水头损失发生在弯头断面上,故在该断面的弯头损失以后的压强为最小。而在下游第三管段,由于管路坡降一般大于水力坡降,即断面中心高程的下降大于沿程水头损失,所以部分位能转化为压能,使第三段内压强沿程增加。

$$v=\frac{Q}{A}=\frac{0.338}{\dfrac{3.14}{4}\times 0.4^2}=2.69(\mathrm{m/s})$$

以上游水面为基准面,取 $\alpha=1.0$,建立断面1—1与断面2—2的能量方程,即得

$$0+\frac{p_a}{\gamma}+0=h_s+\frac{p_2}{\gamma}+\frac{v^2}{2g}+h_{w1-2}$$

$$\frac{p_a-p_2}{\gamma}=h_s+\left(1+\lambda\frac{l_1+l_2}{d}+\zeta_1+\zeta_2\right)\frac{v^2}{2g}$$

$$=4.0+\left(1+0.0285\times\frac{10.0+6.0}{0.4}+2.5+0.55\right)\times\frac{2.69^2}{2\times 9.8}=5.92(\mathrm{m})$$

所以,断面2—2的真空度为 5.92 m,小于允许真空度 7 m,符合要求。

【例 3-3】 某渠道用直径 $d=0.5$ m 的钢筋混凝土虹吸管从河道引水灌溉,如图 3-11 所示,河道水位为 120.00 m,渠道水位为 119.00 m,虹吸管各段长度 $l_1=10$ m,$l_2=6$ m, $l_3=12$ m,进口装滤水网,无底阀,$\zeta_1=2.5$,管的顶部有 60° 的折角转弯两个,每个弯头 $\zeta_2=0.55$。试确定:

(1)虹吸管的流量。

(2)当虹吸管内最大允许真空值 $h_v=7.0$ m 时,虹吸管的最大安装高度 $h_s=?$

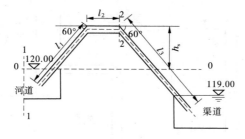

图 3-11

解:(1)虹吸管的出口在水面以下,为淹没出流,当不计行近流速影响时,可直接用 $Q=\mu_c A\sqrt{2gH}$ 计算流量,$\mu_c=\dfrac{1}{\sqrt{\lambda\dfrac{l}{d}+\sum\zeta}}$(虹吸管流量系数)。

要计算 μ_c,先计算 λ。

用曼宁公式 $C=\dfrac{1}{n}R^{\frac{1}{6}}$ 计算 C,混凝土 $n=0.014$(查表)。

则
$$
\begin{cases}
C=\dfrac{1}{0.014}\times\left(\dfrac{0.5}{4}\right)^{\frac{1}{6}}=50.51\,(\mathrm{m^{1/2}/s})\\[2mm]
\lambda=\dfrac{8g}{C^2}=\dfrac{8\times9.8}{50.51^2}=0.0307\\[2mm]
\sum\zeta=\zeta_1+2\zeta_2+\zeta_3=4.6\\[2mm]
\mu_c=\dfrac{1}{\sqrt{0.307\times\dfrac{10+6+12}{1.5}+4.6}}=0.398\\[2mm]
Q=\mu_c A\sqrt{2gH}=0.398\times\dfrac{3.14}{4}\times0.5^2\times\sqrt{2\times9.8\times(120-119)}=0.3\,(\mathrm{m^3/s})
\end{cases}
$$

(2)以河道水面为基准面,列断面 1—1 及 2—2 的能量方程得

$$0+0+0=h_s+\frac{p_2}{\gamma}+\frac{\alpha v^2}{2g}+h_w$$

则

$$h_s=-\frac{p_2}{\gamma}-\left(\alpha+\lambda\frac{l_1+l_2}{d}+\zeta_1+\zeta_2\right)\frac{v^2}{2g}=6.2\,(\mathrm{m})$$

【例3-4】 水泵的水力计算。

有一水泵如图3-12所示,水泵的抽水量 $Q=28$ m³/h,吸水管长 $l_{吸}=5$ m,压水管长 $l_{压}=18$ m,沿程阻力系数 $\lambda_{吸}=\lambda_{压}=0.046$。局部阻力系数:进口 $\zeta_{网}=8.5$,弯头 $\zeta_{弯}=0.17$,出口 $\zeta_{出}=1.0$,水泵的抽水高度 $z=18$ m,水泵进口断面的最大允许真空度 $h_v=6$ m,试确定:①管道的管径;②水泵的安装高度 h_s;③水泵扬程 H;④水泵电动机的功率(水泵的效率 $\eta_{泵}=0.80$,电动机效率 $\eta_{动}=0.90$)。

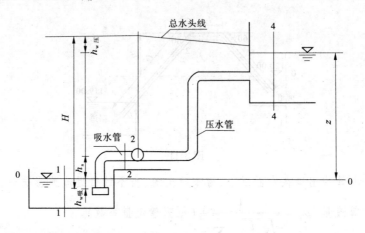

图 3-12

相关知识点:

水泵是增加水流能量,把水从低处引向高处的一种水力机械。

水泵水力计算的主要内容:

(1)计算水泵扬程 h_p。

水泵扬程就是单位重量的水体从水泵中获得的外加机械能,以 h_p 表示。

如图3-11所示,以水池水面 0—0 为基准面,对断面 1—1 和 4—4 列能量方程:

$$h_p = z + h_w \tag{3-12}$$

式中, $h_w = h_{w1-2}+h_{w3-4}$, h_{w1-2} 为吸水管中的水头损失; h_{w3-4} 为压水管中的水头损失。

式(3-12)说明水泵的扬程等于扬水高度加上吸水管和压水管水头损失之和。

(2)计算水泵安装高度 h_s。

水泵工作时,必须在它的进口处形成一定的真空,才能把水池的水经吸水管吸入。为确保水泵正常工作,必须按水泵最大允许真空度 h_v(一般不超过 T mH₂O)计算水泵安装高度 h_s,即限制 h_s 值不能过大。

以图3-12为例,对断面 1—1 及 2—2 列能量方程:

$$0 + 0 + 0 = h_s + \frac{p_2}{\gamma} + \frac{\alpha v^2}{2g} + h_w \tag{3-13}$$

于是

$$
\begin{cases}
h_s = -\dfrac{p_2}{\gamma} - \dfrac{\alpha v^2}{2g} - \left(\sum \lambda \dfrac{l}{d} + \sum \zeta\right)\dfrac{v^2}{2g} \\[3mm]
-\dfrac{p_2}{\gamma} = \dfrac{p_v}{\gamma} = h_v \\[3mm]
h_s = h_v - \left(\alpha + \sum \lambda \dfrac{l}{d} + \sum \zeta\right)\dfrac{v^2}{2g}
\end{cases}
\tag{3-14}
$$

(3)计算水泵装机容量 N。

水泵装机容量就是水泵的动力机(如电动机)所具有的总动率,单位重量水体从水泵获得的能量为 h_p,则单位时间内重量为 γQ 的水流从水泵获得的能量为 $\gamma Q h_p$。$\gamma Q h_p$ 也为单位时间内水泵所做的有效功,称为水泵的有效功率,以 N_p 表示,即

$$N_p = \gamma Q h_p \tag{3-15}$$

由于传动时的能量损失,水泵动力机的功率 $N(\text{kW})$ 不可能全部转变为水泵的有效功率 N_p,设水泵总效率为 η,则

$$N_p = \eta N$$

于是,水泵的装机容量 N 为

$$N = \frac{\gamma Q h_p}{1\,000\eta} \tag{3-16}$$

而水泵的总效率 η 为动力机效率 η_1 与水泵效率 η_2 的乘积,即 $\eta = \eta_1 \eta_2$。

计算过程:

解:(1)水泵管道直径的选定。水泵吸水管和压水管的直径,一般是根据管道的允许流速来确定的。对于吸水管,其允许流速的经验值,选取 $v_允 = 1.2 \sim 2.0 \text{ m/s}$。对于压水管,其允许流速 $v_压 = 1.5 \sim 2.5 \text{ m/s}$。

依据上述允许流速的经验值,选取 $v_允 = 2.0 \text{ m/s}$,$v_压 = 2.5 \text{ m/s}$,则相应的管径为

$$d_吸 = \sqrt{\frac{4Q}{\pi v_吸}} = \sqrt{\frac{4 \times 28}{3.14 \times 2.0 \times 3\,600}} = 0.070(\text{m})$$

$$d_压 = \sqrt{\frac{4Q}{\pi v_压}} = \sqrt{\frac{4 \times 28}{3.14 \times 2.5 \times 3\,600}} = 0.063(\text{m})$$

根据计算结果,查标准管径表先用与它相近并大于它的标准管径,$d_吸 = 75 \text{ mm}$,$d_压 = 75 \text{ mm}$,则吸水管和压水管中的流速为

$$v_吸 = v_压 = \frac{Q}{A} = \frac{4 \times 28}{3.14 \times 0.075^2 \times 3\,600} = 1.76(\text{m/s})$$

(2)计算水泵安装高度 h_s。以水源水面为基准面,在水源中的渐变流段内取过水断面 1—1,在水泵的进口,吸水管的末端取过水断面 2—2,对断面 1—1 和 2—2 列能量方程得

$$0 + \frac{p_1}{\gamma} + \frac{\alpha v_1^2}{2g} = h_s + \frac{p_2}{\gamma} + \frac{\alpha v_吸^2}{2g} + h_{w吸} \tag{a}$$

因断面 1—1 的流速比吸水管中的流速 $v_吸$ 小得多,故在计算中可近似地认为 $\dfrac{\alpha v_1^2}{2g} \approx 0$,并取 $\alpha = 1$,$p_1 = p_a$,将水头损失表达式代入式(a),经过整理后得

$$h_s = \frac{p_a - p_2}{\gamma} - (1 + \lambda \frac{l_{吸}}{d_{吸}} + \sum \zeta) \frac{v_{吸}^2}{2g}$$

式中，$\dfrac{p_a - p_2}{\gamma}$ 为真空度，用 h_v 表示，则可得水泵安装高度 h_s 的计算式为

$$h_s = h_v - (1 + \lambda \frac{l_{吸}}{d_{吸}} + \sum \zeta) \frac{v_{吸}^2}{2g}$$

$$= 6 - (1 + 0.046 \times \frac{5}{0.075} + 8.5 + 0.17) \times \frac{1.76^2}{19.6} = 3.99(\text{m})$$

h_s 值表明，安装高度最大不得超过 3.99 m；否则，将因水泵真空受到破坏，而产生抽不上水或出水量很小的现象。

（3）水泵的扬程。水从水源被提升到水塔上，提水高度为 z，这增加了水流的势能。同时，水流在流经吸水管和压水管到达水塔时，还要克服沿流程的各种阻力，消耗了自身的部分能量。这两部分能量都必须由水泵提供。通常把这两部分能量的总和，称为水泵的扬程，即

$$H = z + h_{w吸} + h_{w压}$$

吸水管水头损失：

$$h_{w吸} = (\lambda_{吸} \frac{l_{吸}}{d_{吸}} + \zeta_{网} + \zeta_{弯}) \frac{v_{吸}^2}{2g}$$

$$= (0.046 \times \frac{5}{0.075} + 8.5 + 0.17) \times \frac{1.76^2}{19.6} = 1.85(\text{m})$$

压水管水头损失：

$$h_{w压} = (\lambda_{压} \frac{l_{压}}{d_{压}} + \sum \zeta) \frac{v_{压}^2}{2g}$$

$$= (0.046 \times \frac{18}{0.075} + 2 \times 0.17 + 1.0) \times \frac{1.76^2}{19.6} = 1.96(\text{m})$$

所以水泵的总扬程为

$$H = z + h_{w吸} + h_{w压} = 18 + 1.85 + 1.96 = 21.81(\text{m})$$

（4）水泵电动机的功率 N。

电动机的功率为单位时间内将重量为 γQ 的水体，提升 $H(\text{m})$ 高度时所做的功，再分别除以水泵和电动机的实际效率。其计算公式为

$$N = \frac{\gamma Q H}{\eta_{泵} \eta_{动}} = \frac{9.8 \times \frac{28}{3\,600} \times 21.81}{0.8 \times 0.9} = 2.31(\text{kW})$$

【例 3-5】　水泵装置同例 3-4，如图 3-12 所示，吸水管及压水管均为铸铁管（$\Delta = 0.3$ mm）。吸水管长 $l_1 = 12$ m，直径 $d_1 = 150$ mm，其中有一个 90°弯头（$\zeta_2 = 0.8$），进口有滤水网并设有底阀（$\zeta_1 = 6.0$）。压水管 $l_2 = 100$ m，管径 $d_2 = 150$ mm，其中有三个 90°弯头，并设一闸阀（$\zeta_3 = 0.1$）。水塔水面与水池水面的高差 $z = 20$ m，水泵设计流量 $Q = 0.03$ m³/s，

水泵进口处允许真空值 $h_v = 6$ m,电动机效率 $\eta_1 = 0.90$,水泵效率 $\eta_2 = 0.75$。试计算:①水泵扬程 h_p;②水泵安装高度 h_s;③水泵装机容量 N。

解:(1)计算水泵扬程 h_p。

$$Q = 0.03 \text{ m}^3/\text{s}, A = \frac{\pi d^2}{4} = \frac{3.14 \times 0.15^2}{4} = 0.017\ 7(\text{m}^2)$$

则
$$v = Q/A = 0.03/0.017\ 7 = 1.69(\text{m/s})$$

通常水温约 20 ℃,运动黏滞系数 $\nu = 1.003 \times 10^{-6}$ m^2/s。

则
$$\begin{cases} Re = \dfrac{vd}{\nu} = 2.52 \times 10^5 \\ \dfrac{\Delta}{d} = \dfrac{0.3}{150} = 0.002 \end{cases}$$

由 Re 及 $\dfrac{\Delta}{d}$ 查图 2-36 得: $\lambda = 0.024$。

淹没出流 $\zeta_4 = 1.0$,则吸水管水头损失为

$$h_{w1} = \left(\lambda \frac{l_1}{d_1} + \zeta_1 + \zeta_2 \right) \frac{v^2}{2g}$$

$$= \left(0.024 \times \frac{12}{0.15} + 6.0 + 0.8 \right) \times \frac{1.69^2}{2 \times 9.8} = 1.26(\text{m})$$

压水管水头损失

$$h_{w2} = \left(\lambda \frac{l_2}{d_2} + \zeta_3 + 3\zeta_2 + \zeta_4 \right) \frac{v^2}{2g} = \left(0.024 \times \frac{100}{0.15} + 0.1 + 3 \times 0.8 + 1 \right) \times \frac{1.69^2}{2 \times 9.8}$$

$$= 2.85(\text{m})$$

则水泵扬程为:
$$h_p = z + h_w = 20 + 1.26 + 2.85 = 24.11(\text{m})$$

(2)计算水泵安装高度 h_s。

$$h_s = h_v - \left(\alpha + \lambda \frac{l}{d} + \zeta_1 + \zeta_2 \right) \frac{v^2}{2g}$$

$$= 6 - \left(1.0 + 0.024 \times \frac{12}{0.15} + 6.0 + 0.8 \right) \frac{1.69^2}{2 \times 9.8} = 4.5(\text{m})$$

即水泵安装高度不得超过 4.5 m。

(3)计算水泵装机容量 N。

已知 $\eta_1 = 0.90, \eta_2 = 0.75$,则 $\eta = \eta_1 \eta_2 = 0.90 \times 0.75 = 0.68$。

又由于 $Q = 0.03$ m^3/s, $h_p = 24.11$ m,则

$$N = \frac{\gamma Q h_p}{1\ 000 \eta} = \frac{9\ 800 \times 0.03 \times 24.11}{1\ 000 \times 0.68} = 10.42(\text{kW})$$

【例3-6】 倒虹吸管的水力计算。

如图 3-13 所示,为一横穿河道的钢筋混凝土倒虹吸管,管中通过的流量 $Q = 4$ m^3/s,管长 $l = 50$ m,有两个 30° 的折角转弯,其局部水头损失系数 $\zeta_弯 = 0.2$,沿程阻力系数 $\lambda = 0.025$,进口局部水头损失系数为 0.5,出口局部水头损失系数为 1.0,上下游水位差 $z =$

2.0 m,当上下游的流速水头可忽略不计时,求管道的管径 d_0。

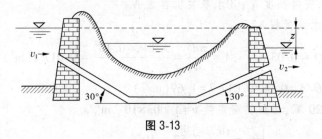

图 3-13

相关知识点:

当某一条渠道与其他渠道或公路、河道交叉时,常常在公路或河道下面设置一段管道,该管道称为倒虹吸管。

水力计算的主要任务:

(1)已知管道直径 d、管长 l 及管道布置、上下游水位差 z,求过流量 Q,公式如下:

$$Q = \mu_c A \sqrt{2gz} \tag{3-17}$$

(2)已知管道直径 d、管长 l 及管道布置、过流量 Q,求上下游水位差 z,公式如下:

$$z = \frac{Q^2}{\mu_c^2 A^2 2g} \tag{3-18}$$

以上两类计算是常规的短管计算,这里不再举例。

(3)已知管道布置、过流量 Q 和上下游水位差 z,求管道直径 d。

计算过程:

解:倒虹吸管中的水流为简单短管的淹没出流,可利用下式计算:

$$Q = \mu_c \frac{\pi d^2}{4} \sqrt{2gz} \tag{a}$$

将式(a)中包括管径 d 的 $\mu_c d^2$ 移至等式另一侧,则

$$\mu_c d^2 = \frac{4Q}{\pi \sqrt{2gz}} = \frac{4 \times 4}{3.14 \times \sqrt{2 \times 9.8 \times 2.0}} = 0.81$$

流量系数的计算式为

$$\mu_c = \frac{1}{\sqrt{\lambda \frac{l}{d} + \zeta_{进} + 2\zeta_{弯} + \zeta_{出}}} = \frac{1}{\sqrt{0.025 \times \frac{50}{d} + 0.5 + 2 \times 0.2 + 1.0}} = \frac{1}{\sqrt{\frac{1.25}{d} + 1.9}}$$

根据上述计算得

$$\frac{d^2}{\sqrt{\frac{1.25}{d} + 1.9}} = 0.81 \tag{b}$$

(1)试算法。假设一个 d 值算出对应的 $\mu_c d^2$,看是否等于已知的 0.81,若 $\mu_c d^2 \neq 0.81$,则重新假设 d 值再计算,直到假定的某一 d 值算出的 $\mu_c d^2$ 满足条件 $\mu_c d^2 = 0.81$ 为止,则此 d 值即为所求的管径。

从计算结果可以看出,当 $d = 1.18$ m 时,计算的 $\mu_c d^2 = 0.8094$ 与 0.81 相差在 1% 以下,故可认为 $d = 1.18$ m 就是所求的管径。取标准管径 $d = 1.2$ m。

（2）迭代法。将式（b）改写成下面的迭代算式，即

$$d = \sqrt{0.81 \times \sqrt{\frac{1.25}{d}} + 1.9}$$ （c）

其迭代过程为：设 $d_1 = 0.5$ m，代入式（c）右边的 d 中，算出 $d_2 = 1.303$ m；又用 d_2 代入式（c）右边的 d 中，算出 $d_3 = 1.170\ 3$ m；再将 d_3 代入式（c）右边的 d 中，算出 $d_4 = 1.181$ m；再重复算出 $d_5 = 1.180\ 3$ m，取 $d = 1.180$ m 为所求直径。取标准管径 $d = 1.2$ m。

通过上述迭代，我们可以看出，其迭代次数的多少取决于计算精度的要求，一般工程上，迭代 3~4 次就能达到较为准确的结果。

三、串联和并联管道的水力计算

（一）串联管道

由许多管段首尾相接组成的管道称为串联管道，如图 3-14 所示。

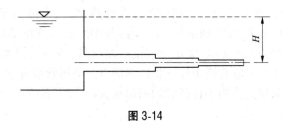

图 3-14

n 段管道串联，各段损失分别计算然后叠加，认为作用水头全部用于沿程水头损失，可得一个方程：

$$H = \sum_{i=1}^{n} h_{fi} = \sum_{i=1}^{n} \frac{Q_i^2}{K_i^2} l_i$$ （3-19）

各段流量间的关系由连续性原理确定，又可得 $n-1$ 个方程，即

$$Q_{i+1} = Q_i - q_i \quad (i = 2,3)$$

【例 3-7】 由水塔供水的简单管道 AB 长 $L = 1\ 200$ m，$Q = 38$ L/s，材料为铸铁管。水塔水面及管道末端 B 点高程，如图 3-15 所示。为了充分利用管道工作水头和节省管材，采用管径 $d_1 = 225$ mm 和 $d_2 = 250$ mm 两根管道串联，求管道的长度 L_1 和 L_2。

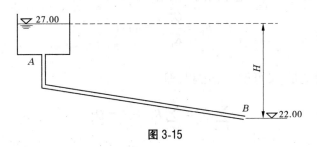

图 3-15

解：管径 d_1 中的流速

$$v_1 = \frac{Q_1}{A_1} = \frac{4 \times 38 \times 10^{-3}}{3.14 \times 0.225^2} = 0.956(\text{m/s})$$

管径 d_2 中的流速

$$v_2 = \frac{Q_2}{A_2} = \frac{4 \times 38 \times 10^{-3}}{3.14 \times 0.25^2} = 0.775 (\text{m/s})$$

从题意知,此题应按长管计算。两个流速均小于 1.2 m/s,故需修正,查设计手册得水头修正系数 $k_1 = 1.034$,$k_2 = 1.065$。若不计 v_0,可得串联管道的水头为

$$H = k_1 \frac{Q^2}{K_1^2} L_1 + k_2 \frac{Q^2}{K_2^2} L_2$$

按正常管道查设计手册得管道流量模数 $K_1 = 467$ L/s 和 $K_2 = 618.5$ L/s,并将已知数值代入,并且 $L_1 + L_2 = 1\ 200$ m,于是有

$$27.00 - 22.00 = 1.034 \times \left(\frac{38}{467}\right)^2 L_1 + 1.065 \times \left(\frac{38}{618.5}\right)^2 \times (1\ 200 - L_1)$$

求得:$L_1 = 62.23$ m,$L_2 = 1\ 200 - 62.23 = 1\ 137.77 (\text{m})$,最后取 $L_1 = 60$ m,$L_2 = 1\ 140$ m。

(二)并联管道

在两点间并设两条以上管段的管路称为并联管路,如图 3-16 所示。图 3-16 中有 5 个管段,中间 3 个管段为并联,而并联前后 2 个管段与中间并联管路又形成串联管路。

如在并联管路两端点(节点)A 和 B 分别接一测压管,各测压管水面相应一个高程,两测压管水面差是代表 3 个并联管路中任一管路两端点的测压管水头差。该水头差就是并联管路中各管路的总水头损失。当不计各管的局部水头损失时,各管路中沿程水头损失相等。

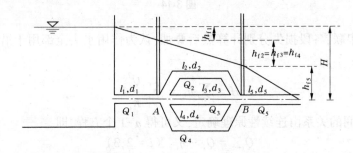

图 3-16

n 段并联管道的水头损失是相同的,给出 $n-1$ 个方程,即

$$h_{fi} = \frac{Q_i^2}{K_i^2} l_i = \text{const}$$

其中,$i = 1, \cdots, n$。

流量之和为总流量,又可得一个方程,即

$$\sum_{i=1}^{n} Q_i = \sum_{i=1}^{n} K_i \sqrt{\frac{h_{fi}}{l_i}} = Q$$

四、管网计算

依据前述的工程实际项目资料图 3-1,对某城镇进行管网设计项目计算。

（1）总用水量（Q）的计算（略）。最高日用水量 Q_d 为 66 m³/d,最高日平均时设计用水量 $Q_高$ 为

$$Q_高 = K_h Q_h = 3.0 \times 4.15 = 12.375(\text{m}^3/\text{h})$$

（2）节点流量的确定:

按比例分配法,将人口数与用水量标准相乘计算出来的总用水量,依据服务范围（这里主要是指按各节点所服务的人口数）按比例进行节点流量分配,如图 3-17 所示。

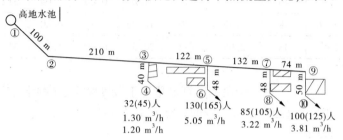

图 3-17

（3）选择控制点,确定干管和支管。根据地形及用水量情况,选择最远点作为最不利点,即控制点为节点10。干管由 1—2、2—3、3—5、5—7、7—9、9—10 组成,其余均为支管。

（4）编制干管和支管水力计算表,见表 3-1、表 3-2。同时将节点编号、地形标高、管段编号和管段长度等已知条件分别填入表 3-1、表 3-2 中。

表 3-1　主干管水力计算表

节点	地形标高/m	管段编号	管段长度 L/m	流量 Q/（m³/h）	管径 D/mm	1 000i	流速 v/（m/s）	水头损失 h/m	水压标高/m	自由水压/m
（1）	（2）	（3）	（4）	（5）	（6）	（7）	（8）	（9）	（10）	（11）
10	300.72								312.72	12.00
		9—10	50	3.53	32	32.86	0.96	1.64		
9	300.82								314.36	13.54
		7—9	74	3.53	32	32.86	0.96	2.43		
7	301.50								316.79	15.29
		5—7	132	6.51	50	9.98	0.68	1.32		
5	301.00								318.11	17.11
		3—5	122	11.18	70	10.61	0.81	1.29		
3	301.86								319.40	17.54
		2—3	210	12.38	80	5.33	0.62	1.12		
2	305.00								320.52	15.52
		1—2	100	12.38	80	5.33	0.62	0.53		
1	321.04								321.05	0

表 3-2　支管水力计算表

节点	地形标高/ m	管段编号	管段长度 L/m	流量 Q/ (m^3/h)	管径 D/ mm	1 000i	流速 v/ (m/s)	水头损失 h/m	水压标高/ m	自由水压/ m
(1)	(2)	(3)	(4)	(5)	(6)	(7)	(8)	(9)	(10)	(11)
4	301.70	3—4	40	1.20	20	51.03	0.66	2.04	317.36	15.66
6	300.60	5—6	48	4.67	40	16.75	0.75	0.80	317.31	16.71
8	300.85	7—8	48	2.98	32	24.33	0.79	1.17	315.62	14.77

（5）管段流量的计算。每一管段的计算流量等于该管段后面（顺水流方向）所有节点流量和大用户集中用水量之和。各管段的计算流量计算如下：

$q_{9-10} = q_{10} = 3.53\ m^3/h$

$q_{7-9} = q_{10} = 3.53\ m^3/h$

$q_{5-7} = q_{10} + q_8 = 3.53 + 2.98 = 6.51 (m^3/h)$

$q_{3-5} = q_{10} + q_8 + q_6 = 3.53 + 2.98 + 4.67 = 11.18 (m^3/h)$

$q_{2-3} = q_{10} + q_8 + q_6 + q_4 = 3.53 + 2.98 + 4.67 + 1.20 = 12.38 (m^3/h)$

$q_{1-2} = q_{10} + q_8 + q_6 + q_4 = q_{2-3} = 12.38 (m^3/h)$

同理，可得其余管段流量，将管段流量计算结果分别列于表 3-1、表 3-2 中。

（6）水头损失计算。

根据管段流量及流速（在经济流速 $v = 0.6 \sim 1.0\ m/s$ 范围内取用），从《给排水设计手册　第 1 册　常用资料》中可查塑料管水力计算表，得到相适应的管径 D，并用内差法计算出 1 000i 和对应的实际流速 v；水头损失按 $h = iL$ 计算；最后将结果分别填入表 3-1 主干管水力计算表中。

初步确定用户用水按两层计算，即最不利节点 10 处的最小自由水压为 12.00 m。则节点 10 的水压标高为该节点地形标高与最小自由水压之和，即 $300.72 + 12.00 = 312.72$ （m）。

节点 9 的水压标高为节点 10 的水压标高加上 9—10 管段的水头损失，即 $312.72 + 1.64 = 314.36$（m）；节点 9 的自由水压为该节点的水压标高减去其地形标高，即 $314.36 - 300.82 = 13.54$（m）。

其他干管节点水压标高及自由水压结果如表 3-1 所示。

同理各配水支管的节点水压标高及自由水压计算结果见表 3-2。

（7）确定高地水池节点 1 的地形标高（Z_t），这时考虑水柜底面距地面的高度 H_t 为零：

高地水池节点 1 与节点 2 间的水头损失为 0.53 m；

节点 2 至控制点的水头损失之和为：$1.64 + 2.43 + 1.32 + 1.29 + 1.12 = 7.80$（m）。

计算地形标高得
$$H_t = H_C + h_n - (Z_t - Z_c)$$
$$Z_t = H_C + h_n + Z_c - H_t = 12 + 7.80 + 300.72 - 0 = 321.05 (m)$$

则高地水池的地形标高为 321.05 m。

任务二　水击计算

一、水击认知

(一)水击现象

水击：由于外界原因使有压管道中水流流速突然变化，致使管内压强发生急剧升降的现象。

水锤：由于升压和降压交替进行时，对于管壁或阀门的作用犹如锤击一样。

(二)发生水击的原因

如图 3-18 所示，在分析过程中，为了简便起见，在水击的分析和计算中忽略流速水头和水头损失。在分析水击时，考虑液体是可压缩的，管道也是弹性体。

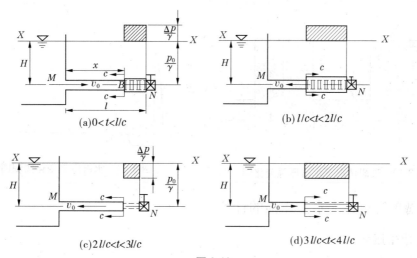

(a)$0<t<l/c$ (b)$l/c<t<2l/c$

(c)$2l/c<t<3l/c$ (d)$3l/c<t<4l/c$

图 3-18

如果把阀门突然关闭，则紧靠阀门的一层水首先停止流动，其流速突然变成零。动量变化等于外界对其作用力的冲量。此作用力即为阀门对水的作用力。因此，紧靠阀门这一层水的压强也突然升高至 $p_0 + \Delta p$，升高的压强 Δp 即为水击压强。在水击压强的作用下如果考虑液体的压缩性和管道的弹性就会产生两种变形，即水的压缩和管壁的膨胀。

从上面的分析可以看出：引起管道水流速度突然变化的因素是发生水击的外在条件，水流本身具有的惯性和压缩性则是发生水击的内在原因。

(三)水击的传播过程

有压管路的布置如图 3-18 所示，现分析如阀门突然关闭而发生水击时的压强变化及传播情况。

第一阶段[减速增压过程，见图 3-18(a)]：过程：$v_0 \to 0$，$p_0 \to p_0 + \Delta p$

终态：$v = 0$，$p = p_0 + \Delta p$

第二阶段[减速减压过程，见图 3-18(b)]：过程：$0 \to -v_0$，$p_0 + \Delta p \to p_0$

$$\text{终态}: v = -v_0, \quad p = p_0$$

第一阶段[增速减压过程,见图 3-18(c)]:过程: $-v_0 \to 0$, $p_0 \to p_0 - \Delta p$

$$\text{终态}: v = 0, \quad p = p_0 - \Delta p$$

第一阶段[增速增压过程,见图 3-18(d)]:过程: $0 \to v_0$, $p_0 - \Delta p \to p_0$

$$\text{终态}: v = v_0, \quad p = p_0$$

周期:从阀门关闭时 $t=0$ 起,管内经过减速增压、减速减压、增速减压和增速增压四个阶段,历时 $t = \dfrac{4l}{c}$(c 指向上下游传递的波速),称为一个周期。

相:在一个周期里,水击波在阀门和管道进口之间往返了一次就为一个相。

如果仅考虑理想液体,则水击波一旦产生后就会一直周期性地传播下去,见图 3-19。然而实际上液体在运动过程中由于液体具有黏滞性及液体和管壁的变形,使能量损失很大,因此水击压强会迅速衰减,见图 3-20。

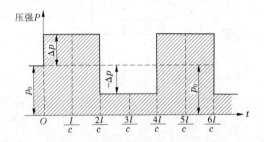

图 3-19 理想情况下水击压强变化图

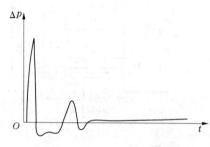

图 3-20 水击压强变化实测图

二、简单管道最大水击压强的计算

(一) 水击压强

1. 直接水击

如果关闭阀门的时间 t 小于一个相长,即 $t < \dfrac{2l}{c}$,那么最早发出的水击波的反射波在到达阀门之前,阀门已经关闭完毕。这样水击波的运动特征与上面讨论的阀门突然关闭($t=0$)水击波特征相同,这样的水击就称为直接水击。

如图 3-21 所示,在断面 m—m 上的压强为 $p_0 + \Delta p$,水击波的传播速度为 c,则经过时间 Δt 后水击波传至断面 n—n。这时流段内的液流速度由 $v_0 \to v$,密度由 $\rho \to \rho + \Delta \rho$,管壁膨胀,则过水断面面积也由 $A \to A + \Delta A$。

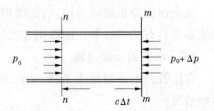

图 3-21 水击管段上的压强

水击压强增量为

$$\Delta p = \rho c (v_0 - v)$$

如果阀门是快速全部关闭,即 $v=0$,则

$$\Delta p = \rho c v_0 \tag{3-20}$$

2. 间接水击

如果管道长度较短,或阀门关闭的时间较长,以致 $t > \dfrac{2l}{c}$,那么阀门开始关闭时发出的水击波(增压波)的反射波(减压波)到达阀门时,阀门仍在继续关闭,则增压和减压会相互叠加后抵消,使这种水击——间接水击在阀门处的水击压强小于直接水击的水击压强。

间接水击在阀门处的最大升压的近似值计算是按照这样的假定计算的,即假定最大升压和关闭时间的乘积是一个常量,也就是说

$$\Delta p = \rho v_0 \frac{2l}{t} \tag{3-21}$$

式中　t——阀门关闭时间。

(二)水击波的传播速度

为了计算水击压强,或者分析各阶段水击波的动力特征,都需要水击波的传播速度 c。均质、薄壁圆管中水击波传播速度 c 的计算式为

$$c = \frac{1}{\sqrt{\rho\left(\dfrac{1}{K} + \dfrac{D}{E\delta}\right)}} = \frac{\sqrt{\dfrac{K}{\rho}}}{\sqrt{1 + \dfrac{K}{E}\dfrac{D}{\delta}}} \tag{3-22}$$

式中　E——管壁材料的弹性系数;

　　　K——液体的体积弹性系数;

　　　D——管道的直径;

　　　δ——管壁的厚度。

式中,对于水而言,$\sqrt{\dfrac{K}{\rho}} = 1\ 400$ m/s。

从式(3-22)可以看出,水击波的波速与管材弹性模量 E 成正比,对于绝对刚性的管壁($E \to \square$),水击波传播速度最大,水击波的波速又与管径 D 成反比,而与管壁厚 δ 成正比,所以为了减小水击压强,应该选择管径大、管壁较薄的水管。

(三)减小水击压强的措施

从上面的分析可知,水击压强是巨大的。这一巨大压强可使水管变形、接缝裂开,甚至爆裂。为了防止水击压强给管道带来的危害,在管道设计和运用管理上应尽量避免发生直接水击,并设法减小间接水击的压强。

减小水击压强的具体措施如下:

(1)延长阀门启闭时间 t。在工程中,总是力求避免发生直接水击,并尽可能地设法延长阀门的启闭时间。但要注意,根据水电站运转的要求,阀门启闭时间的延长是有限度的。

(2)缩短压力管道的长度。压力管愈长,则水击波从阀门处传播到水库,再由水库反

射回阀门处所需要的时间也愈长,在阀门处所引起的最大水击压强也就愈不容易得到缓解。为了缩短相长,在水电站设计中应尽可能缩短压力管道的长度。

（3）管道上设置安全阀、水击消除阀等装置。

（4）在管道上设置空气室、调压塔等装置。调压装置是一个具有一定贮水容量的建筑物,当水电站压力管道的阀门(或水轮机导叶)关闭而减小引用流量时,压力管道中的水流,因惯性作用而分流进入调压构筑物中,使调压构筑物内水位上升。调压构筑物下游的压力管道中虽发生水击,但由于调压构筑物内的水位及其流动发生变化,从而对水击压强的增减起了控制作用,也就在一定程度上限制或完全制止了水击波向上游水库的传播。这就等于缩短了压力管道的长度,从而使下游压力管道中的水击压强大为降低。

（5）限制管中流速。如果压力管道中原来的流速 v_0 比较小,则因阀门突然关闭而引起的流速变化也较小,水流惯性引起的水击压强也就不会很大。从这点出发,在工程设计时,可采用加大管径的办法,以达到减小流速 v_0 的目的。在不允许增加管径时,则可在压力管道末端设置放空阀。当阀门突然关闭时,可用放空阀将管内的一部分水从旁边放出去,同样可达到减小管道中流速变化,从而减小水击压强的目的。

一般来说,在输水管道中发生水击是有害的。但是事物都是一分为二的,水击既有破坏性的一面,又有可利用的一面。只要我们掌握了它的基本规律,利用和发挥有益的作用,例如水击泵就是利用水击的压强增值来扬水的。

🖊 小 结

本项目介绍了管道系统、简单管道水力计算、串联和并联管道水力计算以及管网的水力计算,是解决实际水利工程中有压水流计算的重要理论基础。

🖊 思考与练习题

3-1 什么是管流？它的主要特点是什么？

3-2 何为短管和长管？判别标准是什么？长管和短管的主要区别是什么？

3-3 压力管水力计算的主要内容是什么？

3-4 管道直径的确定方法有几种？各是如何计算的？

3-5 抽水机安装高度和虹吸管安装高度的计算公式是否相同？具体是什么？

3-6 什么是水泵的扬程？水泵的扬程与上下游水位差是否相等？

3-7 什么是直接水击和间接水击？

3-8 坝下埋设一预制混凝土引水管(见图3-22),直径 D 为 1 m,长100 m,进口处有一道平板闸门来控制流量,引水管出口底部高程为 62.5 m。当上游水位为 70.0 m,下游水位为 60.5 m,闸门全开时能引多少流量？

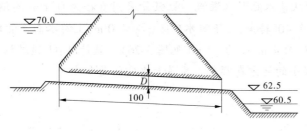

图 3-22　（单位:m）

3-9　如图 3-23 所示倒虹吸管,采用直径为 500 mm 的铸铁管,长 l 为 125 m,进出口水位差为 5 m。根据地形,两转角各为 60° 和 50°,上下游渠道流速相等。试求:能通过多大流量?

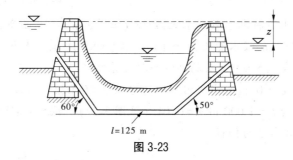

图 3-23

3-10　一横穿河道的钢筋混凝土倒虹吸管,如图 3-24 所示。已知管道通过的流量为 2 m³/s,长度 $L = 30$ m,$\lambda = 0.022\,3$,有两个 $\alpha = 30°$ 的转角,当管径 $d = 1.2$ m 时,试确定上下游渠道中的水位差。

3-11　试定性给出图 3-24 中各管道的总水头线和测压管水头线。

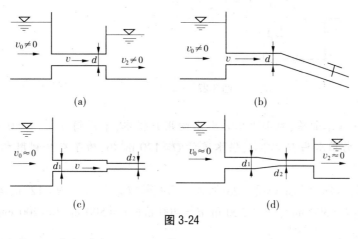

图 3-24

3-12　一路堤下设有钢筋混凝土泄水管(见图 3-25)。管长 $l = 50$ m,路堤上游面与水平面的夹角为 30°,进口局部水头损失系数 $\zeta_{进口} = 0.91$,上下游水位差 $z = 20$ m。若要求管道流量 $Q = 15$ m³/s,水管糙率 $n = 0.013$,试确定所需要的管道直径。

3-13　用虹吸管从蓄水池引水灌溉。虹吸管采用直径为 0.4 m 的钢管,管道进口处安装一莲蓬头,有两个 40° 转角,上下游水位差 z 为 4.0 m,上游水面至管顶高度为 1.8 m,管段长度 l_1 为 8 m,l_2 为 4 m,l_3 为 12 m(见图 3-26)。试计算:①通过虹吸管的流量为多少? ②虹吸管中压强小的地方在哪里? 其最大真空值是多少?

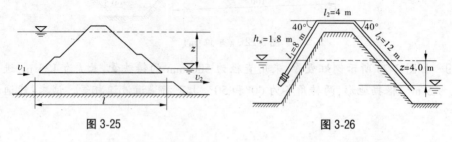

图 3-25　　　　　　　　　　　图 3-26

3-14　用离心式水泵将湖水抽到水池,流量 $Q=0.2$ m³/s,湖面高程 z_1 为 85.0 m,水池水面高程 z_3 为 105.0 m,吸水管长 l_1 为 10 m,水泵的允许真空值为 4.5 m,吸水管底阀局部水头损失系数 $\zeta_1=2.5$,90° 弯头局部水头损失系数 ζ_2 为 0.3,水泵入口前的渐变收缩段局部水头损失系数 $\zeta_3=0.1$,吸水管沿程阻力系数 $\lambda=0.022$。压力管道采用铸铁管,其直径 $d_2=500$ mm,长度 $l_2=1\,000$ m,$n=0.013$(见图 3-27)。试确定:①吸水管的直径 d_1; ②水泵的安装高度;③水泵的扬程。

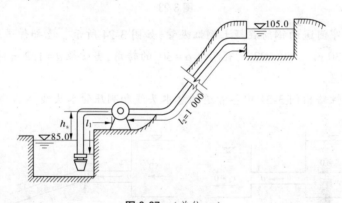

图 3-27　(单位:m)

3-15　有一输水管路,自山上水源引水向用户供水,采用铸铁管($n=0.012\,5$),已知管长 $l=150$ m,作用水头 $H=12$ m,供水流量 $Q=120$ m³/h,为了充分利用水头,试确定水管的直径。

3-16　某输水钢管布置如图 3-28 所示。已知管道工作水头 $H=12$ m,各管道的直径及管长分别为:$d_1=300$ mm,$l_1=1\,500$ m,$d_2=400$ mm,$l_2=500$ m,$d_3=200$ mm,$l_3=300$ m。求管道的供水流量。

3-17　由水塔供水的管路布置如图 3-29 所示。管道为铸铁管,管道出口水流泄入大气,出流量 $Q=160$ L/s。试确定水塔所需水头 H 及两个并联管路(2 管和 3 管)内的流量值。

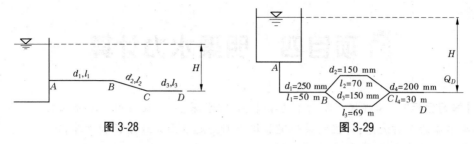

图 3-28　　　　　　　　　　　　　　　图 3-29

3-18　有一分支管网布置如图 3-30 所示。已知水塔地面高程为 16.0 m，4 点出口地面高程为 20.0 m，6 点出口地面高程为 22.0 m，4 点和 6 点自由水头都为 8 m。各管段长度分别为：$l_{01}=200$ m，$l_{12}=100$ m，$l_{15}=80$ m，$l_{23}=300$ m，$l_{34}=80$ m，$l_{56}=150$ m，全部采用硬聚氯乙烯（UPVC）管。试设计各管段直径及水塔高度。

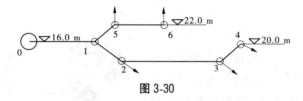

图 3-30

项目四 明渠水力计算

【学习目标】 掌握梯形断面水力要素、正常水深、流量及实用经济断面的计算;能判别明渠水流的三种流态;掌握明渠恒定非均匀渐变流水面曲线分析和计算;能正确选择公式计算水跃的跃前水深、跃后水深、跃长。

任务一 明渠恒定均匀流水力计算

一、基本概念

(一)明渠水流

人工渠道、天然河道中的水流通常称为明渠水流。其特点是具有自由水面、表面压强为当地大气压、相对压强为零,所以又称为无压水流。其流动是靠重力沿水流方向上的分力

我知道了,只要是有自由水面的水流都是明渠水流。

作用,不但人工渠道、天然河道中的水流为明渠水流,凡是隧洞、管道等建筑物中的水流未充满整个过水横断面,水面上有大气存在的,都属于明渠水流。

明渠水流根据水流与运动要素是否随时间发生变化,分为明渠恒定流和明渠非恒定流。根据水流运动要素是否沿流程发生变化,分为明渠恒定均匀流和明渠恒定非均匀流。

明渠恒定均匀流是指渠道中的流速及流速分布沿流程不发生变化的水流。本任务主要学习明渠恒定均匀流问题,明渠恒定非均匀流将在本项目任务二中学习。

(二)渠槽的形式

渠槽是约束明渠水流运动的外部条件,渠槽边壁的几何特征和水力特性对明渠中的水流运动有着重要的影响,因此必须对明渠槽身的形式有所了解。

渠槽横向几何特性是指横向断面的形状和尺寸;纵向几何特性是指渠道底坡及其变化情况。

1.按横断面的形状分类

人工修建的渠槽一般为轴对称断面,其基本形式有矩形、梯形、U形、圆形和复式断面等。当明渠修在土基上时,为避免崩塌和便于施工,从优化的角度考虑,多做成梯形断面;岩石上开凿的渠道或混凝土衬砌的渠道多采用矩形断面;圆形断面则常用于无压输水涵管或排污水管道;而复式断面则多用于大型或地基比较特殊的、水位变化较大的渠道,如图4-1所示。

天然河道的横断面形状往往是不规则的,常见的形式多是由主槽和边滩组成的复式断面,如图4-2所示。

在实际工程中,人工渠道应用较多的断面形状是梯形和矩形。梯形渠道过水断面的

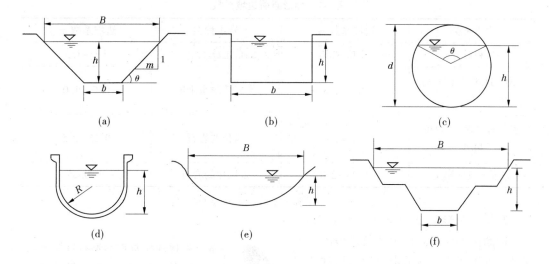

图 4-1

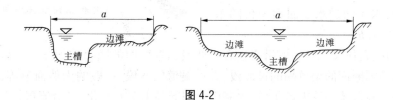

图 4-2

水力要素如下：

水面宽度 B
$$B = b + 2mh \tag{4-1}$$

过水断面面积 A
$$A = (b + mh)h \tag{4-2}$$

湿周 χ
$$\chi = b + 2h\sqrt{1 + m^2} \tag{4-3}$$

水力半径 R
$$R = \frac{A}{\chi} = \frac{(b + mh)h}{b + 2h\sqrt{1 + m^2}} \tag{4-4}$$

式中 b——渠底宽度；

m——边坡系数，即为渠道侧坡的水平投影长度与垂直投影高度的比值，它反映了梯形断面两侧边坡的倾斜程度，常取垂直方向长度为 1、水平方向长度为 m 的比值来表示，即 $m = \cot\theta$，θ 为边坡与水平线的夹角，m 的大小取决于渠壁土壤的种类和护面的性质，其值由土力学试验研究确定，一般情况可参考表 4-1 选取。

对于矩形断面的水力要素，可把矩形看作是边坡系数 $m = 0$ 的梯形断面，则水力要素为：宽 $B = b$，面积 $A = bh$，湿周 $\chi = b + 2h$。

对于圆形断面、U 形断面的水力要素，可根据它们的几何尺寸来确定。

表 4-1　梯形断面边坡系数

岩土种类	边坡系数 m	岩土种类	边坡系数 m
粉砂	3.0~3.5	黄土或黏土	1.0~1.5
疏松的和中等密实的细砂、中砂和粗砂	2.0~2.5	半岩性耐水土壤	0.5~1.0
密实的细砂、中砂和粗砂	1.5~2.0	风化的岩石	0.25~0.5
黏壤土或砂壤土	1.25~2.0	未风化的岩石	0~0.25

2. 按断面形状、尺寸是否沿程变化分类

横断面形状和几何尺寸及底坡沿程不变且渠道轴线为直线的渠道称为棱柱体渠道。如轴线顺直且断面形状大小不变的人工渠道、渡槽等，都属于棱柱体渠道。在棱柱体渠道中，水流的过水断面面积仅随水深而变，即 $A=f(h)$。

渠槽按横断面的形状可以分为矩形、梯形、U形、圆形和复式断面。按断面形状、几何尺寸是否沿程变化可分为棱柱体渠道和非棱柱体渠道。

断面形状、几何尺寸及底坡沿流程有改变或纵轴弯曲的明渠称为非棱柱体渠道。如梯形断面和矩形断面的渠道间的过渡段、人工渠道的弯段、一般的天然河道等，都属于非棱柱体渠道。在非棱柱体渠道中，过水断面面积既随水深 h 变化，又沿流程 l 变化，即 $A=f(h,l)$。

二、渠道的底坡

一般将明渠渠底线在单位长度内的高程差称为明渠的底坡，其也等于渠底线与水平线的夹角 θ 的正弦，用字母 i 表示，它代表了渠底的倾斜程度。如图 4-3 所示，在渠道中取断面 1—1、2—2，两断面间的渠底线长度为 Δl，断面 1—1 的渠底高程为 z_1，断面 2—2 的渠底高程为 z_2，则此段渠道的底坡为

$$i = \sin\theta = \frac{z_1 - z_2}{\Delta l} \tag{4-5}$$

一般当底坡较小（$i<0.10, \theta \leqslant 6°$）时，$\sin\theta \approx \tan\theta$，即水平距离 $\Delta l'$ 与渠底线距离 Δl 相差很小，则渠底坡度可用下式替代：

$$i \approx \tan\theta = \frac{z_1 - z_2}{\Delta l'} \tag{4-6}$$

必须注意：明渠水流的过水断面是垂直于水流方向的横断面，渠道的水深应为垂直于流向的水深 h'，但为了测量的方便，当坡度较小（$\theta \leqslant 6°$）时，常用铅直水深 h 替代（见图 4-3）；当坡度较大时，则另当别论。

根据渠道底坡沿程的变化将明渠的底坡分为三大类：渠底沿程下降的称为顺坡（或正坡）（$i>0$）；渠底水平的称为平坡（$i=0$）；坡的倾斜方向与水流方向相反，渠底高程沿程

升高的称为逆坡($i<0$)(见图4-4)。

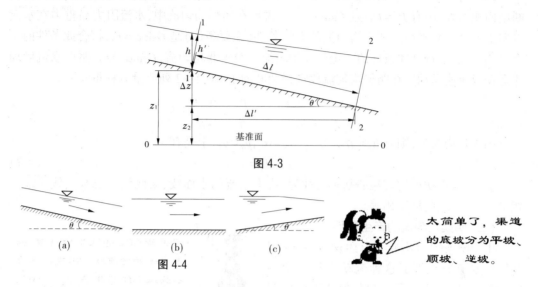

图4-3

图4-4

天然河道的河底线起伏不平,多为复杂的不规则的曲线,底坡沿程变化,在对天然河道进行水力计算时,其底坡只能用某一河段的平均底坡来替代该段河道的实际底坡。

三、明渠均匀流的特性及其产生条件

(一)明渠均匀流的特性

明渠均匀流是指明渠中断面平均流速大小及方向沿程不变的水流。按照均匀流的定义,可推得明渠均匀流有以下两个特性:

(1)过水断面的形状和大小沿程不变。

(2)过水断面的水深、流速分布、流量、断面平均流速、动能修正系数、动量修正系数及流速水头沿程不变。流动中的水头损失只有沿程水头损失而没有局部水头损失。

明渠均匀流与物理学中的匀速直线运动类似,从力学角度分析,作用在明渠水流运动方向上的外力应该是平衡的。如图4-5所示,在明渠中选择一段水体 $ABCD$,其受力分别为重力 G,前后水压力 P_1、P_2,周界的摩擦阻力 F_f。α 为渠底线与水平方向的夹角,则沿流向的平衡方程为

$$P_1 + G\sin\alpha - F_f - P_2 = 0$$

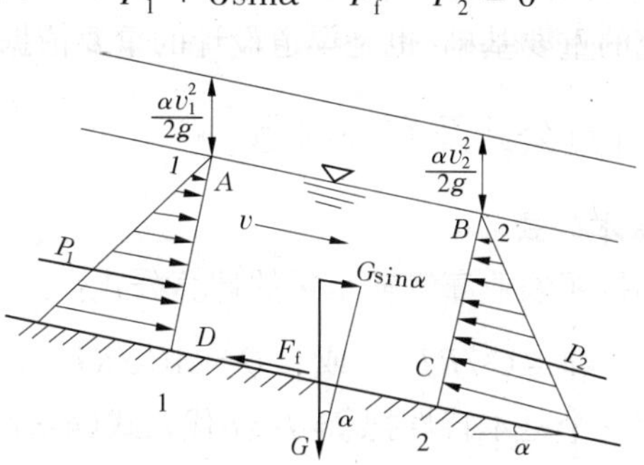

图4-5

因为均匀流中过水断面上的动水压强按静水压强分布,且各过水断面水深相等,过水断面面积相等,则有 $P_1 = P_2$,且 $G\sin\alpha = F_f$。说明在明渠均匀流中,水流阻力与重力在水流方向上的分力相平衡。产生均匀流的力学条件(充要条件)是 $G\sin\alpha = F_f$,符合此条件的一定是均匀流,不符合此条件的一定是非均匀流。对于非均匀流,$G\sin\alpha \neq F_f$,明渠水流做加速运动或减速运动。在明渠均匀流段选择两断面 1—1、2—2 列能量方程得

$$z_1 + \frac{p_1}{\gamma} + \frac{\alpha_1 v_1^2}{2g} = z_2 + \frac{p_2}{\gamma} + \frac{\alpha_2 v_2^2}{2g} + h_w$$

因为是均匀流,则有 $h_w = JL, v_1 = v_2, \alpha_1 = \alpha_2, p_1 = p_2$,于是有

$$J = J_p = i \tag{4-7}$$

所以,可得明渠均匀流的基本特性为:明渠水流的水面线、渠底线和总水头线三线互相平行,三个线的坡度相等。

(二)明渠均匀流的产生条件

由于明渠均匀流具有上述这些特性,因此明渠水流要想形成这种流动必须具备一定的条件,只有具备了下列条件才能形成明渠均匀流。

明渠均匀流的基本特性是:明渠水流的水面线、渠底线和总水头线三线互相平行,三个线的坡度相等,你要记住哟。

力学条件(充分条件)是:$G\sin\alpha = F_f$,符合此条件的一定是均匀流,不符合此条件的一定是非均匀流。

具体到渠道,必须是流量、糙率、底坡(且为正坡)沿程不变的长直棱柱体渠道,才能满足 $G\sin\alpha = F_f$,产生均匀流。

渠道有汇流、分流,非棱柱体渠道,非正坡,渠道材质变化,渠中设闸、坝都会破坏力学条件,使 $G\sin\alpha \neq F_f$,产生非均匀流。

实际明渠中总有闸、坝等建筑物存在,不可能完全满足均匀流条件。所以,当正坡棱柱体渠道足够长,采用同一种材料建成,且流量不变,离建筑物较远,水深变化小于 0.01 倍均匀流水深时,即可视为均匀流。在非均匀流中,取微小流段,在微小流段内近似按均匀流计算。

天然河道断面形状、尺寸、底坡、糙率等沿流程总是在不断地变化的,不容易形成均匀流,但对于天然河道中一些比较顺直,断面形状和尺寸、边壁粗糙度等沿程变化不大的河段,也可分段按均匀流近似计算。因此,明渠均匀流虽然是明渠水流最简单的流动形式,其理论却是分析明渠水流的重要基础,也是渠道设计的重要依据。

四、明渠均匀流的计算公式及有关问题

(一)明渠均匀流的基本公式

明渠均匀流的计算须按照农业灌溉输水渠的计算公式:

谢才公式 $\qquad\qquad v = C\sqrt{RJ} \qquad$ 或 $\quad Q = AC\sqrt{RJ} \tag{4-8}$

根据明渠均匀流的第三个基本特性把 $J = J_p = i$ 代入式(4-8)可得

$$Q = AC\sqrt{Ri} = K\sqrt{i} \tag{4-9}$$

式中，$K = AC\sqrt{R}$ ，称为流量模数，单位为 m³/s。K 表示当渠底坡度 $i=1$ 时，渠道所能通过的流量。它综合反映了明渠水流断面的形状和尺寸及糙率对过水能力的影响。

灌溉输水渠谢才系数用曼宁公式 $C = \dfrac{1}{n}R^{1/6}$ 计算，代入式(4-8)可整理为

$$Q = \frac{A}{n}R^{2/3}i^{1/2} \tag{4-10}$$

另一类是城镇室外给水渠，其计算按照《室外给水设计标准》(GB 50013—2018)中规定的城镇给水渠计算公式：

$$h_y = \frac{v^2}{C^2 R}l \tag{4-11}$$

$$C = \frac{1}{n}R^y \tag{4-12}$$

$$y = 2.5\sqrt{n} - 0.13 - 0.75\sqrt{R}(\sqrt{n} - 0.1) \tag{4-13}$$

当 $0.1 \leqslant R \leqslant 3.0$、$0.011 \leqslant n \leqslant 0.040$ 时，y 可按式(4-13)计算，管道水力计算时，y 也可取 $\dfrac{1}{6}$。n 值见表 4-2~表 4-4(摘自《水力计算手册》)。

表 4-2 土渠糙率

渠道流量/(m³/s)	渠槽特征	灌溉渠道	泄(退)水渠道
>20	平整顺直，养护良好	0.020 0	0.022 5
	平整顺直，养护一般	0.022 5	0.025 0
	渠床多石，杂草丛生，养护较差	0.025 0	0.027 5
20~1	平整顺直，养护良好	0.022 5	0.025 0
	平整顺直，养护一般	0.025 0	0.027 5
	渠床多石，杂草丛生，养护较差	0.027 5	0.033 0
<1	渠床弯曲，养护一般	0.025 0	0.027 5
	支渠以下的固定渠道	0.027 5	0.030 0
	渠床多石，杂草丛生，养护较差	0.030 0	0.035 0

表 4-3 石渠糙率

渠槽表面特征	糙率	渠槽表面特征	糙率
经过良好修整	0.025 0	经过中等修整，有凸出部分	0.033 0
经过中等修整，无凸出部分	0.030 0	未经修整，有凸出部分	0.035 0~0.045 0

表4-4　防渗衬砌渠槽糙率

防渗衬砌结构类别及特征		糙率
砌石	浆砌料石、石板	0.015 0~0.023 0
	浆砌块石	0.020 0~0.025 0
	干砌块石	0.025 0~0.033 0
	浆砌卵石	0.023 0~0.027 5
	干砌卵石，砌工良好	0.025 0~0.032 5
	干砌卵石，砌工一般	0.027 5~0.037 5
	干砌卵石，砌工粗糙	0.032 5~0.042 5
膜料	土料保护层	0.022 5~0.027 5
沥青混凝土	机械现场浇筑，表面光滑	0.012 0~0.014 0
	机械现场浇筑，表面粗糙	0.015 0~0.017 0
	预制板砌筑	0.016 0~0.018 0
混凝土	抹光的水泥砂浆面	0.012 0~0.013 0
	金属模板浇筑，平整顺直，表面光滑	0.012 0~0.014 0
	刨光木模板浇筑，表面一般	0.015 0
	表面粗糙，缝口不齐	0.017 0
	修整及养护较差	0.018 0
	预制板砌筑	0.016 0~0.018 0
	预制渠槽	0.012 0~0.016 0
	平整的喷浆面	0.015 0~0.016 0
	不平整的喷浆面	0.017 0~0.018 0
	波状断面的喷浆面	0.018 0~0.025 0

工程水力学中为区分明渠均匀流水力要素和明渠非均匀流水力要素，通常明渠均匀流水力要素用右下角标 0 表示，如均匀流水深（又称正常水深）为 h_0、过水断面面积为 A_0、湿周为 χ_0、水力半径为 R_0、谢才系数为 C_0、流量模数为 K_0 等。在易于混淆处需加右下标以示区别，单是均匀流时可以不加右下角标。

（二）明渠均匀流水力计算中的几个问题

1. 渠道糙率确定

明渠糙率 n 是反映渠道固体边界表面粗糙程度的无因次量。在进行渠道的水力计算时必须合理选择确定 n 值，尽量使选择确定的 n 值与固体边界表面的实际粗糙程度大致相同。影响明渠糙率 n 值的因素主要有明渠渠床的粗糙状况、渠道通过的流量、渠道中水流的含沙量、渠道弯曲状况、渠道施工质量、混凝土渠道的养护情况等。在一般情况下,明渠渠床糙率可根据渠道本身的特性和渠道通过的流量等参考表4-2~表4-4选择。对于大型渠道的糙率值n,则要通过试验来测定,这样才能保证计算的准确,才能满足工程的精度要求。

1)均质明渠渠道糙率n的确定

均质明渠渠道是指固体边界湿周上的材料相同,糙率n也相同的渠道。

在设计一条新渠道时,选取糙率n值要特别慎重。如果把边壁糙率n值取得比实际值大,那么就将导致按设计流量设计的过水断面面积或底坡偏大,增大工程量、提高工程造价,渠道建成并通过水流运行时,渠中实际流速大于设计流速,可能产生渠道冲刷,并造成实际水位降低,最终导致次级渠道进水困难,降低经济效益(例如减少自流灌溉面积,使提水灌溉面积增大)。反之,如果糙率n值选得比实际值小,则按设计流量设计的过水断面面积或渠道底坡就会偏小,而实际糙率大,边壁对水流的阻力大,渠道流速小,一种可能是不能满足设计流量的要求,另一种可能是导致渠水漫堤事故的发生;水流的实际流速小于设计流速时还可能使水流中挟带的泥沙沉积而淤积渠道使清淤的费用增加而不经济。

2)综合糙率的确定

在水利工程中,有时为了满足特殊地形和地质条件的要求,渠底和边壁要采用不同的材料。因此,断面湿周各部分的糙率是不同的。如图4-6所示的一些傍山渠道,常采用断面一侧及渠底为岩石而边坡用另一种材料做成的渠道。这种渠道在同一过水断面上各部分湿周的糙率不同,因此称为非均质渠道。

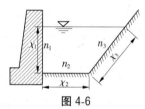

图4-6

非均质渠道的水力计算一般按均匀流公式,但为了反映同一断面各周界上不同糙率的影响,明渠均匀流公式$Q = \dfrac{A}{n}R^{2/3}i^{1/2}$中的糙率$n$应采用综合糙率$n_e$代替。$n_e$与各部分湿周$X_1, X_2 \cdots$及其相应的糙率$n_1, n_2 \cdots$有关。

当渠道底部的糙率系数小于侧壁的糙率系数时,按下式计算:

$$n_e = \sqrt{\frac{n_1^2 X_1 + n_2^2 X_2 + n_3^2 X_3}{X_1 + X_2 + X_3}} \qquad (4\text{-}14)$$

在一般情况下,n_e也可用加权平均法估算,即

$$n_e = \frac{n_1 X_1 + n_2 X_2 + n_3 X_3}{X_1 + X_2 + X_3} \qquad (4\text{-}15)$$

2. 渠道中的允许流速

渠道在通过各种流量时,不同的流量所对应的流速是不同的。如果流速过大则可能引起渠道底部及边壁冲刷而使渠道破坏,所以必须对渠道断面的平均流速的上限加以限制。如果流速过小,又会导致水流挟带的泥沙在自重作用下淤积下来,沉积在渠底,既降低渠道的过水能力又增加了渠道清淤的费用,所以对渠道的流速下限也要加以限制。对于水力发电站的引水渠道来说,水流流速的大小还直接影响着电站的动力经济性。这种既不使渠道底部及边壁发生冲刷,又不使渠道底部发生淤积的限制流速值称为允许流速,即

$$v_{不淤} < v < v_{不冲} \tag{4-16}$$

式中 $v_{不冲}$——允许不冲流速,主要与渠道边壁土壤类型或护砌材料的性质和通过的流量有关,也与水力半径、水深等水力要素有关,可参照表4-5~表4-8选取;

$v_{不淤}$——允许不淤流速,其大小与水流条件及渠道水流中挟带泥沙量的多少、泥沙颗粒大小及组成有关,在清水土质渠道中水流的流速一般不宜小于0.5 m/s。

土质渠道的设计平均流速应该控制在0.6~1.0 m/s,但不应小于0.3 m/s。寒冷地区的渠道为了满足冬季、春季灌溉的要求,设计平均流速值不宜小于1.5 m/s。

表 4-5　黏性土渠道允许不冲流速　　　　　　　　　　单位:m/s

土质	允许不冲流速	土质	允许不冲流速
轻壤土	0.60~0.80	重壤土	0.70~0.95
中壤土	0.65~0.85	黏土	0.75~1.00

表 4-6　非黏性土渠道允许不冲流速　　　　　　　　　　单位:m/s

土质	粒径/mm	水深/m			
		0.4	1.0	2.0	≥3.0
淤泥	0.005~0.050	0.12~0.17	0.15~0.21	0.17~0.24	0.19~0.26
细砂	0.050~0.250	0.17~0.27	0.21~0.32	0.24~0.37	0.26~0.45
中砂	0.250~1.000	0.27~0.47	0.32~0.57	0.37~0.65	0.40~0.70
粗砂	1.000~2.500	0.47~0.53	0.57~0.65	0.65~0.75	0.70~0.80
细砾石	2.500~5.000	0.53~0.65	0.65~0.80	0.75~0.90	0.80~0.95
中砾石	5.000~10.000	0.65~0.80	0.80~1.00	0.90~1.10	0.95~1.20
大砾石	10.000~15.000	0.80~0.95	1.00~1.20	1.10~1.30	1.20~1.40
小卵石	15.000~20.000	0.95~1.20	1.20~1.40	1.30~1.60	1.40~1.80
中卵石	20.000~40.000	1.20~1.50	1.40~1.80	1.60~2.10	1.80~2.20
大卵石	40.000~75.000	1.50~2.00	1.80~2.40	2.10~2.80	2.20~3.00
小漂石	75.000~100.000	2.00~2.30	2.40~2.80	2.80~3.20	3.00~3.40
中漂石	100.000~150.000	2.30~2.80	2.80~3.40	3.20~3.90	3.40~4.20
大漂石	150.000~200.000	2.80~3.20	3.40~3.90	3.90~4.50	4.20~4.90
顽石	>200.000	>3.20	>3.90	>4.50	>4.90

注:表4-5、表4-6中所列的允许不冲流速值适用于水力半径$R=1.0$ m时的情况。当$R \neq 1.0$ m时,表中所列数值应乘以R^a才能求得相应的允许不冲流速值,即$v_{不冲}=v_{表}R^a$。对于砂、砾石、卵石、疏松的壤土、黏土,$a=1/3$~$1/4$;对于密实的壤土、黏土,$a=1/4$~$1/5$;对于非黏性土,$a=1/3$~$1/5$。

表 4-7　防渗衬砌渠道允许不冲流速　　　　　　　　单位:m/s

防渗衬砌结构类别			允许不冲流速
砌石	干砌卵石(挂淤)		2.50~4.00
	浆砌块石	单层	2.50~4.00
		双层	3.50~5.00
	浆砌料石		4.00~6.00
	浆砌石板		<2.50
膜料(土料保护层)	砂壤土、轻壤土		<0.45
	中壤土		<0.60
	重壤土		<0.65
	黏土		<0.70
	砂砾料		<0.90
沥青混凝土	现场浇筑		<3.00
	预制铺砌		<2.00
混凝土	现场浇筑		<8.00
	预制铺砌		<5.00
	喷射法施工		<10.00

注:表中土料类和膜料(土料保护层)类防渗衬砌结构允许不冲流速值为于水力半径 $R=1.0$ m 时的情况;当 $R \neq$ 1.0 m 时,表中所列数值应乘以 R^a。a 的值可按下列情况采用:①疏松的土料或土料保护层,$a=1/4 \sim 1/3$;②中等密实和密实的土料或土料保护层,$a=1/5 \sim 1/4$。

表 4-8　石渠允许不冲流速　　　　　　　　单位:m/s

岩性	水深/m			
	0.4	1.0	2.0	3.0
砾岩、泥灰岩、页岩	2.0	2.5	3.0	3.5
石灰岩、致密的砾岩、砂岩、白云石灰岩	3.0	3.5	4.0	4.5
白云砂岩、致密的石灰岩、硅质石灰岩、大理岩	4.0	5.0	5.5	6.0
花岗岩、辉绿岩、玄武岩、安山岩、石英岩、斑岩	15.0	18.0	20.0	22.0

【例 4-1】　有一梯形断面、中壤土质灌渠,平整顺直,养护一般,边坡系数 $m=1.5$,底宽 $b=1.5$ m,水深 $h=1.2$ m,底坡 $i=0.000\,35$,求渠道的过水能力,并校核渠道中的流速是否满足要求。

解:(1)渠道过水能力计算。

查表 4-2,对于土渠,平整顺直、养护一般的糙率值为 0.025 0。渠道断面的水力要素为:

过水断面面积　　　$A_0 = (b+mh_0)h_0 = (1.5+1.5 \times 1.2) \times 1.2 = 3.96(\text{m}^2)$

湿周 $\quad \chi_0 = b + 2h_0 \sqrt{1 + m^2} = 1.5 + 2 \times 1.2 \times \sqrt{1 + 1.5^2} = 5.83(\mathrm{m})$

水力半径 $\qquad R_0 = \dfrac{A_0}{\chi_0} = \dfrac{3.96}{5.83} = 0.679(\mathrm{m})$

流量 $\quad Q = \dfrac{A}{n} R^{2/3} i^{1/2} = \dfrac{3.96}{0.025\,0} \times 0.679^{2/3} \times 0.000\,35^{1/2} = 2.29(\mathrm{m^3/s})$

（2）校核流速。

根据土渠，流量 2.29 $\mathrm{m^3/s}$，中壤土，查表 4-5 得，$R = 1$ m 时的 $v_{表} = 0.70$ m/s，则当 $R = 0.679$ m 时的允许不冲流速为

$$v_{不冲} = v_{表} R^{\alpha} = 0.70 \times 0.679^{\frac{1}{4}} = 0.635(\mathrm{m/s})$$

渠中流速为

$$v = \frac{Q}{A} = \frac{2.29}{3.96} = 0.578(\mathrm{m/s})$$

渠中最小流速选择为 $v_{不淤} = 0.5$ m/s，则渠道满足 $v_{不淤} < v < v_{不冲}$ 的设计要求。

3. 水力最佳断面及实用经济断面设计方法

1）水力最佳断面

在设计一条新渠道时，依据的公式是 $Q = AC\sqrt{Ri} = f(n, i, m, b, h_0)$（梯形断面），公式中包含 6 个水力要素，其中 Q 是根据用户需求计算确定，n、m、i 则是根据渠道当地的地质、地形条件确定。设计者所要设计的只是过水断面的形状及尺寸。对于梯形断面，设计者所要设计的只是断面的水深和底宽。设计者总是希望以最小的设计渠道过水断面面积输送所需求的流量，以降低工程造价和工程量。从公式中分析，即底坡 i、糙率 n、流量 Q 一定，过水断面面积 A 最小时的断面称为水力最佳断面。反之，n、i、A 一定，Q 最大时的过水断面称为水力最佳断面。

由几何学可知，在各种不同形状的明渠横断面中，当通过相同流量时，以圆形断面面积为最小，所以圆形断面是水力最佳断面。但圆形断面施工的难度大、造价高，不能得到普遍应用，目前只有在钢筋混凝土或钢丝网水泥做成的渡槽等水工建筑物中才采用类似圆形的断面（如 U 形断面）。工程中多采用接近半圆形的梯形断面和矩形断面，矩形是梯形横断面边坡系数 $m = 0$ 时的特殊情况。因此，本书中主要介绍梯形断面。

（1）梯形水力最佳断面的设计方法。

其设计就是求梯形水力最佳断面的水深 h_m 和底宽 b_m（以右下标"m"表示水力最佳断面），由 $Q = \dfrac{\sqrt{i}}{n} \dfrac{A^{5/3}}{\chi^{2/3}}$ 分析可知，当 Q、n、i 一定，湿周 χ 最小时，过水断面面积 A 最小。χ 随水深 h_0 变化，由数学极小值分析可知，最小湿周 χ 应满足 $\dfrac{\mathrm{d}\chi}{\mathrm{d}h} = 0 \left(\dfrac{\mathrm{d}^2\chi}{\mathrm{d}h^2} > 0 \right)$，由 $A = (b + mh)h$ 得 $b = \dfrac{A}{h} - mh$，代入 $\chi = b + 2h\sqrt{1 + m^2}$，求 χ 对 h 的一阶导数，并使之为零，可推得只有梯形水力最佳断面才具有的宽深比公式为

$$\beta_{\mathrm{m}} = \frac{b_{\mathrm{m}}}{h_{\mathrm{m}}} = 2(\sqrt{1 + m^2} - m) \qquad (4\text{-}17)$$

由式(4-17)知，β_{m} 值仅与边坡系数 m 有关。将式(4-16)代入均匀流公式 $Q = \dfrac{\sqrt{i}}{n} \times \dfrac{A^{5/3}}{\chi^{2/3}}$，即可推出梯形水力最佳断面正常水深 h_{m} 和底宽 b_{m} 的求解公式。

梯形水力最佳断面正常水深为

$$h_{\mathrm{m}} = 1.189 \left[\frac{nQ}{\sqrt{i}\,(2\sqrt{1 + m^2} - m)} \right]^{3/8} \qquad (4\text{-}18)$$

梯形水力最佳断面底宽为

$$b_{\mathrm{m}} = 2h_{\mathrm{m}}(\sqrt{1 + m^2} - m) \qquad (4\text{-}19)$$

(2)梯形水力最佳断面的特征。

其水力半径 $R_{\mathrm{m}} = \dfrac{A_{\mathrm{m}}}{\chi_{\mathrm{m}}} = \dfrac{(b_{\mathrm{m}} + mh_{\mathrm{m}})h_{\mathrm{m}}}{b_{\mathrm{m}} + 2h_{\mathrm{m}}\sqrt{1 + m^2}}$，将 $b_{\mathrm{m}} = \beta_{\mathrm{m}}h_{\mathrm{m}} = 2(\sqrt{1 + m^2} - m)h_{\mathrm{m}}$ 代入即可得梯形水力最佳断面的特征

$$R_{\mathrm{m}} = \frac{h_{\mathrm{m}}}{2} \qquad (4\text{-}20)$$

式(4-20)表明梯形水力最佳断面的水力半径只与水深有关且等于水深的一半，而与渠道的底坡及边坡系数无关。

对矩形断面，可看作是 $m = 0$ 的梯形，将 $m = 0$ 代入 $\beta_{\mathrm{m}} = 2(\sqrt{1 + m^2} - m)$ 可得矩形水力最佳断面的特征

$$\beta_{\mathrm{m}} = \frac{b_{\mathrm{m}}}{h_{\mathrm{m}}} = 2$$

可知矩形水力最佳断面底宽为水深的 2 倍。

需注意的是，水力最佳断面一般为窄深式，如 $m = 2$，宽深比 $b/h = 0.472$，所以在实际应用上有很大的局限性，例如有航运用途的渠道(京杭大运河)，会受渠窄的限制。同时，窄深使下挖坚硬地质的施工难度增大，不一定经济，所以水力最佳断面并不一定是技术经济最优断面。一般工程上采取：在水力最佳断面的基础上使断面宽浅一些，使底宽和水深有一个较宽的选择范围，但又使其断面面积略大于水力最佳断面面积，这种断面称为实用经济断面。下面介绍实用经济断面的设计方法。

2)实用经济断面的设计方法

以右下角标"e"表示实用经济断面的水力要素，取实用经济断面面积 A_{e} 稍大于水力最佳断面面积 A_{m}，其比值 $\alpha = \dfrac{A_{\mathrm{e}}}{A_{\mathrm{m}}} = 1.00 \sim 1.04$，$\alpha$ 称为实用经济断面与水力最佳断面的偏离系数。由明渠均匀流公式、曼宁公式，可以求得不同 α、不同 m 所对应的实用经济断面水深 h_{e} 与水力最佳断面水深 h_{m} 之比 $\dfrac{h_{\mathrm{e}}}{h_{\mathrm{m}}}$、实用经济断面宽深比 $\beta_{\mathrm{e}} = \dfrac{b_{\mathrm{e}}}{h_{\mathrm{e}}}$，将其计算结果

列入表 4-9[可查《灌溉与排水工程设计标准》(GB 50288—2018)]，在工程中就可以利用表 4-9 设计实用经济断面的正常水深 h_e 和底宽 b_e。方法如下：先求出水力最佳断面的正常水深 $h_m(h_m = h_0)$；再根据设计中对水深的要求和经济的要求及经验选取 α，如取 $\alpha = 1.01$；再根据 h_m 和土质由表 4-10 选取 m，如 $h_m = h_0 = 1.60$ m，土质为轻壤土，则 $m = 1.25$；再由 $\alpha = 1.01$、$m = 1.25$，查表 4-10 得 $\dfrac{h_e}{h_m} = 0.823$，$\beta_e = 1.662$，则实用经济断面的正常水深 $h_e = 0.823h_m = 0.823 \times 1.60 = 1.32$(m)，实用经济断面的底宽 $b_e = \beta_e h_e = 1.662 \times 1.32 = 2.19$(m)。

表 4-9 α、β_e 和 m、h_e/h_m 关系

m	β_e				
	α				
	1.00	1.01	1.02	1.03	1.04
	h_e/h_m				
	1.000	0.823	0.761	0.717	0.683
0	2.000	2.985	3.525	4.005	4.453
0.25	1.562	2.453	2.942	3.378	3.792
0.50	1.236	2.091	2.559	2.997	3.374
0.75	1.000	1.862	2.334	2.755	3.155
1.00	0.829	1.729	2.222	2.662	3.080
1.25	0.702	1.662	2.189	2.658	3.104
1.50	0.606	1.642	2.211	2.717	3.198
1.75	0.532	1.654	2.270	2.818	3.340
2.00	0.472	1.689	2.357	2.951	3.516
2.25	0.425	1.741	2.463	3.106	3.717
2.50	0.386	1.806	2.584	3.278	3.938
2.75	0.353	1.880	2.717	3.463	4.172
3.00	0.325	1.961	2.859	3.658	4.418
3.25	0.301	2.049	3.007	3.861	4.673
3.50	0.281	2.141	3.162	4.070	4.934
3.75	0.263	2.232	3.320	4.285	5.202
4.00	0.247	2.337	3.483	4.504	5.474

注： h_e 为实用经济断面正常水深；h_m 为水力最佳断面正常水深；m 为边坡系数。

表 4-10　边坡系数 *m*

渠道土质	灌溉渠道正常水深 h_0 /m		
	<1.00	1.00~2.00	2.00~3.00
黏土、重壤土	1.00	1.00	1.25
轻壤土	1.00	1.25	1.50
砂壤土	1.50	1.50	1.75
砂土	1.75	2.00	2.25

3) 渠道安全超高 *a* 的确定

为了保证渠道行水安全，渠道堤顶应高于渠道通过加大流量时的水位，其超出部分的数值称为渠道的安全超高。加大流量是考虑灌溉面积增大、气候特别干旱、渠中建筑物的壅水高度等，在设计流量的基础上再增大一定比例的流量。

安全超高 *a* 是根据渠道的不同用途和工程要求来确定的。安全超高的取值比较复杂，初步确定时可参考表 4-11。

表 4-11　渠道安全超高 *a* 值

加大流量/(m³/s)	> 50	30.0~50.0	10.0~30.0
超高/m	1.0 以上	0.8~1.0	0.6~0.8
加大流量/(m³/s)	1.0~10.0	0.3~1.0	< 0.3
超高/m	0.4~0.6	0.3~0.4	0.2~0.3

4) 复式断面渠道的水力计算

水利工程中有些比较大型的渠道，流量较大，水深也较大，且流量和水深的变幅也较大，为了适应输送不同流量的要求，渠道断面往往做成复式断面，如图 4-7(a) 所示。这种明渠水流在断面上可以分成两部分：一部分是中间水深较大的主槽；另一部分是较浅的两侧边滩(有时只有一侧有边滩)。当渠道通过的流量较小时，水流集中在主槽通过；当渠道通过较大流量时，水流才漫及包括边滩的整个渠道。复式断面的各部分的流速分布极不均匀，而且变化很大。当水深由 *h*<*h*′ 增加到 *h*>*h*′ 时，在某一范围内流量不但不增加，反而会减小，如图 4-7(b) 中虚线所示。这是因为水深从 *h*<*h*′ 增加到 *h*>*h*′ 时，过水断面面积虽然增大了，但湿周突然增加许多，水力半径骤然减小，导致流量的减小。图 4-7(b) 中虚线即是按式(4-8)计算出的水深与流量的关系曲线，而实际测得的水深与流量的关系曲线为图 4-7(b) 中的实线部分。

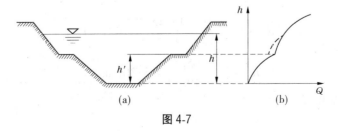

图 4-7

复式断面流量计算常用近似计算法,如图4-8所示,先用铅垂线 a—a 和 b—b 将复式断面分割成Ⅰ、Ⅱ、Ⅲ三个部分,使每一部分的湿周不致因水深的略微增大而产生急剧的增加,然后再对每一部分应用式(4-8)得到每一部分的流量

$$Q_1 = A_1 C_1 \sqrt{R_1 i} = K_1 \sqrt{i} \quad Q_2 = A_2 C_2 \sqrt{R_2 i} = K_2 \sqrt{i} \quad Q_3 = A_3 C_3 \sqrt{R_3 i} = K_3 \sqrt{i}$$

于是整个过水断面的总流量为

$$Q = Q_1 + Q_2 + Q_3 = (K_1 + K_2 + K_3) \sqrt{i} \tag{4-21}$$

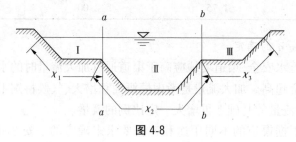

图 4-8

【例4-2】 如图4-9所示一复式断面渠道。已知 $b_1 = b_3 = 6$ m, $b_2 = 10$ m; $h_2 = 4$ m, $h_1 = h_3 = 1.8$ m; $m_1 = m_3 = 1.5$, $m_2 = 2$; 糙率 $n = 0.02$, 底坡均为 $i = 0.002$。求流量 Q。

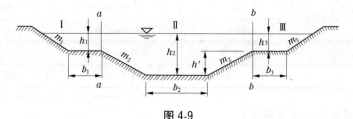

图 4-9

解: 用铅垂线 a—a 及 b—b 将复式断面分成Ⅰ、Ⅱ、Ⅲ三个部分,各部分的面积分别为

$$A_1 = A_3 = \left(b_1 + \frac{m_1 h_1}{2}\right) h_1 = \left(6 + \frac{1.5 \times 1.8}{2}\right) \times 1.8 = 13.23 (\text{m}^2)$$

$$A_2 = (b_2 + m_2 h') h' + (b_2 + 2 m_2 h') h_1$$
$$= [10 + 2 \times (4 - 1.8)] \times (4 - 1.8) + [10 + 2 \times 2 \times (4 - 1.8)] \times 1.8$$
$$= 65.52 (\text{m}^2)$$

各部分的湿周分别为

$$\chi_1 = \chi_3 = b_1 + h_1 \sqrt{1 + m_1^2} = 6 + 1.8 \times \sqrt{1 + 1.5^2} = 9.25 (\text{m})$$

$$\chi_2 = b_2 + 2h' \sqrt{1 + m_2^2} = 10 + 2 \times (4 - 1.8) \times \sqrt{1 + 2^2} = 19.84 (\text{m})$$

各部分的水力半径

$$R_1 = R_3 = \frac{A_1}{\chi_1} = \frac{13.23}{9.25} = 1.43 (\text{m})$$

$$R_2 = \frac{A_2}{\chi_2} = \frac{65.52}{19.84} = 3.30 (\text{m})$$

各部分的流量模数

$$K_1 = K_3 = A_1 C_1 \sqrt{R_1} = \frac{1}{n} A_1 R_1^{2/3} = \frac{1}{0.02} \times 13.23 \times 1.43^{2/3} = 840(\mathrm{m^3/s})$$

$$K_2 = A_2 C_2 \sqrt{R_2} = \frac{1}{n} A_2 R_2^{2/3} = \frac{1}{0.02} \times 65.52 \times 3.30^{2/3} = 7\,261(\mathrm{m^3/s})$$

总流量为

$$Q = Q_1 + Q_2 + Q_3 = (K_1 + K_2 + K_3)\sqrt{i}$$

$$= (840 + 7\,261 + 840) \times \sqrt{0.002} = 400(\mathrm{m^3/s})$$

五、明渠水力计算类型

明渠均匀流的水力计算问题,可分为两大类:一类是对已建好的渠道进行计算,如校核流速 v、流量 Q 或求糙率 n;另一类是按要求设计新渠道,如确定底宽 b、水深 h、底坡 i、边坡系数 m 或渠顶超高 a。在水利工程中,梯形断面渠道应用最为广泛,因而本书主要以梯形断面为代表,讨论梯形断面渠道的水力计算方法。

由于明渠流量计算公式 $Q = \dfrac{A}{n} R^{2/3} i^{1/2} = \dfrac{\sqrt{i}}{n} \dfrac{A^{5/3}}{\chi^{2/3}}$,现将梯形断面面积 $A = (b+mh)h$、湿周 $\chi = b + 2h\sqrt{1 + m^2}$ 代入上式得

$$Q = \frac{\sqrt{i}}{n} \frac{\left[(b + mh)h\right]^{5/3}}{(b + 2h\sqrt{1 + m^2})^{2/3}} \tag{4-22}$$

由式(4-22)可知,在梯形断面的水力计算中,流量与底宽 b、水深 h、边坡系数 m、糙率 n、底坡 i 等五个变量有关,即 $Q = f(b, h, m, n, i)$。通常渠道的边坡系数 m 和糙率 n 可由渠道的土质类型、工程施工条件、护面采用的材料等实测确定,或由经验经查表 4-10 和表 4-2~表 4-4 确定,则渠道的水力计算主要是流量 Q 计算、正常水深 h_0 计算、渠底宽度 b 计算及渠底坡度 i 计算。

(一)已建成渠道的水力计算

工程中为保证渠道的正常运行,往往需要对已经修建好的渠道进行水力计算,校核其流量或流速是否满足设计要求,或者由实际量测的过水断面的流量来反推粗糙系数和渠道底坡。下面以例题的形式来逐一加以说明。

1.流量和流速的校核问题

【例 4-3】　某灌溉工程黏土渠道,总干渠全长 70 km,糙率 $n = 0.028$,断面为梯形,底宽为 8 m,边坡系数 $m = 1.5$,底坡 $i = 1/8\,000$,设计流量 Q 为 40 $\mathrm{m^3/s}$。试校核当水深为 4 m 时,能否满足通过设计流量的要求。

解:(1)流量校核。

由于渠道较长,断面规则,底坡和糙率已知,因此可按明渠均匀流的基本公式进行计算。

$$A = (b + mh)h = (8 + 1.5 \times 4) \times 4 = 56(\mathrm{m^2})$$

$$\chi = b + 2h\sqrt{1 + m^2} = 8 + 2 \times 4 \times \sqrt{1 + 1.5^2} = 22.42(\mathrm{m})$$

水力半径　　　　　　　$$R = \frac{A}{\chi} = \frac{56}{22.42} = 2.498(\mathrm{m})$$

谢才系数 $\quad C = \dfrac{1}{n} R^{1/6} = \dfrac{1}{0.028} \times 2.498^{1/6} = 41.6(\mathrm{m^{1/2}/s})$

流量 $\quad Q = AC\sqrt{Ri} = 56 \times 41.6 \times \sqrt{2.498 \times (1/8\,000)} = 41.17(\mathrm{m^3/s})$

（2）流速校核。

$$v = \dfrac{Q}{A} = \dfrac{41.17}{56} = 0.74(\mathrm{m/s}) > v_{\text{不淤}} = 0.5\ \mathrm{m/s}$$

根据黏土渠道查表4-5得，允许不冲流速值为 0.75~1.00 m/s，水力半径为 2.498 m，则实际允许不冲流速为

$$v_{\text{不冲}} = v_{\text{表}} R^{\alpha} = (0.75 \sim 1.00) \times 2.498^{1/4} = 0.943 \sim 1.26(\mathrm{m/s})$$

因计算流量 Q 为 41.17 m³/s，大于设计流量 40 m³/s，所以过水断面完全满足设计流量的要求；实际流速 $v = 0.74$ m/s 在 0.5~0.943 m/s 之间，所以实际流速满足小于允许不冲流速且大于允许不淤流速的要求。

2. 确定糙率 n 值

这类问题是对于已成渠道，为了检验采用的糙率是否符合实际，或当渠道运行一段时间后，为了检验糙率是否发生变化，选择一段长度适中的明渠均匀流段，实测 A、Q、i，反推糙率 n 值。

【例4-4】 某矩形有机玻璃水槽，底宽 $b = 15$ cm，水深 $h = 6.5$ cm，底坡 $i = 0.02$，槽内水流为均匀流动，实测该槽通过的流量 $Q = 17.3$ L/s，求糙率为多少。

解： 根据明渠均匀流公式 $Q = AC\sqrt{Ri}$，推导得

$$n = \dfrac{A}{Q} R^{2/3} i^{1/2}$$

因 $\quad A = bh = 0.15 \times 0.065 = 0.009\,75(\mathrm{m^2})$

$$\chi = b + 2h = 0.15 + 2 \times 0.065 = 0.28(\mathrm{m})$$

$$R = \dfrac{A}{\chi} = \dfrac{0.009\,75}{0.28} = 0.034\,8(\mathrm{m})$$

则 $\quad n = \dfrac{A}{Q} R^{2/3} i^{1/2} = \dfrac{0.009\,75}{0.017\,3} \times 0.034\,8^{2/3} \times 0.02^{1/2} = 0.008\,5$

所以，该有机玻璃槽的糙率为 0.008 5。

3. 计算渠底坡

【例4-5】 某渡槽中部水流为明渠均匀流，$n = 0.017$，$l = 200$ m，矩形断面，底宽 $b = 2$ m，当水深 $h = 1.0$ m 时，通过的流量 $Q = 3.30$ m³/s。问该渡槽底坡为多少？两断面的水面落差为多少？

问题分析：根据明渠均匀流基本特性可知，底坡 $i = J_p = \Delta z/l$，所以对于明渠均匀流来说水面落差就等于渠底线的高差。

解： 根据明渠均匀流公式 $Q = AC\sqrt{Ri}$，推得如下公式

$$i = \dfrac{Q^2}{A^2 C^2 R}$$

$$A = bh = 2 \times 1.0 = 2.0(\mathrm{m^2})$$

$$\chi = b + 2h = 2 + 2 \times 1.0 = 4.0(\mathrm{m})$$

$$R = \frac{A}{\chi} = \frac{2.0}{4.0} = 0.5(\text{m})$$

$$C = \frac{1}{n}R^{1/6} = \frac{1}{0.017} \times 0.5^{1/6} = 52.4(\text{m}^{1/2}/\text{s})$$

则

$$i = \frac{Q^2}{A^2C^2R} = \frac{3.30^2}{2.0^2 \times 52.4^2 \times 0.5} = 0.002$$

$$\Delta z = il = 0.002 \times 200 = 0.4(\text{m})$$

所以,该渡槽底坡为 0.002,水面落差为 0.4 m。

(二)设计新渠道的水力计算

设计新渠道依据的是均匀流公式 $Q = AC\sqrt{Ri} = f(n, i, m, b, h_0)$(梯形断面),水力计算的任务从数学公式意义上分析:共 6 个参数,知道其中 5 个参数,求第 6 个参数。从工程水力学意义上分析:6 个水力要素都要求出。设计思路:流量 Q 是根据用水户数、用水人数计算得出的,边坡系数 m、糙率 n、底坡 i 则根据渠道边壁的材质、地形及设计要求确定。因此,只有两个水力要素即正常水深 h_0、渠底宽 b 需要设计者来设计,此即是渠道横断面尺寸的设计。在工程设计中,可以有多种 b、h_0 组合,选择 b、h_0 组合的方法如下:用水单位没有特殊要求时,一般要采用实用经济断面;有特殊要求时,要根据要求先确定渠道的正常水深 h_0,再将 h_0 代入公式 $Q = AC\sqrt{Ri}$ 求出底宽 b,或者反之,先根据要求确定 b,再将 b 代入 $Q = AC\sqrt{Ri}$ 求出 h_0,再或者是先根据要求确定 β,再将 β 代入公式 $Q = AC\sqrt{Ri}$ 确定 b 和 h_0。因 h_0、b 是隐含在公式中的,不能直接算出,可由试算法、迭代法、图解法、查图法等方法求出,下面予以介绍。

1. 梯形断面渠道横断面尺寸的设计

已知 Q、m、n、i、$b(h_0)$ 求正常水深 $h_0(b)$。$h_0(b)$ 隐含在公式中不能直接求出,所以通常用试算法和迭代法求解。

1)试算法求解 h_0

已知 Q、m、n、i、b,求 h_0。由 $Q = AC\sqrt{Ri} = K\sqrt{i}$,得 $K = \frac{Q}{\sqrt{i}}$;因 Q、i 为已知,可算出 K,令 $K = K_0$(为了与试算中的 K 相区别),再假设 h 的值,求出相应的 K,当用假设的 h 求出的 K 与 K_0 相等时,假设的水深 h 即为所求,试算结束。如果 $K \neq K_0$,则要继续假设 h,求出 K 值,直至 $K \approx K_0$ 时,假设的水深 h 即为所求。

2)迭代法求解 h_0

已知 Q、m、n、i、b,求 h_0。将 $Q = \frac{\sqrt{i}}{n}\frac{[(b+mh)h]^{5/3}}{(b+2h\sqrt{1+m^2})^{2/3}}$ 整理得

$$h_{j+1} = \left(\frac{nQ}{\sqrt{i}}\right)^{3/5}\frac{(b+2h_j\sqrt{1+m^2})^{2/5}}{b+mh_j} \qquad (4\text{-}23)$$

迭代水深时可取初值为 $h_0 = \left(\frac{nQ}{\sqrt{i}}\right)^{3/5}$。

将式(4-23)中的边坡系数 m 取为零,可得矩形断面正常水深的迭代计算公式为

$$h_{j+1} = \left(\frac{nQ}{\sqrt{i}}\right)^{3/5} \frac{(b + 2h_j)^{2/5}}{b} \tag{4-24}$$

【例 4-6】 设梯形断面尺寸渠道，已知 $Q = 0.8 \ \text{m}^3/\text{s}$，$i = 1/1\ 000$，$n = 0.025$，$m = 1.0$（重壤土），$b = 0.8 \ \text{m}$，用迭代法求解 h_0。

解：将已知数代入试算公式 $h_{j+1} = \left(\frac{nQ}{\sqrt{i}}\right)^{3/5} \dfrac{(b + 2h_0\sqrt{1 + m^2})^{2/5}}{b + mh_0}$，整理得

$$h_{j+1} = 0.760 \times \frac{(0.8 + 2.828h_j)^{2/5}}{0.8 + h_j} \tag{a}$$

首先设水深 $h_1 = 0$，代入式（a）则得 $h_2 = 0.869$，再将 $h_2 = 0.869$ 代入式（a）得 $h_3 = 0.730$，如此迭代，计算结果如表 4-12 所示，最后得 h_0 为 0.752 m。

表 4-12　正常水深迭代法计算结果

迭代次数	0	1	2	3	4	5	6
水深 h_j	→0	0.869	0.730	0.757	0.751	0.753	0.752
水深 h_{j+1}	0.869	0.730	0.757	0.751	0.753	0.752	0.752

3）迭代法求解 b

已知 Q、m、n、i、h_0，求 b_0。由 $Q = AC\sqrt{Ri}$ 及 $A = (b + mh)h$ 得

$$b_{j+1} = \left(\frac{nQ}{\sqrt{i}}\right)^{3/5} \frac{(b_j + 2h\sqrt{1 + m^2})^{2/5}}{h} - mh \tag{4-25}$$

以上各式中 j 代表迭代次数。具体的迭代过程为：先计算出式（4-25）中的常数项，然后设一初值或 b_0，代入迭代式（4-25）右边的 b_0 中，计算出 b_1；将 b_1 代回到式（4-25）右边的未知项中，解出 b_2，即完成了一个迭代过程。如此重复迭代，直到代入的 b_j 值与计算出的 b_{j+1} 值十分接近（差值小于 0.01）即可，则最后计算得到的 h_{j+1} 值即为所求。

4）图解法和查图法求 h_0、b

试算法和迭代求 h_0 或 b 计算烦琐，查图法和图解法求 h_0 或 b 要简单些。

图解法：求出 $K_0 = \dfrac{Q}{\sqrt{i}}$。设定 3~5 个 h_0，求出相对应的 K 绘制 $K \sim h_0$ 曲线，由曲线上查找对应 K 的 h_0，即为所求。步骤见例 4-7。

查图法：求出 $K_0 = \dfrac{Q}{\sqrt{i}}$ 和 $\dfrac{b^{2.67}}{nK_0}$，查本书附录 I，在横坐标上找出 $\dfrac{b^{2.67}}{nK_0}$，过该点作铅垂线，与图中对应于边坡系数 m 的曲线相交于一点，则此点的纵坐标值为正常水深与底宽之比，由此可算出正常水深 h_0。同理查本书附录 Ⅱ，可查得 b。步骤见例 4-7。

【例 4-7】 设梯形断面尺寸渠道，已知 $Q = 0.8 \ \text{m}^3/\text{s}$，$i = 1/1\ 000$，$n = 0.025$，$m = 1.0$（重壤土），$b = 0.8 \ \text{m}$，试求正常水深 h_0。

解:(1)图解法。

①求出:
$$K_0 = \frac{Q}{\sqrt{i}} = \frac{0.8}{\sqrt{0.001}} = 25.3(\text{m}^3/\text{s})$$

②设水深 $h = 0.6$ m,求出相应的 K 值,看与 K_0 值是否相等。

$$A = (b + mh)h = (0.8 + 1.0 \times 0.6) \times 0.6 = 0.84(\text{m}^2)$$

$$\chi = b + 2h\sqrt{1 + m^2} = 0.8 + 2 \times 0.6 \times \sqrt{1 + 1.0^2} = 2.497(\text{m})$$

$$R = \frac{A}{\chi} = \frac{0.84}{2.497} = 0.336(\text{m})$$

$$C = \frac{1}{n}R^{1/6} = \frac{1}{0.025} \times 0.336^{1/6} = 33.352(\text{m}^{1/2}/\text{s})$$

$$K = AC\sqrt{R} = 0.84 \times 33.352 \times \sqrt{0.336} = 16.24 \neq 25.3(\text{m}^3/\text{s})$$

重设水深,求得相对应的 K,列于表4-13,并绘制 $K \sim h_0$ 曲线(见图4-10),查曲线得 $h_0 = 0.75$ m。

表4-13　正常水深试算结果

假设水深 $h/$ m	面积 $A/$ m^2	湿周 $\chi/$ m	水力半径 $R/$ m	谢才系数 $C/$ ($\text{m}^{1/2}/\text{s}$)	流量模数 $K/$ (m^3/s)
0.4	0.48	1.931	0.249	31.727	7.599
0.5	0.65	2.214	0.294	32.618	11.496
0.6	0.84	2.497	0.336	33.352	16.239
0.7	1.05	2.790	0.376	33.983	21.880
0.8	1.28	3.062	0.418	34.588	28.623

(2)查图法。

①计算设计流量所对应的流量模数为

$$K_0 = \frac{Q}{\sqrt{i}} = \frac{0.8}{\sqrt{0.001}} = 25.3(\text{m}^3/\text{s})$$

②计算 $\dfrac{b^{2.67}}{nK_0} = \dfrac{0.8^{2.67}}{0.025 \times 25.3} = 0.87$。

③由附录 I 得 $h_0/b = 0.94$,则 $h_0 = 0.94b = 0.94 \times 0.8 = 0.752(\text{m})$。

最后取正常水深为0.75 m。

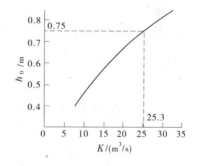

图4-10

5)先选择合适的宽深比 β,再求出 h_0 和 b

根据工程经验,选择合适的宽深比 β,因 $\beta = \dfrac{b}{h_0}$,则 $b = \beta h_0$,将其代入均匀流公式中,即可推导出如下公式:

正常水深
$$h_0 = \left(\frac{nQ}{\sqrt{i}}\right)^{3/8} \frac{(\beta + 2\sqrt{1 + m^2})^{1/4}}{(\beta + m)^{5/8}} \qquad (4\text{-}26)$$

渠底宽
$$b = \beta h_0 \qquad (4\text{-}27)$$

2. 设计实用经济断面实例

【例4-8】 某轻壤土土质灌溉渠道,清水渠,已由灌溉需求求得设计流量 $Q = 10.00$ m^3/s、$m = 1.25$、$n = 0.025$、$i = 0.000\ 2$。请按实用经济断面设计 h_e、b_e,并求渠堤顶高(根据工程需求及经验,取偏离系数 $\alpha = 1.01$,加大流量 $Q_{加} = 12.00\ \text{m}^3/\text{s}$)。

解:(1)求梯形水力最佳断面的正常水深 h_m。

由式(4-17)得水力最佳断面正常水深为

$$h_m = 1.189 \times \left[\frac{nQ}{\sqrt{i}\left(2\sqrt{1+m^2} - m\right)} \right]^{3/8}$$

$$= 1.189 \times \left[\frac{0.025 \times 10.00}{\sqrt{0.000\ 2} \times \left(2 \times \sqrt{1+1.25^2} - 1.25\right)} \right]^{3/8} = 2.72(\text{m})$$

(2)设计实用经济断面。

由梯形水力最佳断面的 $m = 1.25$、$h_m = 2.72$ m 及偏离系数 $\alpha = 1.01$,查表4-9得 $h_e/h_m = 0.823$ 和 $\beta_e = 1.662$,则

实用经济断面正常水深

$$h_e = 0.823h_m = 0.823 \times 2.72 = 2.24(\text{m})$$

实用经济断面底宽

$$b_e = \beta_e h_e = 1.662 \times 2.24 = 3.72(\text{m})$$

实用经济断面平均流速

$$v_e = \frac{Q}{A} = \frac{10.00}{(3.72 + 1.25 \times 2.24) \times 2.24} = 0.68(\text{m/s})$$

查表4-5得 $v_表 = 0.60 \sim 0.80$ m/s,$v_{不冲} = v_表 R^{02} = 0.63 \sim 0.84$ m/s,一般清水渠 $v_{不淤} \leqslant 0.50$ m/s。

所以,满足不冲不淤的要求,设计合理。

(3)求渠堤顶高 $\nabla_堤$。

由 $Q_{加} = 12.00\ \text{m}^3/\text{s}$、$m = 1.25$、$n = 0.025$、$i = 0.000\ 2$、$b_e = 3.72$ m,代入式(4-22)得

$$h_{j+1} = \left(\frac{nQ}{\sqrt{i}}\right)^{3/5} \frac{\left(be + 2h_j\sqrt{1+m^2}\right)^{2/5}}{b + mh_j}$$

$$= \left(\frac{0.025 \times 12.00}{\sqrt{0.000\ 2}}\right)^{3/5} \times \frac{\left(3.72 + 2h_j\sqrt{1+1.25^2}\right)^{2/5}}{3.72 + 1.25h_j}$$

$$= 6.25 \times \frac{(3.72 + 3.20h_j)^{2/5}}{3.72 + 1.25h_j}$$

经迭代法算得 $h_{0加} = 2.45$ m。查表4-11插值得 $a = 0.61$ m,则

$$\nabla_堤 = h_{0加} + a = 2.45 + 0.61 = 3.06(\text{m})$$

所以,取 $\nabla_堤 = 3.10$ m。

任务二 明渠恒定非均匀流水力计算

一、明渠非均匀流认知

在本项目任务一我们研究了明渠均匀流,明渠均匀流只能在断面形状、尺寸、糙率和底坡都沿程不变的长直正坡渠道中发生。而天然河道或者人工渠道中的水流,大多数是非均匀流。这是因为实际明渠中的水流很难满足均匀流的条件,即使人工修筑的渠道,由于渠道过水断面形状、尺寸、底坡和糙率沿程改变,或河道和渠道中修建的水工建筑物的影响等,使得明渠中的水流常常属于非均匀流。如图 4-11 所示,渠道上的水闸前后,渠道底坡变化处上下游的水流都属于明渠非均匀流。

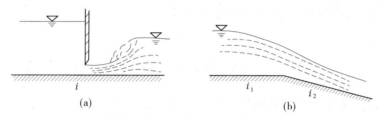

图 4-11 水闸、陡坡处的明渠非均匀流

明渠恒定非均匀流中的水力要素是沿流程变化的,其流线不再是平行直线,过水断面也不再是平面,而是曲面。所以,明渠非均匀流的特点为:渠底线、水面线和总水头线彼此互不平行,三种线的坡度也不相等,即 $J \neq J_p \neq i$,且水面线和总水头线均为曲线。如果明渠非均匀流的流线间夹角较小,曲率半径较大,称为明渠渐变流;反之,为急变流。

二、基本概念

(一)明渠水流的流态

在明渠水流中存在着三种不同的水流状态——缓流、急流及临界流,可以通过一个简单的水流现象来阐明。若在静水中沿铅垂方向丢下一个石块,此时水的表面将产生一个微小的波动,这个波动以石子着落点为中心,以一定的速度 v_w(微波传播的相对速度)向四周传播,假若水流没有摩阻力存在,则这种扰动将以不变波形和波速而传播到无限远处。但实际上由于水流存在着摩阻力,波在传播过程中将逐渐衰退乃至消失。若把石子投入流动着的明渠水流中,当水流断面平均流速小于微波传播的相对速度 v_w 时,波将以绝对速度 $v_w' = v - v_w$ 向上游传播,而同时又以绝对速度 $v_w' = v + v_w$ 向下游传播,具有这种特征的水流称为缓流。当断面平均流速 v 等于或大于微波传播的相对速度 v_w 时,波只能是以绝对速度 $v_w' = v + v_w$ 向下游传播,而对上游水流不发生任何影响。我们把明渠水流速度 v 等于或大于微波相对速度 v_w 的水流分别称为临界流和急流。图 4-12 的(a)、(b)、(c)、(d)分别表示微波在静水、缓流、临界流、急流中传播的情况。

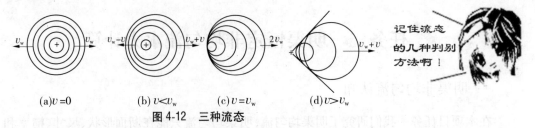

$(a)v=0 \qquad (b)v<v_w \qquad (c)v=v_w \qquad (d)v>v_w$

图4-12 三种流态

根据明渠水流的断面平均流速 v 与微波相对速度 v_w 的关系,可得出判别式如下:

当 $v<v_w$ 时,水流为缓流;

当 $v=v_w$ 时,水流为临界流;

当 $v>v_w$ 时,水流为急流。

由上述分析表明,为了判别明渠水流的流态,需确定微波传播的相对速度 v_w 值。从波的理论可推证,微波在明渠中传播的相对速度 v_w 为

$$v_w = \sqrt{g\bar{h}} \tag{4-28}$$

式中 $\bar{h}$——渠道断面平均水深,为断面面积与水面宽度的比值,即 $\bar{h} = \dfrac{A}{B}$。

(二)流态判别数——弗劳德数 Fr

断面平均流速 v 与相对波速 $v_w = \sqrt{g\bar{h}}$ 的比值称为弗劳德数 Fr,即

$$Fr = \frac{v}{\sqrt{g\bar{h}}} \tag{4-29}$$

因弗劳德数反映的是水流断面平均流速 v 和相对波速 v_w 的比值,所以可以用弗劳德数来判别水流流态。

当 $v=v_w$,$Fr=1$ 时,水流为临界流;

当 $v<v_w$,$Fr<1$ 时,水流为缓流;

当 $v>v_w$,$Fr>1$ 时,水流为急流。

弗劳德数在水力学中是一个极为重要的判别数,为了加深对该数的理解,我们研究一下它的物理意义。我们把它的表达式改写为

$$Fr = \frac{v}{\sqrt{g\bar{h}}} = \sqrt{\frac{2\dfrac{v^2}{2g}}{\bar{h}}} \tag{4-30}$$

由式(4-30)可看出,弗劳德数反映了过水断面上水流的单位动能与单位势能之间的比例关系,随着两者比例关系的不同(比值变化),则水流流态就不同。当断面水流中单位势能恰好等于2倍单位动能时,$Fr=1$,水流是临界流;当断面水流中单位势能大于2倍单位动能时,$Fr<1$,则水流是缓流;当 $Fr>1$ 时则为急流。

【例4-9】 在某河道中,已测得其过水断面面积 $A=524$ m²,水面宽度 $B=119$ m,流量 $Q=1\,620$ m³/s,试用流态判别数 Fr 判别水流流态。

解:河道中的断面平均流速为

$$v = \frac{Q}{A} = \frac{1\,620}{524} = 3.09\,(\text{m/s})$$

断面平均水深

$$\overline{h} = \frac{A}{B} = \frac{524}{119} = 4.40\,(\text{m})$$

则

$$Fr = \frac{v}{\sqrt{g\overline{h}}} = \frac{3.09}{\sqrt{9.8 \times 4.40}} = 0.471$$

因为 $Fr < 1$，则河道中水流为缓流。

（三）断面单位能量 E_s

断面单位能量（断面比能）就是基准面取在过水断面最低点处（见图 4-13）断面单位重量的液体所具有的位能 h 和动能 $\frac{v^2}{2g}$ 的总和，h 为断面最大水深。v 为该过水断面的平均流速，将 $v = \frac{Q}{A}$ 代入断面单位能量关系式中，则得

$$E_s = h + \frac{\alpha v^2}{2g} = h + \frac{\alpha Q^2}{2gA^2} \tag{4-31}$$

由式（4-31）可知，当渠道流量不变，且渠槽断面形状与尺寸一定时，断面单位能量 E_s 是水深 h 的函数，见图 4-14，这条曲线称为断面单位能量曲线。从断面单位能量曲线 E_s 可以看出，水深由零变至无穷大时，断面单位能量 E_s 由无穷大经过有限值再变到无穷大，所以必然有某个水深 h 所对应的 E_s 值最小。这个水深将断面单位能量曲线分为上下两支，上支断面单位能量 E_s 随水深 h 的增加而增大，即 $\frac{\mathrm{d}E_s}{\mathrm{d}h} > 0$，下支断面单位能量 E_s 随水深 h 的增加而减小，$\frac{\mathrm{d}E_s}{\mathrm{d}h} < 0$。

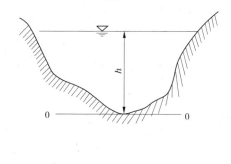

图 4-13

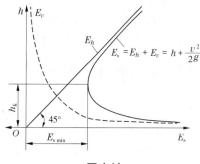

图 4-14

（四）临界水深 h_k

E_s 值最小值所对应的水深以 h_k 表示，叫作临界水深。

1. 临界水深的计算公式

临界水深是一个很重要的水深，能反映水流所处的状态和特征。因此，对这个水深要做进一步的分析。由上述可知，临界水深是渠道流量、断面形状和尺寸一定时，断面单位

能量最小时的水深。所以,可用求极值的方法确定,即利用式(4-31)对水深取导数,令其一阶导数等于零,得出确定临界水深的关系式

$$\frac{\mathrm{d}E_s}{\mathrm{d}h} = 1 - \frac{\alpha Q^2}{gA^3}\frac{\mathrm{d}A}{\mathrm{d}h} \qquad (4\text{-}32)$$

由图 4-15 可知 $\mathrm{d}A = B\mathrm{d}h$($B$ 为水面宽度),所以 $\dfrac{\mathrm{d}A}{\mathrm{d}h} = B$,代入式(4-31)可得

$$\frac{\mathrm{d}E_s}{\mathrm{d}h} = 1 - \frac{\alpha Q^2}{gA^3}B$$

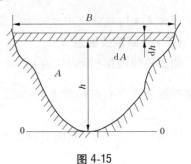

图 4-15

当 $\dfrac{\mathrm{d}E_s}{\mathrm{d}h} = 0$ 时的水深,即为临界水深 h_k,通常

把与 h_k 相应的各水力要素也加角码"k"。于是

得出:$1 - \dfrac{\alpha Q^2}{gA_k^3}B_k = 0$,则有

$$\frac{\alpha Q^2}{g} = \frac{A_k^3}{B_k} \qquad (4\text{-}33)$$

式(4-33)称为临界流方程,当给定流量、断面形式和尺寸时,即可求出 h_k。

应注意:临界水深 h_k 仅与流量及断面形式、尺寸有关,而与明渠糙率及底坡大小无关。

因为临界水深是断面比能曲线上断面比能最小值所对应的水深,此时

$$\frac{\mathrm{d}E_s}{\mathrm{d}h} = 1 - \frac{\alpha Q^2}{gA^3}\frac{\mathrm{d}A}{\mathrm{d}h} = 1 - \frac{\alpha v^2}{g\dfrac{A}{B}} = 1 - Fr^2 = 0$$

当水深 $h = h_k$ 时,$Fr = 1$,水流为临界流;当 $h > h_k$ 时,在流量、断面形状、尺寸一定时,$v < v_k < v_w$,即 $Fr < 1$,水流为缓流;同样,当 $h < h_k$ 时,$Fr < 1$,水流为急流。

2. 矩形断面临界水深的计算

对于矩形渠槽,$A = Bh$,令 $q = \dfrac{Q}{B}$,代入式(4-33)整理得

$$h_k = \sqrt[3]{\frac{\alpha q^2}{g}} \qquad (4\text{-}34)$$

式中 q——单位宽度渠槽上通过的流量,$\mathrm{m}^3/(\mathrm{s}\cdot\mathrm{m})$;

  α——流速分布不均匀系数,可采用 $1.0 \sim 1.1$。

【例 4-10】 有一矩形断面渠道,底宽 $b = 4.0\ \mathrm{m}$,$Q = 22\ \mathrm{m}^3/\mathrm{s}$,水深 $h = 2.4\ \mathrm{m}$。用各种方法判别渠中水流流态。

解:(1)用"v_w"判别。

渠中水流流速为

$$v = \frac{Q}{A} = \frac{22}{2.4 \times 4.0} = 2.29\ (\mathrm{m/s})$$

相对波速

$$v_w = \sqrt{g\overline{h}} = \sqrt{9.8 \times 2.4} = 4.85(\text{m/s})$$

$v < v_w$，因此渠中水流为缓流。

（2）用"Fr"判别。

$$Fr = \frac{v}{\sqrt{g\overline{h}}} = \frac{2.29}{\sqrt{9.8 \times 2.4}} = 0.472 < 1$$

水流为缓流。

（3）用"h_k"判别。

$$h_k = \sqrt[3]{\frac{\alpha q^2}{g}} = \sqrt[3]{\frac{1.0 \times (22/4.0)^2}{9.8}} = 1.46(\text{m})$$

$h = 2.4 \text{ m} > h_k = 1.46 \text{ m}$，因此水流为缓流。

3. 梯形断面临界水深的计算

对梯形断面临界水深可以用式（4-33）试算得出，也可以用迭代试算法计算，还可用 Excel 表格中的"单变量求解"计算。

【例4-11】 某梯形断面渠道，底宽 $b = 2.0$ m，边坡系数 $m = 1.5$，当通过流量 $Q = 10$ m³/s 时，渠道中的实际水深 $h = 1.0$ m。试用试算法、迭代试算法、Excel 表格中的"单变量求解"法分别计算临界水深 h_k，并判别水流的流态。

解：（1）用试算法求临界水深。

计算公式如下：

$$\frac{\alpha Q^2}{g} = \frac{A_k^3}{B_k} \qquad A_k = (b_k + m_k h_k) h_k \qquad B_k = b_k + 2 m_k h_k$$

首先算出已知值

$$\frac{\alpha Q^2}{g} = \frac{1.0 \times 10^2}{9.8} = 10.2 \tag{a}$$

然后假设不同的水深 h_k，计算出相应的比值 $\dfrac{A_k^3}{B_k}$，计算结果列于表4-14中。

表4-14 梯形断面临界水深计算表

水深 h_k/m	断面面积 A_k/m²	水面宽度 B_k/m	A_k^3/B_k
0.5	1.375	3.50	0.743
0.8	2.56	4.40	3.81
1.0	3.50	5.00	8.58
1.05	3.75	5.15	10.2
1.1	4.02	5.30	12.26

从表4-14中数据可以看出，当 $h_k = 1.05$ m 时，$\dfrac{A_k^3}{B_k} = 10.2 = \dfrac{\alpha Q^2}{g}$，所以 $h_k = 1.05$ m。

（2）用迭代试算法求临界水深 h_k。

将梯形断面 $A_k = (b + mh_k)h_k$、$B_k = b + 2mh_k$ 代入式(4-33)有

$$\frac{\alpha Q^2}{g} = \frac{[(b + mh_k)h_k]^3}{b + 2mh_k} \qquad (b)$$

将式(b)分子的最后一个 h_k 提出并整理得：

$$h_k = \sqrt[3]{\frac{\alpha Q^2}{g}} \sqrt[3]{\frac{b + 2mh_k}{b + mh_k}} \qquad (c)$$

首先取 $\alpha = 1.0$ 并将已知 $Q = 10 \text{ m}^3/\text{s}$，$b = 2.0 \text{ m}$，$m = 1.5$，$g = 9.8 \text{ m/s}^2$ 代入式(c)并整理得

$$h_k = 2.169 \times \frac{\sqrt[3]{2.0 + 3h_k}}{2.0 + 1.5h_k} \qquad (d)$$

首先设式(d)右边 $h_k = 0$，解得 $h_{k1} = 1.37$ m；再将 $h_{k1} = 1.37$ m 代入式(d)右侧，计算 $h_{k2} = 0.98$；继续将 $h_{k2} = 0.98$ 代入式(d)右侧，计算 h_k。具体迭代计算过程如表4-15所示。最后发现迭代到第6次以后，计算得的 h_k 值不再变化，则取 $h_k = 1.05$ m。

表 4-15 梯形断面临界水深迭代试算表

迭代次数	1	2	3	4	5	6	7
代入水深/m	0	1.37	0.98	1.06	1.04	1.05	1.05
计算水深/m	1.37	0.98	1.06	1.04	1.05	1.05	1.05

（3）利用 Excel 表格中的"单变量求解"功能计算。

①计算 $\dfrac{\alpha Q^2}{g} = \dfrac{1.0 \times 10^2}{9.8} = 10.2$。

②首先任意设水深，如取 $h = 0.5$ m，利用式 $\dfrac{\alpha Q^2}{g} = \dfrac{A_k^3}{B_k}$、$A = (b + mh)h$、$B = b + 2mh$ 建立如表4-16的 Excel 表格。

表 4-16 梯形断面临界水深 Excel 计算表

	A	B	C	D	E	F	G
1	水深 h/m	渠底宽 b/m	边坡系数 m	流量 Q/(m³/s)	过水断面面积 A/m²	水面宽度 B/m	比值 A^3/B
2	0.500	2.000	1.500	10.000	1.375	3.500	0.743

③用鼠标选中单元格 G2，点击表头工具栏"数据"中"模拟分析"的下拉菜单"单变量求解"得"单变量求解对话框"。

④光标移至"单变量求解对话框"中的目标值一栏，输入数值10.2。

⑤将光标移至"可变单元格"，然后用鼠标箭头选中单元格 A2，然后再点击"单变量求解对话框"中的"确定"，即得对应于 $\dfrac{\alpha Q^2}{g} = 10.2$ 时的临界水深 $h_k = 1.05$ m，如表4-17所示。

表 4-17　梯形断面临界水深 Excel 计算表

表 4-17　梯形断面临界水深 Excel 计算表

	A	B	C	D	E	F	G
1	水深 h/m	渠底宽 b/m	边坡系数 m	流量 $Q/(\mathrm{m}^3/\mathrm{s})$	过水断面面积 A/m^2	水面宽度 B/m	比值 A^3/B
2	1.05	2.000	1.500	10.000	3.744	5.144	10.200

因为渠道实际水深 $h = 1.0$ m $< h_k = 1.05$ m，所以水流为急流。

（五）临界底坡、缓坡、陡坡

从本项目任务一明渠均匀流分析知道，对于断面形状、尺寸和糙率一定的棱柱体明渠，当通过一定流量形成均匀流动时，渠道中的正常水深 h_0 仅仅与底坡 i 有关。底坡 i 越大，h_0 越小；底坡 i 越小，h_0 越大。正常水深 h_0 与底坡 i 的关系曲线，如图 4-16 所示。如果某一底坡正好使渠道中的正常水深 h_0 等于相应流量的临界水深 h_k，该底坡称为临界底坡，用 i_k 表示。临界底坡上的流动应满足两个条件：一是均匀流动；二是临界流动。应同时满足以下关系式：

临界底坡与实际底坡的大小没关系哦！

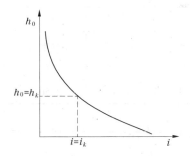

图 4-16　正常水深与底坡的关系曲线

$$\left.\begin{aligned} Q &= A_k C_k \sqrt{R_k i_k} \\ \frac{\alpha Q^2}{g} &= \frac{A_k^3}{B_k} \end{aligned}\right\} \tag{4-35}$$

联解式（4-35）可得临界底坡的计算式为

$$i_k = \frac{g \chi_k}{\alpha C_k^2 B_k} \tag{4-36}$$

对于宽浅渠道，$\chi_k \approx B_k$，式（4-36）可简化为

$$i_k = \frac{g}{\alpha C_k^2} \tag{4-37}$$

式中　A_k、C_k、R_k、B_k、χ_k——临界水深所对应的过水断面面积、谢才系数、水力半径、水面宽度和湿周。

由式（4-36）可知，临界底坡 i_k 与流量、断面形状及尺寸、糙率有关，与渠道的实际底坡 i 无关。对于一定的流量，如果渠中形成均匀流动，渠道的底坡与临界底坡比较，存在三种情况：①$i < i_k$，渠道的底坡称为缓坡；$h_0 > h_k$，为缓流。②$i > i_k$，称为陡坡；$h_0 < h_k$，为急流。

③$i = i_k$,称为临界坡;$h_0 = h_k$,为临界流。所以,在均匀流的情况下,根据临界底坡即可判别水流的流态。但是,对于非均匀流,由于边界条件的控制,渠中的水深不等于正常水深h_0,则在缓坡上可能会出现急流,陡坡上也可能出现缓流,不能用临界坡判别急流和缓流。

还需要注意的是,临界坡与流量有关,对于同一渠道,流量不同,临界坡也不同,所以要判别渠道底坡的类型,必须求出相应流量下的临界底坡。

【例4-12】 一梯形断面渠道,$Q = 65 \text{ m}^3/\text{s}$,底宽$b = 8.0 \text{ m}$,边坡系数$m = 2.5$,糙率$n = 0.022\,5$,底坡$i = 0.000\,4$,渠中水流为明渠均匀流。试计算临界底坡$i_k$,并判别渠道的底坡是缓坡还是陡坡。

解:要计算临界底坡i_k,首先应计算临界水深h_k。

(1)计算临界水深h_k。

利用式(4-33)得

$$\frac{\alpha Q^2}{g} = \frac{1.0 \times 65^2}{9.8} = 431.12$$

利用 Excel 表格的"单变量求解"解得:$h_k = 1.59 \text{ m}$,计算表格见表4-18。

表4-18 Excel 表格的"单变量求解"计算临界水深 h_k

	A	B	C	D	E	F	G
1	水深 h/m	渠底宽 b/m	边坡系数 m	流量 $Q/(\text{m}^3/\text{s})$	过水断面 面积 A/m^2	水面宽度 B/m	比值 A^3/B
2	1.59	8.00	2.50	65.00	19.013	15.941	431.120

(2)计算临界水深对应的断面水力要素。

$$\chi_k = b + 2h_k\sqrt{1 + m^2} = 8.0 + 2 \times 1.59 \times \sqrt{1 + 2.5^2} = 16.56(\text{m})$$

$$A_k = (b + mh_k)h_k = (8.0 + 2.5 \times 1.59) \times 1.59 = 19.04(\text{m}^2)$$

$$B_k = b + 2mh_k = 8.0 + 2 \times 2.5 \times 1.59 = 15.95(\text{m})$$

$$R_k = \frac{A_k}{\chi_k} = \frac{19.04}{16.56} = 1.15(\text{m})$$

$$C_k = \frac{1}{n}R_k^{\frac{1}{6}} = \frac{1}{0.022\,5} \times 1.15^{\frac{1}{6}} = 45.49(\text{m}^{1/2}/\text{s})$$

$$i_k = \frac{g\chi_k}{\alpha C_k^2 B_k} = \frac{9.8 \times 16.56}{1.0 \times 45.49^2 \times 15.95} = 0.004\,9 > 0.000\,4$$

因为$i_k > i$,所以此渠道为缓坡渠道。

三、水跌与水跃

缓流和急流是明渠水流两种不同的流态。当水流由一种流态转换为另一种流态时,会产生局部水力现象——水跌和水跃。下面分别讨论这两种水力现象的特点及有关问题。

(一)水跌

当明渠水流状态从缓流过渡到急流,即水深从大于临界水深减至小于临界水深时,水面有连续而急剧的降落,这种降落现象叫作水跌。如图 4-17(a)为一缓坡到陡坡的水跌现象,水流由缓流到急流,形成水跌,两个坡交界处的水深接近临界水深。

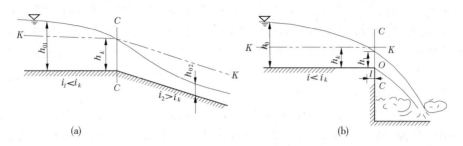

图 4-17

图 4-17(b)为一缓坡($i<i_k$)棱柱体渠槽的纵剖面图,$C—C$ 处有一跌坎,由于过坎后水流为自由跌落,因而阻力小,重力作用显著,引起在跌坎上游附近水面急剧下降,并以临界流的状态通过突变的断面 $C—C$ 处,由缓流变为急流,形成水跌现象。

试验证明,突变断面 $C—C$ 处的水深不是临界水深,临界水深发生在跌坎偏上游处。这是由于跌坎断面处水流是急变流,因此作用在跌坎断面上的水压力小于按直线分布的压力所致,因而跌坎处实际流速较大,其水深较计算的临界水深小。但工程实践中常认为跌坎处水深为临界水深,由此而引起的误差是允许的。

概括地说,水流从缓流过渡为急流时发生水跌现象,水面线是一个连续而急剧的降落曲线,并且必然经过临界水深,而临界水深就在水流条件突然改变的断面上。

(二)水跃

1. 水跃现象

水跃是明渠水流从急流状态过渡到缓流状态时,水面突然跃起的局部水力现象。例如,在水闸、溢流堰的下游,下泄的水流多为急流状态,如果下游河(渠)道中为缓流,就会产生水跃现象。如图 4-18 所示,为水闸下游产生的水跃。水跃区的流动可以分为主流区和表面水滚区。主流区位于水跃的下部,在流动过程中,水流急剧扩散,水深增大,流速减小。主流区的上面有一个回旋翻腾的表面旋滚,水流饱掺空气,是表面水滚区。主流区与表面水滚区的交界面上的流速梯度很大,水流紊动混掺强烈,水质点不断交换,致使造成大量的能量损失,使流速急剧下降,很快转化为缓流状态。由于水跃的消能效果好,所以常作为泄水建筑物下游消除动能,以减小河(渠)道冲刷的有效方法。

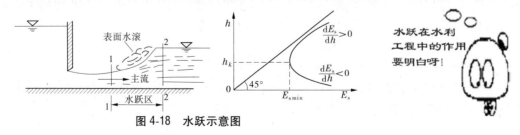

图 4-18 水跃示意图

为什么从急流状态过渡到缓流状态,水面线不是光滑曲线,而会产生水跃现象呢?我们以平底棱柱体渠道上产生的水跃现象为例来说明这一问题。图 4-18 中,发生水跃前水流为急流,水深 $h < h_k$,在流动过程中,水流克服阻力,断面比能减小,水深增大,符合能量的变化规律。但是,水深不可能平稳地通过 h_k 再继续增大和下游水面衔接。因为水深一旦大于 h_k 成为缓流,水深再增大,从比能曲线可以看出,断面比能就会增大,即水流的单位机械能增大。水流边克服阻力流动,能量边增大,这是不可能的。因此水流必然垂直跃起通过临界水深,在跃后水压力的作用下,垂直跃起的水流向前倾倒,形成水跃现象。

2. 平坡棱柱体明渠的水跃方程

在工程中常常遇到平底($i=0$)明渠中发生水跃的情况。如底坡虽不为零但较缓,亦可按 $i=0$ 的情况计算。图 4-19 为一平坡棱柱体明渠。在紧靠水跃区的前后取渐变流断面 1—1 和 2—2。跃前断面 1—1 的水深 h' 叫跃前水深,跃后断面 2—2 的水深 h'' 叫跃后水深。由于跃前水深与跃后水深存在着一一对应的关系,所以称为共轭水深。通常把跃前水深叫作第一共轭水深,跃后水深叫作第二共轭水深。跃后水深与跃前水深之差叫作水跃高度。跃前、跃后两断面间的水平距离 L_j 叫作水跃长度。水跃的主要计算任务一是求共轭水深,即已知 h'(或 h'')计算 h'' 或(h');二是计算水跃长度 L_j。h' 及 h'' 的关系式就是水跃方程式。

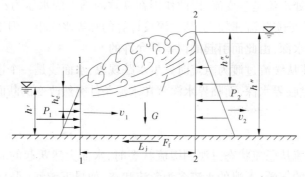

图 4-19

水跃区的水流极为混乱,无法应用能量方程式计算水跃中的能量损失,因而无法确定跃前水深和跃后水深的关系,所以用动量方程来推求。

根据实际情况,考虑主要矛盾,合理地进行如下假定:

(1)水跃区较短,水流与槽身接触面上的摩阻力可忽略不计,即 $F_f = 0$。

(2)跃前、跃后两过水断面符合渐变流条件,故 $P_1 \approx \gamma h_{c2} A_2$,$P_2 = \gamma h_{c2} A_2$。

从上述假定条件出发,以断面 1—1 及 2—2 所包围的水体为脱离体,写出投影于水流方向的动量方程式,整理后得到棱柱体平底明渠的水跃方程:

$$\frac{\alpha Q^2}{g A_1} + h_{c1} A_1 = \frac{\alpha Q^2}{g A_2} + h_{c2} A_2 \tag{4-38}$$

当流量和渠道的断面形状、尺寸一定时,则式(4-38)的左右两边分别为跃前水深 h' 和跃后水深 h'' 的函数,该函数叫作水跃函数,并用 $J(h)$ 表示,即

$$J(h) = \frac{Q^2}{g A} + h_c A \tag{4-39}$$

因此,水跃方程也可用函数表示为

$$J(h') = J(h'') \qquad (4\text{-}40)$$

式(4-40)说明:在平底棱柱体明渠中,对于某一流量 Q,具有相同水跃函数 $J(h)$ 的两个水深,就是共轭水深。如以 h 为纵坐标,$J(h)$ 为横坐标,在流量及断面形式、尺寸一定情况下,给定一系列 h 值,可算出相应的水跃函数值。点绘于直角坐标系上,用光滑曲线连接起来,便得出 $J(h) \sim h$ 关系曲线,也叫作水跃函数曲线(见图4-20)。

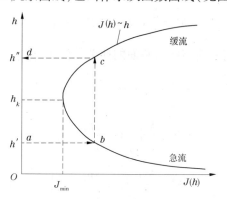

图 4-20

当已知 h' 求 h'' 时,可根据 h' 值(图4-20中 a 点)绘水平线与曲线下支交于点 b,通过点 b 绘铅垂线与曲线上支交于点 c,由点 c 绘水平线与纵坐标上交于点 d,即求得与 h' 相应的 h''(如图4-20中虚线箭头所示)。

从 $h \sim J(h)$ 曲线的形状可知,h' 愈小则 h'' 愈大,或 h' 愈大则 h'' 愈小。当 $J(h)$ 为最小值时,相应的水深为临界水深 h_k。曲线的上部 $h'' > h_k$,水流属缓流。曲线的下部 $h' < h_k$,水流属急流。

3. 平坡棱柱体明渠矩形断面共轭水深的计算

泄水建筑物下游明槽的断面多为矩形,讨论求解矩形断面明槽中的水跃共轭水深更具有实际意义。

设矩形断面明槽的底宽为 b,则单宽流量 $q = \dfrac{Q}{b}$。将 $Q = bq$,$A = bh$,$h_c = \dfrac{h}{2}$ 代入式(4-40),经整理得

$$h'h''(h' + h'') = \frac{2q^2}{g} \qquad (4\text{-}41)$$

分别以跃后水深 h'' 和跃前水深 h' 为未知数,求解式(4-41)可得

$$h'' = \frac{h'}{2}\left(\sqrt{1 + \frac{8q^2}{gh'^3}} - 1\right) \qquad (4\text{-}42)$$

$$h' = \frac{h''}{2}\left(\sqrt{1 + \frac{8q^2}{gh''^3}} - 1\right) \qquad (4\text{-}43)$$

式(4-42)、式(4-43)即为矩形棱柱体水平明渠的水跃方程。因 $\dfrac{q^2}{gh'^3} = Fr_1^2$，$\dfrac{q^2}{gh''^3} = Fr_2^2$，式(4-42)、式(4-43)可改写为

$$h'' = \frac{h'}{2}\left(\sqrt{1 + 8Fr_1^2} - 1\right) \tag{4-44}$$

$$h' = \frac{h''}{2}\left(\sqrt{1 + 8Fr_2^2} - 1\right) \tag{4-45}$$

式中 Fr_1 和 Fr_2——跃前断面与跃后断面的弗劳德数。

因矩形断面的临界水深 $h_k = \sqrt[3]{\dfrac{\alpha q^2}{g}}$，则将式(4-42)、式(4-43)还可整理得

$$h' = \frac{h''}{2}\left(\sqrt{1 + \frac{8h_k^3}{h''^3}} - 1\right) \tag{4-46}$$

$$h'' = \frac{h'}{2}\left(\sqrt{1 + \frac{8h_k^3}{h'^3}} - 1\right) \tag{4-47}$$

利用式(4-46)、式(4-47)可直接计算棱柱体矩形平底明槽中的水跃共轭水深。

4. 平坡棱柱体明渠矩形断面水跃长度的计算

水跃区水流紊动强烈，底部流速大，冲刷能力强，一般在水跃区均需建造护坦。因此，水跃长度是泄水建筑物消能设计的主要依据之一。由于水跃现象非常复杂，迄今理论分析还没有成熟的结果，还只能依据试验研究得出的经验公式计算水跃的长度。常用的矩形断面自由水跃长度的计算公式如下：

欧勒佛托斯基公式

$$L_j = 6.9(h'' - h') \tag{4-48}$$

切尔托乌索夫公式

$$L_j = 10.3h'(Fr_1 - 1)^{0.81} \tag{4-49}$$

陈椿庭公式

$$L_j = 9.4(Fr_1 - 1)h' \tag{4-50}$$

式中 h'、h''——跃前水深、跃后水深；

Fr_1——跃前断面的弗劳德数。

5. 水跃的消能量

1）水跃消能的水流特征

水跃段可以消除大量的能量。那么，水跃消能的机制是什么？消能率主要取决于哪些因素？下面来讨论这些问题。

图 4-21 绘出了溢流坝址下游水跃段及跃后流段的部分断面垂线上的时均流速分布图和两流段的总水头线。由图 4-21 可以看出，跃前断面 1—1，流速最大，且垂线流速分布均匀。在水跃区内（如断面 a—a 和断面 b—b），流速呈 S 形分布，表面旋滚区的流向与底部相反，指向上游，底部流速小于跃前断面的流速，但仍然很大。在跃后断面 2—2 上流速

进一步减小,但底部流速仍大于上部的流速,直到断面3—3才趋于正常的流速分布。从总水头线的变化看,断面1—1至断面2—2总水头线急剧降落,这说明水跃段内消除了大量的动能。跃后流段断面2—2至断面3—3,总水头线下降缓慢,说明跃后流段能量消耗较少。水跃段之所以能消除大量的动能,是因为在水跃段中,主流与表面旋滚的交界面上流速梯度很大,产生了大量的旋涡,流速梯度愈大,旋涡强度也愈大,从而导致了水流的强烈紊动、混掺。结果一方面使水流运动要素的分布沿流动方向迅速获得调整;另一方面产生了很大的附加切应力,使跃前断面的大部分动能转化为热能而消散掉。主流与表面旋滚的交界面,是产生强烈旋涡的区域,又是机械能损失最集中的地方。这种紊动扩散消能过程直到断面3—3才结束,故水跃段 L_j 和跃后流段 L_{jj} 合称为水跃消能段。

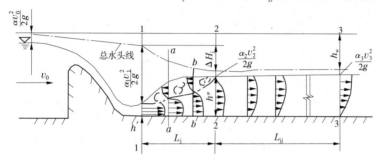

图 4-21 水跃流速分布及能量变化示意图

2) 水跃的消能量

水跃总的消能量应包括水跃段 L_j 和跃后流段 L_{jj} 的消能量。为简便起见,在工程中一般只计算水跃段消除的能量,并以跃前断面与跃后断面的能量差作为水跃的消能量,即

$$\Delta H_j = H_1 - H_2 \tag{4-51}$$

式中 ΔH_j——水跃段的消能量;

H_1、H_2——跃前断面、跃后断面的总水头。

对于平底明槽,式(4-51)可写为

$$\Delta H_j = \left(h' + \frac{\alpha_1 v_1^2}{2g} \right) - \left(h'' + \frac{\alpha_2 v_2^2}{2g} \right) \tag{4-52}$$

对于平底矩形明槽,前面在建立水跃方程时得到下式:

$$h'h''(h' + h'') = \frac{2q^2}{g} \tag{4-53}$$

应用式(4-53)可以得到

$$\frac{v_1^2}{2g} = \frac{q^2}{2gh'^2} = \frac{1}{4}\frac{h''}{h'}(h' + h'') \tag{4-54}$$

$$\frac{v_2^2}{2g} = \frac{q^2}{2gh''^2} = \frac{1}{4}\frac{h'}{h''}(h' + h'') \tag{4-55}$$

将式(4-54)、式(4-55)代入式(4-52),取 $\alpha_1 = \alpha_2 = 1$,化简后得

$$\Delta H_j = \frac{(h'' - h')^3}{4h'h''} \tag{4-56}$$

把式(4-44)中的 h'' 值代入式(4-56)得

$$\Delta H_j = \frac{h'(\sqrt{1 + 8Fr_1^2} - 3)}{16(\sqrt{1 + 8Fr_1^2} - 1)} \tag{4-57}$$

式(4-57)表明,在水跃段内,单位重量的水体消耗的能量与跃前水深成正比,并与跃前断面的弗劳德数 Fr_1 有关。

水跃消能量与跃前断面水流的总能量的比值,称为水跃消能率,以 K_j 表示。

$$K_j = \frac{\Delta H_1}{H_1} \tag{4-58}$$

将式(4-57)及 $H_1 = h' + \dfrac{v_1^2}{2g} = h' + \dfrac{h'}{2}\dfrac{v_1^2}{gh'} = h' + \dfrac{h'}{2}Fr_1^2$ 代入式(4-58),得

$$K_j = \frac{(\sqrt{1 + 8Fr_1^2} - 3)^3}{8(\sqrt{1 + 8Fr_1^2} - 1)(2 + Fr_1^2)} \tag{4-59}$$

可见,水跃消能率仅是跃前断面弗劳德数 Fr_1 的函数。根据式(4-59)绘出 $K_j \sim Fr_1$ 关系曲线,如图4-22所示。从图4-22可以看出,Fr_1 愈大,消能率愈高。

根据试验观测,Fr_1 不同,水跃的形式、流态和消能率也不同,如图4-23所示。

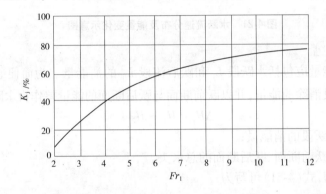

图 4-22

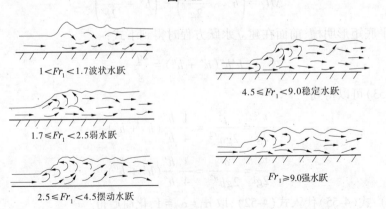

$1 < Fr_1 < 1.7$ 波状水跃

$4.5 \leqslant Fr_1 < 9.0$ 稳定水跃

$1.7 \leqslant Fr_1 < 2.5$ 弱水跃

$Fr_1 \geqslant 9.0$ 强水跃

$2.5 \leqslant Fr_1 < 4.5$ 摆动水跃

图 4-23

当 $1<Fr_1<1.7$ 时,为波状水跃。因跃前断面的动能小,水跃段表面不能形成旋滚,只有部分动能转变为波动能量,消能率很小。

当 $1.7 \leqslant Fr_1<2.5$ 时,为弱水跃。水面产生许多小旋滚,但紊动微弱,消能率 $K_j<20\%$,跃后水面较平稳。

当 $2.5 \leqslant Fr_1<4.5$ 时,为摆动水跃。水跃不稳定,水跃段中的底部高速水流间歇向上窜升,跃后水面波动较大,消能率 $K_j<45\%$。

当 $4.5 \leqslant Fr_1<9.0$ 时,为稳定水跃。水跃消能率较高,$K_j=45\% \sim 70\%$,跃后水面平稳。若建筑物下游采用水跃消能,最好使 Fr_1 位于此范围。

当 $Fr_1 \geqslant 9.0$ 时,为强水跃。水跃消能率 $K_j>70\%$,但跃后段会产生较强的水面波动,并且向下游传播的距离较远,通常需要采取措施稳定水流。

【例 4-13】 某棱柱体渠道断面为矩形,底宽 $b=5.0$ m。渠道上建一水闸,闸门与渠道等宽。当闸门局部开启时,通过的流量 $Q=20.4$ m³/s,闸后产生一自由水跃,跃前水深 $h'=0.62$ m。试求:①跃后水深 h'';②水跃长度。

解:(1)求跃后水深 h''。

跃前断面流速
$$v_1 = \frac{Q}{bh} = \frac{20.4}{5.0 \times 0.62} = 6.581 \, (\text{m/s})$$

跃前弗劳德数
$$Fr_1 = \frac{v_1}{\sqrt{gh'}} = \frac{6.581}{\sqrt{9.8 \times 0.62}} = 2.67$$

跃后断面水深
$$h'' = \frac{h'}{2} \left(\sqrt{1+8Fr_1^2} - 1 \right) = \frac{0.62}{2} \times \left(\sqrt{1+8 \times 2.67^2} - 1 \right) = 2.05 \, (\text{m})$$

(2)计算水跃长度。

用欧勒佛托斯基公式(4-48)计算:
$$L_j = 6.9(h'' - h') = 6.9 \times (2.05 - 0.62) = 9.87 \, (\text{m})$$

用切尔托乌索夫公式(4-49)计算:
$$L_j = 10.3 h' (Fr_1 - 1)^{0.81} = 10.3 \times 0.62 \times (2.67 - 1)^{0.81} = 9.67 \, (\text{m})$$

用陈椿庭公式(4-50)计算:
$$L_j = 9.4(Fr_1 - 1)h' = 9.4 \times (2.67 - 1) \times 0.62 = 9.73 \, (\text{m})$$

从上面的计算结果看,只要在公式的应用范围内,各公式的计算结果相差不大。

四、明渠非均匀流渐变流基本方程

(一)基本微分方程

图 4-24 表示底坡为 i 的明渠非均匀渐变流。沿流动方向任取两断面 1—1 和 2—2,间距为 $\mathrm{d}l$。设断面 1—1 的水深为 h,水位为 z,断面平均流速为 v,底部高程为 z_0。由于非均匀流的水力要素沿流程是变化的,经过微分流段 $\mathrm{d}l$,断面 2—2 的水深、水位、断面平均流速、渠底高程可分别表示为 $h+\mathrm{d}h$、$z+\mathrm{d}z$、$v+\mathrm{d}v$ 和 $z_0+\mathrm{d}z_0$。以 0—0 基准面,对断面 1—1 和 2—2 建立能量方程,得

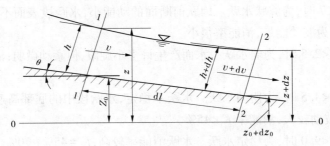

图 4-24

$$z_0 + h\cos\theta + \frac{\alpha_1 v^2}{2g} = (z_0 + \mathrm{d}z_0) + (h + \mathrm{d}h)\cos\theta + \frac{\alpha_2 (v + \mathrm{d}v)^2}{2g} + \mathrm{d}h_\mathrm{f} + \mathrm{d}h_\mathrm{j} \quad (4\text{-}60)$$

式中, $\mathrm{d}h_\mathrm{f}$ 和 $\mathrm{d}h_\mathrm{j}$ 表示断面 1—1 和 2—2 间的沿程水头损失和局部水头损失。

因为

$$\frac{\alpha_2 (v + \mathrm{d}v)^2}{2g} = \frac{\alpha_2}{2g} [v^2 + 2v\mathrm{d}v + (\mathrm{d}v)^2]$$

略去高阶微量则

$$\frac{\alpha_2 (v + \mathrm{d}v)^2}{2g} \approx \frac{\alpha_2}{2g}(v^2 + 2v\mathrm{d}v) = \frac{\alpha_2 v^2}{2g}\mathrm{d}\left(\frac{\alpha_2 v^2}{2g}\right) \quad (4\text{-}61)$$

令 $\alpha_1 = \alpha_2 = 1$,并将式(4-61)及 $\mathrm{d}z_0 = -i\mathrm{d}l$ 代入式(4-60)化简得

$$i\mathrm{d}l = \mathrm{d}h\cos\theta + \mathrm{d}\left(\frac{\alpha v^2}{2g}\right) + \mathrm{d}h_\mathrm{f} + \mathrm{d}h_\mathrm{j} \quad (4\text{-}62)$$

沿程水头损失 $\mathrm{d}h_\mathrm{f}$ 近似用均匀流公式计算,则

$$\mathrm{d}h_\mathrm{f} = \frac{Q^2}{K^2}\mathrm{d}l = J\mathrm{d}l$$

式中 K ——流量模数;

J ——沿程水头损失坡降,称为摩阻坡度。

局部水头损失可表示为 $\mathrm{d}h_\mathrm{j} = \zeta\mathrm{d}\left(\frac{v^2}{2g}\right)$ 。将 $\mathrm{d}h_\mathrm{f}$ 、 $\mathrm{d}h_\mathrm{j}$ 代入式(4-62)得

$$i\mathrm{d}l = \mathrm{d}h\cos\theta + (\alpha + \zeta)\mathrm{d}\left(\frac{\alpha v^2}{2g}\right) + J\mathrm{d}l \quad (4\text{-}63)$$

当底坡较小 $\left(i < \frac{1}{10}\right)$ 时, $\cos\theta \approx 1$,则式(4-63)可写作

$$i\mathrm{d}l = \mathrm{d}h + (\alpha + \zeta)\mathrm{d}\left(\frac{\alpha v^2}{2g}\right) + J\mathrm{d}l \quad (4\text{-}64)$$

式(4-63)、式(4-64)就是明渠恒定非均匀流的基本微分方程。

(二)棱柱体明渠水深沿程变化的微分方程

对于人工渠道,渠底一般为平面,水深沿流程的变化能够反映出水面线的变化。为了便于分析人工棱柱体渠道的水面线,可将明渠非均匀流的基本微分方程,变换为水深沿流程变化的形式。人工渠道的底坡一般都较小,可取 $\cos\theta = 1$,下面仅讨论这种情况。

将式(4-64)两端同除以 $\mathrm{d}s$,经整理则有

$$i - J = \frac{\mathrm{d}h}{\mathrm{d}l} + (\alpha + \zeta) \frac{\mathrm{d}}{\mathrm{d}l}\left(\frac{v^2}{2g}\right) \tag{4-65}$$

因为棱柱体渠道的过水断面面积 A 是水深的函数,即 $A = f(h)$,而非均匀流水深 h 又是流程 l 的函数,故 A 是 l 的复合函数,则

$$\frac{\mathrm{d}A}{\mathrm{d}l} = \frac{\mathrm{d}A}{\mathrm{d}h} \frac{\mathrm{d}h}{\mathrm{d}l} = B \frac{\mathrm{d}h}{\mathrm{d}l}$$

式中,B 为明渠的水面宽度,由此可得

$$\frac{\mathrm{d}}{\mathrm{d}l}\left(\frac{v^2}{2g}\right) = \frac{\mathrm{d}}{\mathrm{d}l}\left(\frac{Q^2}{2gA^2}\right) = -\frac{Q^2}{gA^3} \frac{\mathrm{d}A}{\mathrm{d}l} \tag{4-66}$$

将式(4-66)代入式(4-65),整理得

$$i - J = \left[1 - (\alpha + \zeta) \frac{Q^2 B}{gA^3}\right] \frac{\mathrm{d}h}{\mathrm{d}l} \tag{4-67}$$

对于棱柱体明渠中的渐变流,局部水头损失很小,可忽略不计,$\zeta = 0$,于是式(4-67)可简化为

$$i - J = \frac{\mathrm{d}h}{\mathrm{d}l}\left(1 - \frac{\alpha v^2}{g} \frac{}{\frac{A}{B}}\right) = \frac{\mathrm{d}h}{\mathrm{d}l}(1 - Fr^2)$$

$$\frac{\mathrm{d}h}{\mathrm{d}l} = \frac{i - J}{1 - Fr^2} \tag{4-68}$$

式(4-68)就是棱柱体明渠水深沿程变化的微分方程,主要用于分析棱柱体明渠非均匀渐变流水面线的变化规律。

五、棱柱体渠道恒定非均匀渐变流水面曲线定性分析

(一)棱柱体明渠水深沿程变化分析

明渠非均匀渐变流的水面线比较复杂,在进行定量计算之前,对水面线的性质、形状做定性分析是很有必要的。

利用式(4-68),可定性分析棱柱体渠道水面线的沿程变化,分析可得以下三种情况:

(1)分析水面曲线的性质。当 $\frac{\mathrm{d}h}{\mathrm{d}l} > 0$ 时,表明水深沿程增加,水流做减速流动,称为壅水曲线。当 $\frac{\mathrm{d}h}{\mathrm{d}l} < 0$ 时,水深沿程减小,水流做加速流动,称为降水曲线。当 $\frac{\mathrm{d}h}{\mathrm{d}l} \to 0$ 时,水深沿程不变,趋于均匀流动。当 $\frac{\mathrm{d}h}{\mathrm{d}l} \to \pm\infty$ 时,由式(4-68)可知,$Fr \to 1$,则水深趋于临界水深。若 $\frac{\mathrm{d}h}{\mathrm{d}l} \to +\infty$,表明水深沿流程由 $h < h_k$ 趋近 h_k,必然产生水跃。

(2)对于式(4-68)的分子 $i - J$ 有两种情况。当 $i = J$ 时,水深沿程不变,趋于均匀流动;当 $i \neq J$ 时,水流为非均匀流,且 $|i - J|$ 愈大,水流愈不均匀。所以,式(4-68)中的分子反映了水流的均匀程度。

（3）分析式(4-68)分母 $1-Fr^2$ 有三种情况。当 $1-Fr^2=0$，$Fr=1$ 时，水流为临界流；当 $1-Fr^2>0$，$Fr<1$ 时，水流为缓流；当 $1-Fr^2<0$，$Fr>1$ 时，水流为急流。所以，式(4-68)中的分母反映了水流的急缓程度。

（二）水面线的分类及代表符号

从式(4-68)可以看出，水深沿流程的变化率 $\dfrac{\mathrm{d}h}{\mathrm{d}l}$，与渠道的底坡 i 有关，明渠的底坡不同，可以产生不同形式的水面线。为了便于分析，需要根据底坡对水面线进行分类。明渠的底坡分为：正坡($i>0$)、平坡($i=0$)和逆坡($i<0$)。在正坡棱柱体渠道中，水流既可能是均匀流动，也可能是非均匀流动；既可能是缓流，也可能是急流。如果用 $N{—}N$ 线表示渠道的正常水深线，用 $K{—}K$ 线表示渠道的临界水深线，$N{—}N$ 线和 $K{—}K$ 线分别是水深等于正常水深 h_0 和临界水深 h_k，且与渠底平行的直线，那么用 $N{—}N$ 线可以判别水流是均匀流还是非均匀流，用 $K{—}K$ 线可以判别水流是急流还是缓流。

正坡渠道又分为缓坡($i<i_k$)、陡坡($i>i_k$)和临界坡($i=i_k$)。三种情况的 $N{—}N$ 线和 $K{—}K$ 线的相对位置不同。缓坡 $h_0>h_k$，$N{—}N$ 线位于 $K{—}K$ 线之上；陡坡 $h_0<h_k$，$N{—}N$ 线位于 $K{—}K$ 线之下；临界坡 $h_0=h_k$，$N{—}N$ 线与 $K{—}K$ 线重合，如图4-25所示。根据渠道中实际水面线相对于 $N{—}N$ 线和 $K{—}K$ 线的位置，可以将水面线分为三个区：位于 $N{—}N$ 线和 $K{—}K$ 线之上，为 a 区；位于两者之间，为 b 区；位于 $N{—}N$ 线和 $K{—}K$ 线之下，为 c 区；在临界底坡上 $N{—}N$ 线和 $K{—}K$ 线重合，没有 b 区，只有 a 区和 c 区，见图4-25。如果非均匀流水面线在 a 区范围内，则这条水面曲线叫作 a 型水面曲线；在 b 区范围内，叫作 b 型水面曲线；在 c 区范围内，叫作 c 型水面曲线。

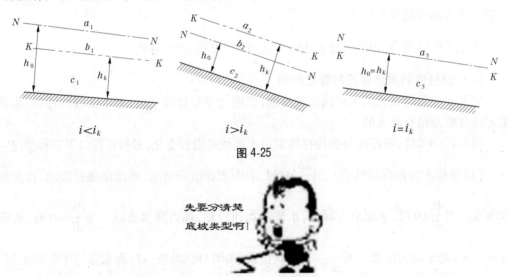

图4-25

在平坡和逆坡棱柱体明渠中，不可能有均匀流，不存在正常水深 h_0，所以也不存在正常水深线 $N{—}N$。但平坡和逆坡渠道中的水流有可能是缓流，也可能是急流，判别急流和缓流需要计算出临界水深 h_k 并绘出 $K{—}K$ 线。因不存在 $N{—}N$ 线，或者可以设想 $N{—}N$ 线在无限远处，所以对于平坡和逆坡棱柱体明渠，只有 b 区和 c 区，如图4-26所示。

为了区分不同底坡上相同流区的水面线，在流区号上需加脚标。缓坡上加"1"；陡坡

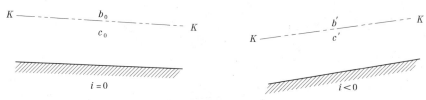

图 4-26

上加"2";临界坡上加"3";平坡上和逆坡上分别加"0"和"′"。通过以上分析可知,棱柱体明渠共有 5 种底坡,可以有 a_1、b_1、c_1;a_2、b_2、c_2;a_3、b_3、c_3;b_0、c_0 和 b'、c' 等 12 种水面线。

(三)水面线定性分析

在对恒定非均匀渐变流水面曲线的定量计算之前,应先对发生在棱柱体渠道中的水面线的形状和性质进行定性分析和讨论,以便于水面曲线的定量计算。而定性分析的理论依据,是恒定流非均匀渐变流水深沿程变化的微分方程,即 $\dfrac{\mathrm{d}h}{\mathrm{d}l} = \dfrac{i-J}{1-Fr^2}$。

根据谢才公式可知 $Q = AC\sqrt{RJ} = K\sqrt{J}$,$J = \dfrac{Q^2}{K^2}$,则有如下公式:

$$\frac{\mathrm{d}h}{\mathrm{d}l} = \frac{i - \dfrac{Q^2}{K^2}}{1 - Fr^2} \tag{4-69}$$

当明渠的断面形状、尺寸及流量没有发生变化时,$Q = K_0\sqrt{i}$,代入式(4-69)整理得

$$\frac{\mathrm{d}h}{\mathrm{d}l} = \frac{i - \dfrac{K_0^2}{K^2}i}{1 - Fr^2} = i\,\frac{1 - \left(\dfrac{K_0}{K}\right)^2}{1 - Fr^2} \tag{4-70}$$

从式(4-70)可看出:水深沿程变化率 $\dfrac{\mathrm{d}h}{\mathrm{d}l}$ 的值,与渠底坡度 i 及 $\dfrac{K_0^2}{K^2}$ 和 Fr^2 的数值有关。

由于 K 代表实际水流的流量模数,K_0 表示均匀流时的流量模数,所以 $\dfrac{K_0}{K}$ 就表示非均匀流与同一水流在同一渠道中作均匀流时的比较。因此,方程式的分子代表着水流的不均匀程度;分母中包含着弗劳德数(Fr),代表水流的缓急程度。这说明水面曲线与底坡 i、实际水深 h、正常水深 h_0、临界水深 h_k 的大小及对比关系有关。利用式(4-70)可定性分析水面曲线。

水面曲线定性分析的内容为:水面曲线的性质(是壅水曲线,还是降水曲线)、水面曲线的形状(凹凸向)、水面曲线两端的变化趋势和产生该水面曲线的工程实例。

1. 缓坡($i < i_k$)渠道上的水面曲线

缓坡渠道上,因 $h_0 > h_k$,所以 N—N 线高于 K—K 线,a 区和 b 区为缓流区,c 区为急流区,见图 4-27。

1)a_1 型水面曲线

缓坡渠道的 a 区,水深满足 $h > h_0 > h_k$。因为 $h > h_0$,则有 $K > K_0$,水面曲线微分方程

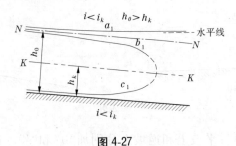

图 4-27

式(4-70)中分子 $1-\left(\dfrac{K_0}{K}\right)^2>0$；又因为 $h>h_k$，水流为缓流，$Fr<1$，分母 $1-Fr^2>0$。分子与分母同号，因而 $\dfrac{dh}{dl}>0$，即水深沿程增加，水面曲线为壅水曲线。

a_1 型水面曲线的上游端，水深最小，当水深向上游逐渐减小而接近正常水深 h_0，即 $h\to h_0$ 时，$K\to K_0$，式(4-70)中分子 $1-\left(\dfrac{K_0}{K}\right)^2\to0$，而此时分母 $1-Fr^2$ 仍然大于 0，则 $\dfrac{dh}{dl}\to0$，说明水深趋近于逆流程不变，故当上游端水深 h 接近正常水深 h_0 时，水面曲线以 N—N 线为渐近线。a_1 型水面曲线水深沿程逐渐增加，当 $h\to\infty$ 时，$K\to\infty$，分子 $1-\left(\dfrac{K_0}{K}\right)^2\to1$，而此时 $Fr\to0$，分母 $1-Fr^2\to1$，则 $\dfrac{dh}{dl}\to i$，即水深沿程的变化率趋于底坡，说明水深趋于无限大时，流速趋于 0，水面曲线趋近于静水时的水面。

根据上述分析，a_1 型水面曲线为壅水曲线，上游渐近 N—N 线，下游渐近水平线。缓坡渠道上修建闸、坝等建筑物时，其上游的水面曲线就是 a_1 型水面曲线，如图 4-28 所示。

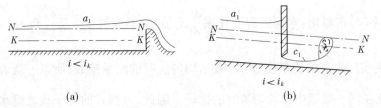

(a)   (b)

图 4-28

2）b_1 型水面曲线

缓坡渠道中的 b 区，水深满足 $h_0>h>h_k$，用 a_1 型水面曲线的分析方法可得：b_1 型水面曲线为降水曲线，上游端水深最大，以 N—N 线为渐近线，下游端水深最小，与 K—K 线近似垂直。水深接近于 h_k 时，水流由缓流过渡为急流，发生水跌。当缓坡渠道的末端为跌坎，或与陡坡渠道相接时，缓坡渠道中发生的水面曲线就是 b_1 型水面曲线，如图 4-29 所示。

3）c_1 型水面曲线

缓坡渠道的 c 区，水深满足 $h<h_k<h_0$。用上述方法分析可得：c_1 型水面曲线为壅水曲

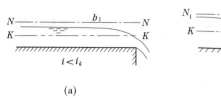

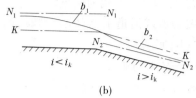

图 4-29

线,上游端水深最小,一般由来流条件控制,下端水深最大,水深接近 h_k,与 K—K 线近似垂直,水流此时由急流过渡为缓流,将发生水跃,c_1 型水面曲线的下游端即为水跃的跃前断面。缓坡上闸、坝下游产生的水面曲线常为 c_1 型水面曲线,如图 4-28(b)所示。

2.陡坡($i>i_k$)渠道上的水面曲线

1)a_2 型水面曲线($h>h_k>h_0$)

a_2 型水面曲线为壅水曲线,上游端水深最小,与 K—K 线近似垂直正交。实际水流中,a_2 型水面曲线上游端常为水跃的跃后水深,下游端水深最大,水面曲线渐近于水平线。

a_2 型水面曲线一般发生在陡坡渠道闸、坝的上游,如图 4-30(b)所示。

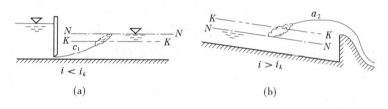

图 4-30

2)b_2 型水面曲线($h_k>h>h_0$)

b_2 型水面曲线为降水曲线,上游端水深最大,有与 K—K 线相垂直的趋势,事实上 b_2 型水面曲线的上游端常与水跃的跃后断面相接。b_2 型水面曲线下端水深最小,渐近于 N—N 线。

当陡坡渠道的上游端与缓坡渠道或水库相连时,渠道内的水面曲线即为 b_2 型水面曲线,如图 4-31(a)所示。

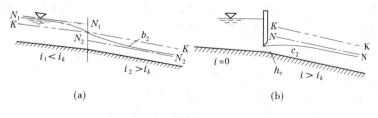

图 4-31

3)c_2 型水面曲线($h<h_0<h_k$)

c_2 型水面曲线为壅水曲线,上游端水深最小,该水深由来流条件控制,是已知值。下游端水深最大,并以 $N—N$ 线为渐近线。

当在陡坡渠道或河道上修建闸、坝时,闸、坝下游产生的水面曲线就是 c_2 型水面曲线,如图 4-31(b)所示。

3. 其他坡上的水面曲线

1) 临界坡 $(i=i_k)$ 渠道上的水面曲线

临界坡上只有 a 区和 c 区,没有 b 区。a 区中的水面曲线 a_3 为壅水曲线,上游端与 $K—K$ 线相交,下游端为水平线。a_3 型水面曲线常发生在下游与水库、湖泊等相连接的临界坡渠道的下端,或临界坡修建闸、坝时,闸、坝上游的壅水段,如图 4-32(a)所示。

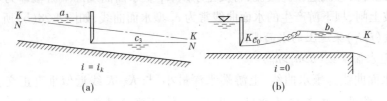

图 4-32

2) 平坡 $(i=0)$ 渠道上的水面曲线

平坡渠道上由于不能产生均匀流,没有 a 区,只有 b 区和 c 区。b 区中的水面曲线为 b_0 型降水曲线,该曲线上游水深最大,由来流条件控制,下游常与水跃相连。c 区为 c_0 型壅水曲线,上游端水深由来流条件控制,下游端常与水跃相连,是水跃的跃前水深,如图 4-32(b)所示。

3) 逆坡 $(i<0)$ 渠道上的水面曲线

逆坡渠道中也不能发生均匀流,只有 b 区和 c 区。b 区中为 b' 型降水曲线,上游水深由来流条件控制,下游端与水跃相接。c 区中为 c' 型壅水曲线,上游端水深由来流条件控制,下游端常与水跃连接,为水跃的跃前水深,如图 4-33 所示。

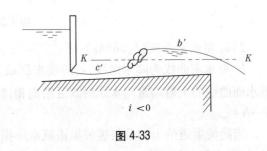

图 4-33

4. 水面线分析应注意的问题

总结棱柱体明渠可能出现的 12 种水面线可以发现,它们既有共同的规律,又有各自的特点,进行水面线分析时应注意以下几个问题:

(1) 所有 a 区和 c 区只能产生壅水曲线,b 区只能产生降水曲线。

(2) 无论何种底坡,每一个流区只可能有一种确定的水面曲线形式。如缓坡上的 a 区,只能是 a_1 型壅水曲线,不可能有其他形式的水面线。

(3) 对于正坡渠道,当渠道很长,在非均匀流影响不到的地方,水深 $h \to h_0$,水面线与 $N—N$ 线相切,水流趋近均匀流动。

(4) 水流由缓流过渡为急流产生水跃,在底坡由缓坡变为陡坡或有跌坎的转折断面上,水深近似等于临界水深 h_k。水流由急流过渡到缓流发生水跃,水跃的位置应根据跃前水深与跃后水深的共轭关系确定。水流由急流趋近临界流或由缓流趋近临界流,水面线均以水平线为渐近线。

(5)分析、计算水面线必须从已知水深的断面开始,这种断面称为控制断面,相应的断面水深即为控制水深。例如,当明渠中的水深受水工建筑物的控制时,建筑物上、下游的水深作为控制水深;在跌坎上或其他缓流过渡为急流时的临界水深 h_k 即为控制水深。

(6)因为急流中的干扰波不能向上游传播,缓坡中的干扰波能向上游传播,所以急流应自上而下分析、推算水面线;缓流的控制水深在下游,应自下而上分析、推算水面线。

(四)水面线定性分析实例

【例4-14】 图4-34为两段断面尺寸及糙率相同的长直棱柱体渠道,底坡 $0<i_1<i_2<i_k$,试分析渠道中水面线的形式。

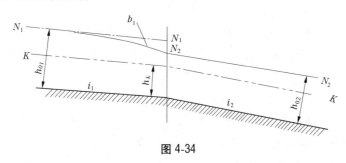

图 4-34

解:首先分别绘出两段渠道的临界水深线 K—K 和正常水深线 N—N。由于两段渠道的断面尺寸相同,因此两段渠道的临界水深也相等。又因 $0<i_1<i_2<i_k$,则 $h_{01}>h_{02}$,渠道上游段的 N_1—N_1 线高于下游段的 N_2—N_2 线,如图4-34所示。

本题产生非均匀流的因素是底坡的改变,远离底坡转折断面上下游的水流均应趋近均匀流,水深应分别为 h_{01} 和 h_{02}。由上游水深 h_{01} 要转变到下游较小的水深 h_{02},水面必然发生降落,有以下三种可能:

(1)转折断面上的水深 $h=h_{01}$,水面完全在下游段降落。

(2)转折断面上的水深 $h_{02}<h<h_{01}$,水面在上下游段各降落一部分。

(3)转折断面上的水深 $h=h_{02}$,水面在上游段降落。

在上述三种情况中,若是第一种或第二种情况,则在下游段 a 区将产生降水曲线,这和前面所讨论的 a 区只能是壅水曲线相矛盾,所以第一种和第二种水面线的形式是不可能出现的。只有第三种情况在第一段产生 b_1 型降水曲线,上游水面线与正常水深 N_1—N_1 线相切,符合水面的变化规律,是正确的。

【例4-15】 某水库溢洪道为棱柱体渠道,进口设有闸门控制流量,纵剖面如图4-35所示。已知 $i_1=0$、$i_2>i_k$,下游河道不影响陡坡上的流动,试定性分析闸门局部开启时的沿程水面线的变化。

解:(1)根据已知条件,分别绘出 K—K 线和 N—N 线。

(2)确定控制断面,分析控制水深。水流在进口处受到闸门的控制,由于惯性的作用,闸门后存在一最小水深小于闸门的开度,称为收缩断面水深 h_c。h_c 就是闸后急流段

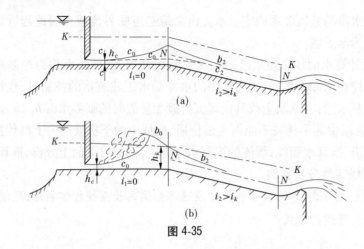

图 4-35

的控制水深。平坡与陡坡的转折断面为另一控制断面,其水深受上游水流条件的影响。

(3)水面线定性分析。收缩断面水深位于 c 区,收缩断面之后将出现 c_0 型壅水曲线,根据平坡段的长度不同,可以出现以下两种情况:

一种情况如图 4-35(a)所示,平坡段较短,c_0 型水面线由于升高至水深 $h < h_k$ 已达底坡转折断面。如果 $h < h_{02}$ 在陡坡上形成 c_2 型壅水曲线,如图 4-35(a)中虚线所示;如果 $h_{02} < h < h_k$,则在陡坡上形成 b_2 型降水曲线,如图 4-35(a)中实线所示。陡坡上的流动为急流,如果陡坡段较长,在陡坡段下游水流趋于均匀流动,通过下游挑坎泄入下游河道。

另一种情况如图 4-35(b)所示,平坡段较长,当 c_0 型水面线趋近 h_k 时,距底坡转折断面尚远,在平坡段上出现急流向缓流转变,产生水跃。跃后断面的流动为缓流,下游陡坡为急流,则必然发生缓流向急流转变的水跌现象,转折断面上的水深为临界水深 h_k,陡坡上产生 b_2 型降水曲线,平坡段水跃之后为 b_0 型降水曲线,如图 4-35(b)中实线所示。因为转折断面上的水深 h_k 是平坡段上缓流的控制水深(缓流的控制水深在下游),所以 b_0 型降水曲线的始端水深受平坡段上缓流长度的影响,该段愈长,b_0 型降水曲线的始端水深愈大,根据跃前水深、跃后水深的共轭关系,水跃位置将向闸门方向移动,如图 4-35(b)中虚线所示。当跃前水深为收缩断面水深 h_c 或收缩断面被淹没时,将不存在 c_0 型壅水曲线。

六、明渠恒定非均匀渐变流水面线计算

上面分析了棱柱体明渠各种水面线的变化规律,本节将研究明渠恒定非均匀渐变流水面线的计算问题。

计算明渠恒定非均匀渐变流水面线的基本方法是分段法,它适用于各种流动情况。下面分别介绍如何利用分段法计算棱柱体渠道、非棱柱体渠道的水面线。

(一)棱柱体明渠非均匀渐变流水面线计算

1.计算公式

前面已经推导出明渠恒定非均匀渐变流的基本微分方程式为

$$idl = dh\cos\theta + (\alpha + \zeta)d\left(\frac{v^2}{2g}\right) + Jdl$$

忽略局部水头损失,上式可写为

$$d\left(h\cos\theta + \frac{\alpha v^2}{2g}\right) = (i - J)\,dl$$

或
$$dE_s = (i - J)\,dl \tag{4-71}$$

式中　E_s——断面比能,$E_s = h\cos\theta + \dfrac{\alpha v^2}{2g}$。

分段法是将整个流动分为有限的几段,并近似认为在每个流段内,断面比能和沿程水头损失成线性变化,这样就可以把式(4-71)改写成差分的形式,即

$$\Delta E_s = (i - \bar{J})\,\Delta l \quad 或 \quad \Delta l = \frac{\Delta E_s}{i - \bar{J}} \tag{4-72}$$

式(4-72)就是分段法计算棱柱体明渠水面线的基本公式。式中,ΔE_s 为流段 Δl 下游断面与上游断面比能的差值。用 E_{s1} 和 E_{s2} 分别表示上、下游断面的断面比能,则

$$\Delta E_s = E_{s1} - E_{s2} \tag{4-73}$$

$\bar{J}$ 为流段的平均水力坡度,近似采用均匀流沿程水头损失的计算公式,则

$$\bar{J} = \frac{\bar{v}^2}{\bar{C}^2\bar{R}} \tag{4-74}$$

式中　$\bar{v}$——流段上、下游断面流速的平均值,$\bar{v} = \dfrac{v_1 + v_2}{2}$;

　　　$\bar{C}$——流段上、下游断面谢才系数的平均值,$\bar{C} = \dfrac{C_1 + C_2}{2}$;

　　　$\bar{R}$——流段上、下游断面水力半径的平均值,$\bar{R} = \dfrac{R_1 + R_2}{2}$。

2.计算方法

用分段法计算水面线,首先应从控制断面开始,把非均匀流分成若干流段。流段的长度应适宜,因分段法是由差分方程代替了微分方程,所以计算精度与流段划分的长短有关。流段愈短,精度愈高,但工作量愈大;反之,则精度愈低。划分流段时一般应注意以下两点:

(1)每段的断面形状及尺寸、糙率、底坡应尽可能一致,应在发生突变处的断面上分段。

(2)一般情况下,降水曲线和急流壅水曲线水面变化较快,分段宜短些;缓流壅水曲线水面变化较缓,分段可长些。

棱柱体渠道水面线计算一般有两种情况。第一种情况,已知流段两端断面的水深,求流段的距离 Δl,可直接用式(4-72)求出 Δl,无须试算。在实际计算过程中,可从已知控制断面的水深开始,直接按水深分段。例如,控制断面的水深为 h_1,依据水深变化情况,设水深为 $h_2, h_3, h_4\cdots$,则 $h_1 \sim h_2$ 为第一流段,$h_2 \sim h_3$ 为第二流段,$h_3 \sim h_4$ 为第三流段$\cdots$而后可按每一流段的两端水深,分别求出各流段相应的长度 $\Delta l_1, \Delta l_2, \Delta l_3\cdots$这样就可计算出非均匀流的水面线。第二种情况是已知流段一端的水深和流段长,求另一端的水深。可先假定另一端的水深,用式(4-72)计算出 Δl,若算出的 Δl 和已知流段的长度相等,则假定的水深即为所求;否

则,重新假设水深再进行计算。例如,当棱柱体渠道的总长度一定时,按第一种情况计算出前面各断面间的距离后,要确定最后一个流段的末端水深,便属于此种情况。

(二)非棱柱体明渠水面线计算

水利工程中除棱柱体明渠外,还有非棱柱体明渠。例如,溢洪道陡槽的渐变段就属于非棱柱体明渠。非棱柱体明渠水面线的计算,其计算公式和平均摩阻坡度的计算与棱柱体明渠相同。两者的主要区别是,非棱柱体渠道的过水断面面积与流程和水深有关,即 $A = f(l, h)$。因此,计算水面线之前,必须从控制断面开始按流程分段,才能计算出划分流段的各个断面的尺寸,再利用公式(4-72)从控制断面开始逐段通过试算求出各个断面的水深。

试算方法同棱柱体渠道水面线计算中的第二种情况。

【例4-16】 如图4-36所示某水库溢洪道,由两段组成,断面为矩形。上游为直线收缩段,底坡 $i_1 = 0.03$,收缩段以下等宽,$i_2 = 0.05$。已知收缩段进口断面1—1宽60 m,出口断面3—3宽40 m,收缩段长50 m。溢洪道用混凝土衬砌,糙率 $n = 0.014$。当通过设计流量 $Q = 580$ m³/s 时,进口断面1—1的水深 $h_1 = 2.12$ m,求设计流量下收缩段的水面线。

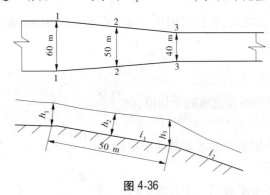

图4-36

解: 收缩段为非棱柱体明渠,需要先将渠道按流程分段,计算出断面尺寸。由于收缩段较短,可以分为两段,$\Delta l_1 = 25$ m,$\Delta l_2 = 25$ m。容易计算出中间断面2—2的底宽 $b_2 = 50$ m,利用式(4-72)进行试算,便可求出中间断面2—2的水深 h_2 和出口断面3—3的水深 h_3。

为了方便计算,可将式(4-72)改写为

$$E_{su} + i\Delta l = E_{sd} + \bar{J}\Delta l$$

进口断面1—1的水力要素为

$$A_1 = b_1 h_1 = 60 \times 2.12 = 127.20(\text{m}^2) \qquad \chi_1 = b + 2h_1 = 60 + 2 \times 2.12 = 64.24(\text{m})$$

$$R_1 = \frac{A_1}{\chi_1} = \frac{127.20}{64.24} = 1.98(\text{m}) \qquad v_1 = \frac{Q}{A_1} = \frac{580}{127.20} = 4.56(\text{m/s})$$

$$\frac{v_1^2}{2g} = \frac{4.56^2}{2 \times 9.8} = 1.06(\text{m}) \qquad E_{s1} = h_1 + \frac{v_1^2}{2g} = 2.12 + 1.06 = 3.18(\text{m})$$

$$E_{s1} + i\Delta l_1 = 3.18 + 0.03 \times 25 = 3.93(\text{m})$$

因溢洪道泄流为急流,水面线总趋势为降水曲线,断面2—2水深小于断面1—1水深,设断面2—2水深 $h_2 = 1.84$ m,同样可计算出断面2—2的各水力要素,然后再计算出

E_{s2} 和 $\bar{J}$。

当 $E_{s2}+\bar{J}\Delta l=3.93$ m 时的水深即为所求。断面 3—3 水深的计算与断面 2—2 的计算方法完全一样,不再赘述。整个计算结果列于表 4-19。

表 4-19 断面参数表

桩号	海底高程/m	不同水位的断面参数							
		85 m		86 m		87 m		88 m	
		A/m^2	R/m	A/m^2	R/m	A/m^2	R/m	A/m^2	R/m
0+000	82.10	330	2.80	412	3.12	576	3.29	765	4.25
1+900	82.00	360	2.61	458	3.14	620	3.41	895	3.25
2+880	81.65	218	2.00	298	2.48	623	3.78	792	4.66
3+900	81.50	425	2.53	562	2.44	1 002	2.40	1 426	3.38
4+910	80.90	393	2.55	558	3.17	971	2.34	1 391	3.27

收缩段出口断面 3—3 的水深 h_3 计算出来之后,又是下段陡槽段的控制水深。下段陡槽段属棱柱体渠道,可按棱柱体渠道水面线的计算方法计算,从而可计算出整个溢洪道的水面曲线。

七、弯道水流简介

无论天然河道或人工渠道一般都有弯道,弯道中的水流可能是缓流,也可能是急流。缓流弯道水流与急流弯道水流的流动现象完全不同,这里主要介绍缓流弯道水流问题。

流经弯道的水流受边界的约束,在流动过程中不断改变方向,水流除受重力作用外,还受离心力的作用,离心力的方向指向凹岸。因为水流具有自由表面,受离心力的作用和凹岸边界的约束,会使凹岸水面高于凸岸水面,在弯道的横断面上形成横向水面坡降,并且使水流除纵向流动外,还产生横向流动,形成断面环流,如图 4-37(a)所示。弯道水流的纵向流动和横向流动合在一起就构成了螺旋流,如图 4-37(b)所示。

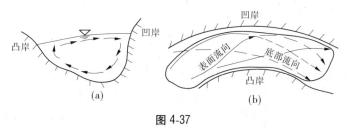

图 4-37

弯道水流能够使凹岸发生冲刷,凸岸发生淤积,这对于河床演变有重要作用。要进行河道整治、港口建设等,就必须掌握这些变化规律。另外,在河道上修建引水闸时,人们还常常利用弯道水流的特性,将取水口的位置选在凹岸。既可以防止主流脱离取水口,还能够防止底沙进入渠道,减少渠道淤积。总之,研究弯道水流问题有重要的实际意义。

下面对弯道水流的横向水面坡降、断面环流及能量损失等问题,进行一些讨论。

(一)横向水面坡降及超高计算

一弯曲河道如图 4-38 所示,以弯道曲率中心 O 点为坐标原点,建立直角坐标系。设凸岸的曲率半径为 r_1,凹岸的曲率半径为 r_2。在水面上任取一水质点 A,质量为 dm,其纵向流速为 u,曲率半径为 x。作用于水质点上的重力 $dG=dmg$,方向垂直向下;作用于水质

点上的离心力 $\mathrm{d}f = \mathrm{d}m \dfrac{u^2}{x}$,方向水平指向凹岸。若忽略液体内摩擦力的影响,则

$$\tan\theta = \frac{\mathrm{d}f}{\mathrm{d}G} = \frac{\mathrm{d}m \dfrac{u^2}{x}}{\mathrm{d}mg} = \frac{u^2}{gx} \tag{4-75}$$

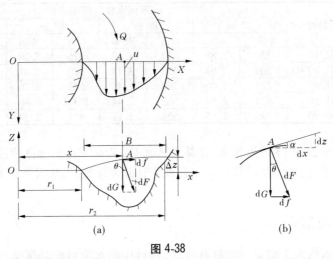

图 4-38

过点 A 作一直线与水面相切,在 XOZ 平面上该直线的斜率为 $\tan\alpha = \mathrm{d}z/\mathrm{d}x$ [见图 4-38(b)]。在 X 方向水质点没有运动,即在质量力的作用下处于平衡状态,质量力的合力必须垂直于过 A 点的切线,即 $\tan\alpha = \tan\theta$,故弯道水流点 A 的横向水面坡降为

$$J_x = \frac{\mathrm{d}z}{\mathrm{d}x} = \frac{u^2}{gx} \tag{4-76}$$

从式(4-76)可以看出,弯道的横向水面坡降与纵向流速的平方成正比,与曲率半径成反比。分离积分变量得

$$\mathrm{d}z = \frac{u^2}{gx}\mathrm{d}x \tag{4-77}$$

只要找出纵向流速沿横向分布的函数关系,代入式(4-77)积分,就可得到弯道上的横向自由水面方程式。但由于弯道水流的复杂性,纵向流速沿横向的分布规律一般是不知道的,所以无法对式(4-77)直接积分。为了估算横向水面超高 Δz,往往以断面平均流速 v 代替纵向流速 u,以河道中心曲率半径 r_c 代替各点的曲率半径 x 代入式(4-77),并乘以修正系数 α_0 可得

$$\Delta z = \alpha_0 \int_{r_1}^{r_2} \frac{v^2}{gr_c}\mathrm{d}x = \frac{\alpha_0 v^2}{gr_c}(r_2 - r_1) = \frac{\alpha_0 v^2}{gr_c}B \tag{4-78}$$

式中　B——水面宽度;

　　　α_0——修正系数,为 1.01~1.10。

(二)断面环流

弯道水流的另一重要特性是在和弯道中心线正交的横断面上水流具有横向分速。在水流的表面横向分速指向凹岸,靠近底部的横向分速指向凸岸,这种横向流动叫作断面环

流。断面环流是怎么产生的呢？可以在横断面上任意取一微小柱体，分析微分柱体单位体积的受力情况，如图 4-39 所示。

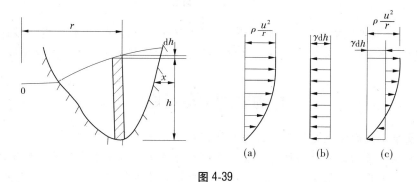

图 4-39

作用于水面下任一深度处的水质点的离心力与该点的纵向流速的平方成正比，即作用于单位体积上的离心力 $f = \rho \dfrac{u^2}{r}$。因为沿垂直线上的纵向流速一般呈抛物线分布，则离心惯性力沿垂线亦呈抛物线分布，如图 4-39(a)所示。作用在微分柱体两侧的动水压强可认为按静水压强分布，那么水柱两侧的压强差的分布，如图 4-39(b)所示。离心惯性力与动水压强差沿垂线分布进行叠加，可得到微分柱体所受横向力沿垂线的分布图，如图 4-39(c)所示。图 4-39 表明，微分柱体上部的横向力指向凹岸，下部指向凸岸，故在横断面上，上部流动朝向凹岸，下部朝向凸岸，形成断面环流。横向分速和纵向流速的综合，就形成了弯道中的螺旋式流动。凹岸常被水流淘刷，塌下的泥沙又常常被底部水流推移到凸岸下游形成淤积，这就是弯道水流的运动特征。

（三）能量损失

弯道中的流动水头损失比同等长度顺直河（渠）道要大，这是因为弯道中存在断面环流，受到的河床阻力较直段大，并且在弯道下游端的凸岸附近有时会发生水流分离现象，这些都会增大能量损失。弯道水流的局部水头损失仍按下式计算：

$$h_j = \zeta \frac{v^2}{2g} \tag{4-79}$$

试验结果表明，局部水头损失系数主要与弯道轴线的曲率半径 r_c、水面宽度 B、水深 h、弯段长度 L、河槽糙率 n 有关，渠道的局部水头损失系数可采用以下经验公式确定：

$$\zeta = \frac{19.62L}{C^2 R}\left(1 + \frac{3}{4}\sqrt{\frac{B}{r_c}}\right) \tag{4-80}$$

式中　R——水力半径；

　　　B——水面宽度；

　　　r_c——弯道轴线曲率半径；

　　　L——弯道长度；

　　　C——谢才系数。

在天然河道中，河宽一般远远大于水深，由于河床阻力的影响，环流引起的能量损失很小，且可以忽略不计。

小 结

本章介绍了明渠恒定均匀流和明渠恒定非均匀流的水力计算,主要包括梯形断面水力要素计算方法,渠道断面设计方法,非均匀流水流形态判别,河道水面曲线定性分析和计算。

思考与练习题

4-1 明渠水流的特点是什么?特性是什么?

4-2 发生明渠均匀流的条件有哪些?平坡和逆坡上能否发生均匀流?为什么?

4-3 一顺坡棱柱体渠道,根据生产需要,要求扩大输水能力,可采取哪些措施?

4-4 水力最佳断面有什么优点?为什么说水力最佳断面并不是最经济断面?

4-5 渠道糙率选择是否重要?选择时需注意哪些方面?

4-6 水流的三种流态是什么?如何判别?

4-7 什么是水跌和水跃?它们的主要区别是什么?

4-8 水跃的共轭水深如何计算?水跃的三种形式是什么?如何判别?

4-9 什么是断面比能,其有何变化规律?

4-10 什么是临界水深?如何确定?

4-11 什么叫临界底坡?如何确定?

4-12 在均匀流时,缓坡、临界坡和陡坡上的水流是什么流态?为什么?

4-13 水面曲线的性质是什么?

4-14 水面曲线分析时是如何分区的,分几个区?水面曲线共有多少种?

4-15 水面曲线的定量计算的方法和步骤是什么?

4-16 如何应用 Excel 表计算水面曲线?如何应用 Excel 表中的"单变量求解"功能?

4-17 一梯形断面渠道,底坡 $i=0.008$,糙率 $n=0.03$,边坡系数 $m=1.5$,宽度 $b=2.0$ m,水深 $h=1.2$ m,求此渠道的流速和流量。

4-18 一半圆混凝土 U 形渠道,如图 4-40 所示,宽度 $b=2.4$ m,底坡为 1/1 000,糙率为 0.017。当槽内均匀流水深为 0.8 m 时,求此渠道的过水能力。

4-19 某干渠为梯形黏土渠,通过流量 $Q=35$ m³/s,边坡系数为 1.5,糙率为 0.025,请按水力最佳断面设计该渠道,并校核流速是否满足要求。

4-20 一环山渠道如图 4-41 所示,底坡 $i=0.002$。靠山一边按 1:0.5 的边坡开挖,$n_1=0.027$;另一边为直立的混凝土墙,$n_2=0.017$;渠底宽 $b=2.0$ m,$n_3=0.02$。试求水深 $h=1.5$ m 时的输送流量。

4-21 一复式断面河道,各部分尺寸如图 4-42 所示。河道底坡 $i=0.000\ 1$,主槽部分糙率 $n_1=0.02$,边滩部分糙率 $n_2=0.025$,洪水位及其他尺寸如图 4-13 所示。试求洪水通过河道的流量。

4-22 已知矩形渠道底宽 $b=8.0$ m,底坡 $i=1/2\ 000$,测得渠道为均匀流时的流量 $Q=20$ m³/s,水深 $h_0=1.6$ m,试求渠道的糙率值。

4-23 一梯形断面黏土渠道,需要输送的流量为 3.0 m³/s,初步确定渠道底坡 i 为

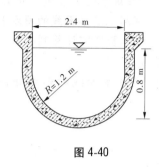

图 4-40

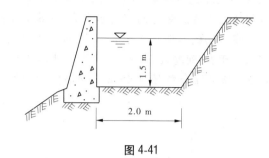

图 4-41

0.007,边坡系数 m 为 1.5,糙率 n 为 0.025,底宽 b 为 2.0 m,试用试算法和查图法求渠中正常水深,并校核渠中流速。

4-24 一梯形土质灌溉渠道,按均匀流设计。选定底坡 $i=0.002$,$m=1.5$,$n=0.02$,渠道设计流量 $Q=5$ m³/s,现选定水深为 $h_0=0.85$ m,试设计渠道的底宽 b。

4-25 某梯形渠道通过的流量 $Q=30$ m³/s,底坡 $i=0.009$,边坡系数 $m=1.5$,糙率 $n=0.025$,已知宽深比 $\beta=1.6$,求水深 h 和宽度 b 及安全超高。

4-26 一圆形混凝土排水管,$n=0.014$,如图 4-43 所示。已知半径 $R=2.0$ m,管中均匀流水深 $h=2.5$ m,通过设计流量 $Q=4$ m³/s,试求管道坡度。

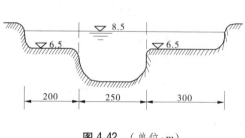

图 4-42 (单位:m)

图 4-43

4-27 某梯形渠道,底宽 $b=5$ m,边坡系数 $m=1.5$,当通过流量 $Q=28$ m³/s 时,正常水深 $h_0=2.58$ m。求:①微波的波速;②弗劳德数;③断面比能和临界水深;④判别水流的流态。

4-28 一矩形渠道,已知 $Q=40$ m³/s,底宽 $b=10$ m,糙率 $n=0.025$,底坡 $i=0.000\,35$。试分别用临界水深、临界坡度及弗劳德数判别渠道中为均匀流动时的流态。

4-29 有一梯形断面渠道,底宽 $b=6$ m,边坡系数 $m=2.0$,糙率 $n=0.022\,5$,通过流量 $Q=12$ m³/s,求临界坡度 i_k。

4-30 如图 4-44 所示,在溢洪道坡脚处的水平护坦上发生水跃,跃前水深 $h'=2.6$ m,溢洪道断面为矩形,宽 24.38 m,通过的流量 $Q=1\,588.53$ m³/s。试求:①跃后水深 h'';②水跃长度 L_j;③判别属何种水跃并计算水跃的效能率 K_j。

4-31 有一梯形断面的土渠,底宽 $b=7.5$ m,边坡系数 $m=2$,底坡 $i=0.000\,35$,糙

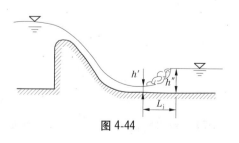

图 4-44

率 $n=0.025$, 当流量 $Q=40$ m^3/s 时, 正常水深等于多少? 今在该渠道上修建一节制闸, 已知当水闸通过上述流量时的闸前水深 $h=3.8$ m, 试计算节制闸上游水面线的壅水长度并绘制水面线。(注:水深从大于 h_0 到趋近于 h_0 时, 水面线计算长度可计算到 $h=1.01h_0$; 当水深从小于 h_0 到趋近 h_0 时, 水面线可计算到 $h=0.99h_0$)。

4-32 试定性分析图 4-45 渠道纵坡变化时, 上下游渠道水面线的形式并注出其名称。

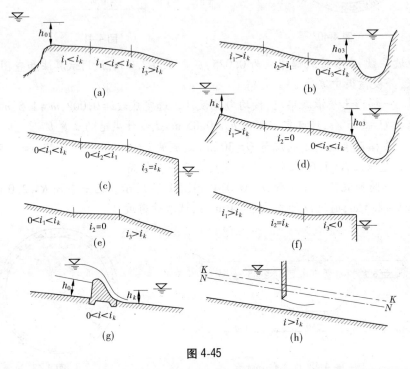

图 4-45

4-33 试定性分析图 4-46 所示渠道中的水面线, 并指出不同形式的水面线其断面比能沿流程如何变化。已知渠道的断面形式及尺寸沿流程不变, 且各段均充分长。

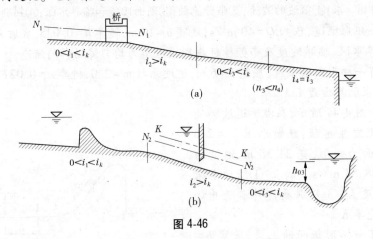

图 4-46

4-34 矩形断面渠道, 上、下两段宽度相等, 底坡 $i_1 > i_2$, 当单宽流量 $q=4$ m^3/s 时, 正常

水深分别为 $h_{01}=0.66$ m, $h_{02}=1.55$ m, 试绘制水面曲线, 并确定水跃发生在哪段渠道中。

4-35 如图4-47所示, 为了减小溢洪道末端的单宽流量, 利于消能, 在溢洪道的末端建一水平扩散段, 断面为矩形。已知断面1—1的水深 $h_1=3.0$ m, 宽度 $b=40$ m, 扩散段按直线扩散至60 m, 扩散角 $\alpha=7.5°$, 试计算当通过流量 $Q=1\,450$ m³/s 时扩散段的水面线。

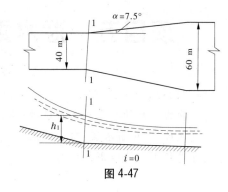

图 4-47

4-36 实训练习题。

1. 基本资料

为了进行兴利防洪, 搞好水土保持, 某山区修建一座淤地坝。该坝为土坝, 则必须修建溢洪道。经过调洪演算, 确定该溢洪道, 进口溢流堰堰顶高程为328.8 m, 溢流堰宽度为5 m, 设计下泄流量26.261 m³/s, 滞洪水深 $H=2.3$ m; 采用开敞正槽溢洪道泄洪, 溢洪道由进口段、陡坡段和出口段三部分组成, 见图4-48。

(1) 进口段。

由引水渠、溢流堰组成, 进口溢流堰采用宽顶堰形式, 断面采用矩形断面, 浆砌石衬砌。底板长12 m, 上下游做深1 m、宽0.5 m的齿墙, 以减少渗流和增加底板的稳定性。进口溢流堰堰顶高程为328.8 m, 溢流堰宽度为8 m。

(2) 陡坡段。

陡坡段采用矩形断面, 宽为5 m, 根据地形条件, 考虑减小开挖方量, 纵坡设变坡, 坡比为1:12的长度为60 m, 坡比1:10的坡长为50 m。底板和侧墙采用75号水泥沙浆浆砌块石, 底板等厚为30 cm, 侧墙采用顶宽0.3 m, 内坡垂直, 外坡1:0.3的重力式浆砌石挡土墙, 高度按设计情况下的水深加安全超高计算。

(3) 出口段。

消能采用挑流消能方式, 下游沟槽基岩软弱破碎、裂隙发育。

2. 计算任务

(1) 计算在设计情况下的溢洪道水面曲线。

(2) 如果流速超过8 m/s, 进行掺汽水深的计算。

(3) 确定溢洪道边墙高度。

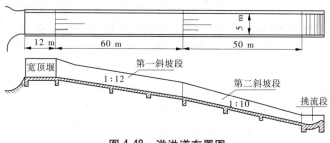

图 4-48 溢洪道布置图

项目五　泄水建筑物的水力计算

【学习目标】　掌握闸孔出流和堰流水流类型、流态的分析和判别;掌握闸孔出流和堰流过水能力计算的公式和系数选择;掌握流量系数、侧收缩系数和淹没系数的经验公式计算或查表计算;理解堰流、自由出流、淹没出流的概念。会判别泄水建筑物下游水流衔接形式并进行主要消能形式计算。

✏ 任务一　堰流及闸孔出流认知

在实际水利工程中有各种泄水建筑物。在装有液体的容器壁上开设孔口,液体经孔口泄流的水力现象,称为孔口出流,如图5-1(a)所示。若器壁较厚或在孔口上加设短管,且器壁厚度或加设短管的长度是孔口尺寸的3~4倍,则叫作管嘴,液体经管嘴泄出的水流现象称为管嘴出流,如图5-1(b)所示。

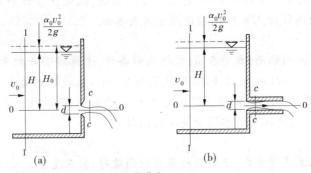

图5-1

在水利工程中,为了泄放洪水、引水灌溉、发电、供水等目的,常修建各种泄水建筑物和挡水建筑物,以控制和调节水库或河渠的水位和流量,如闸和堰。当闸门部分开启时,水流受到闸门控制而从闸门下孔口泄出的水流称为闸孔出流,如图5-2(a)、(c)所示。闸孔出流实质上就是一种孔口出流,通常把孔口出流与闸孔出流统称为孔流。

凡对水流有局部约束且顶部自由溢流的建筑物,称为堰。经堰顶自由下泄的水流称堰流,如图5-2(b)、(d)所示。堰流与闸孔出流是两种不同的水力现象,但它们既有区别又有联系。堰流由于不受闸门的控制,水面线为一光滑连续的降水曲线;闸孔出流由于受闸门的控制,闸孔上下游的水面是不连续的。正是由于堰流及闸孔出流这种边界条件的差异,它们的水流特征及过水能力也各不相同。

堰流和闸孔出流都是建筑物对水流的局部阻碍,使上游水位壅高,从能量的角度上看,出流的过程都是一种势能转化为动能的过程;这两者都是在较短的距离内流线发生急剧弯曲的急变流,离心惯性力对建筑物表面的压强分布及建筑物的过水能力均有一定影响,能量损失主要是局部水头损失,沿程水头损失可忽略不计。

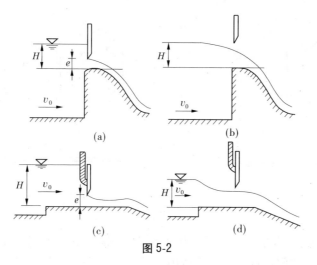

图 5-2

在实际工程中,装有闸门的堰上可能发生堰流或闸孔出流,这两种水流转换时与闸底坎形式、门形、闸门的相对开度、闸门在堰顶的位置等因素有关。可根据堰闸形式和实测的闸门相对开度 $\dfrac{e}{H}$(e 为闸门开启度,H 为堰顶水头)值进行判别:

(1)闸底坎为平顶坎,$\dfrac{e}{H} \leqslant 0.65$ 时,为闸孔出流;$\dfrac{e}{H} > 0.65$ 时,为堰流。

重点:堰流和闸孔出流的判别标准。

(2)闸底坎为曲线型坎,$\dfrac{e}{H} \leqslant 0.75$ 时,为闸孔出流;$\dfrac{e}{H} > 0.75$ 时,为堰流。

任务二　孔口出流水力计算

孔口与管嘴在水利工程中应用广泛,如小型水库卧管放水,船闸充水、放水,农业喷灌,水力施工及消防等。对于孔口、管嘴出流,如果出流不受下游水位影响,直接流入大气,则称为自由出流;出口在下游水面以下,受下游水位的影响,称为淹没出流。

孔口出流分恒定流与非恒定流,本任务主要说明恒定的孔口出流。

在实际工程中,孔口的断面形状以圆形为主。孔口边缘有薄壁(锐缘)、厚壁和修圆等不同情况。若孔口具有尖锐边缘,称为薄壁孔口。

对于圆形孔口,根据孔径 d 与孔口的水头 H(孔口中心到上游自由水面的高度,见图 5-3)之比,把孔口分为两类:

(1)$\dfrac{d}{H} \leqslant \dfrac{1}{10}$,为小孔口。

(2)$\dfrac{d}{H} > \dfrac{1}{10}$,为大孔口。

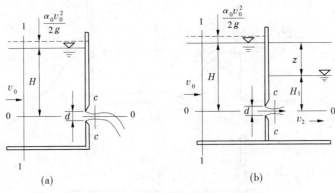

图 5-3

对于小孔口而言,由于孔口直径 d 比水头 H 小得多,因此可假定孔口断面上各点的水头 H 均相等。上述假定对大孔口不适用。

一、薄壁小孔口的自由出流

薄壁小孔口自由出流现象,如图 5-3(a)所示。由于惯性作用,出流时流线呈逐渐弯曲,水流在出口处产生收缩现象。收缩断面一般在离孔口约 $d/2$ 处,且流线呈平行直线,一般用 c—c 来表示,收缩程度用收缩系数 ε' 来表示为

$$\varepsilon' = \frac{A_c}{A} \tag{5-1}$$

式中 A——孔口过水断面面积;

A_c——收缩断面面积,小于孔口在完全收缩时的断面面积。

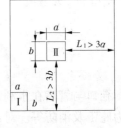

影响 ε' 值的主要因素是孔口形状、边缘情况和孔口离开边界的距离(见图 5-4)。当孔口在位置 Ⅰ 时,液体经孔口出流,仅在局部发生收缩,称为不完全收缩。当孔口在位置 Ⅱ 时,水流在各边均发生收缩,称为完全收缩。不完全收缩的收缩系数要比完全收缩的大些。完全收缩又分为完善收缩和不完善收缩两种。经验证明,当孔口边界与最近的边界距离大于孔口尺寸的 3 倍以上时,边界则不再影响垂直收缩系数 ε',此时称为完善收缩;否则,称为不完善收缩。

图 5-4

试验测得,薄壁圆形小孔口在完全完善收缩时,$\varepsilon' = 0.60 \sim 0.64$。

下面推导恒定薄壁小孔口自由出流的流量公式。

取符合渐变流条件的断面 1—1 与 c—c,并取通过孔口中心的水平面 0—0 为基准面[见图 5-3(a)],写出能量方程为

$$H + 0 + \frac{\alpha_0 v_0^2}{2g} = 0 + 0 + \frac{\alpha_c v_c^2}{2g} + \zeta \frac{v_c^2}{2g} \tag{5-2}$$

式中 v_0——上游断面的行近流速;

v_c——收缩断面的流速;

ζ——孔口局部阻力系数。

令 $H_0 = H + \dfrac{\alpha_0 v_0^2}{2g}$，式(5-2)整理得

$$v_c = \frac{1}{\sqrt{1+\zeta}}\sqrt{2gH_0} = \varphi\sqrt{2gH_0}$$

令 $\varphi = \dfrac{1}{\sqrt{1+\zeta}}$，称为流速系数，$A_c = \varepsilon' A$，又 $Q = A_c v_c$，则有

$$Q = A_c v_c = \varepsilon' A \varphi \sqrt{2gH_0}$$

令 $\mu = \varepsilon'\varphi$，$\mu$ 称为流量系数，则薄壁小孔口自由出流流量公式为

$$Q = \mu A \sqrt{2gH_0} \tag{5-3}$$

式(5-3)说明，在孔口面积一定的情况下，孔口的过水能力与作用水头的平方根成正比。

薄壁圆形小孔口自由出流，在完全完善收缩情况下，孔口的局部阻力系数 ζ、流速系数 φ、垂直收缩系数 ε' 及流量系数 μ 等变化较小。试验资料表明，它们的数值分别为：$\zeta = 0.06$，$\varphi = 0.97$，$\varepsilon' = 0.61 \sim 0.64$，$\mu = 0.58 \sim 0.62$。初步计算时，流量系数可取 $\mu = 0.60$。

二、薄壁小孔口的淹没出流

当下游水位高出孔口，出流水股淹没在下游水面以下时，则为淹没出流[见图 5-3(b)]。取符合渐变流条件的断面 1—1 及 c—c，以通过孔口中心的水平线 0—0 为基准面，利用能量方程和连续性方程可推得

$$Q = \mu A \sqrt{2gz_0} \tag{5-4}$$

式中　z_0——上游总水头，$z_0 = z + \dfrac{\alpha_0 v_0^2}{2g}$，$z$ 为上下游水位差，$z = H - H_1$；

μ——孔口淹没出流时的流量系数，其值与孔口自由出流时的流量系数值相同。

式(5-4)表明，在淹没出流情况下，通过孔口的流量与上下游水位差 z 有关。

比较自由出流与淹没出流的计算公式可知，它们具有相同的形式，所不同的是，自由出流时，孔口的作用水头为 H_0，而淹没出流时的作用水头为 z_0。对于同一孔口而言，自由出流时的流量大于淹没出流时的流量。

【例 5-1】　有一直径 $d = 10$ cm 的圆形锐缘孔口，其中心在水下的深度 $H = 2$ m，出流前的行近流速 $v_0 = 0.5$ m/s，孔口出流为完全完善收缩的自由出流，求孔口出流量。

解：因 $\dfrac{d}{H} = \dfrac{0.1}{2} = 0.05 < 0.1$，则为小孔口出流。

$$A = \frac{\pi}{4}d^2 = \frac{\pi}{4} \times 0.1^2 = 0.00785(\text{m}^2)$$

$$H_0 = H + \frac{\alpha_0 v_0^2}{2g} = 2 + \frac{1.0 \times 0.5^2}{2 \times 9.8} = 2.01(\text{m})$$

取流量系数 $\mu = 0.62$，所以孔口流量为

$$Q = \mu A \sqrt{2gH_0} = 0.62 \times 0.007\,85 \times \sqrt{2 \times 9.8 \times 2.01} = 0.03\,(\mathrm{m^3/s})$$

✎ 任务三　恒定管嘴出流水力计算

一、管嘴的分类及出流特征

管嘴出流也分为恒定流与非恒定流,本任务主要说明恒定管嘴出流。

恒定管嘴出流又分为自由出流与淹没出流两类。图 5-5(a)为恒定的圆柱形管嘴自由出流,图 5-5(d)为管嘴淹没出流,图 5-5(b)、(c)为管嘴的另外两种形式。

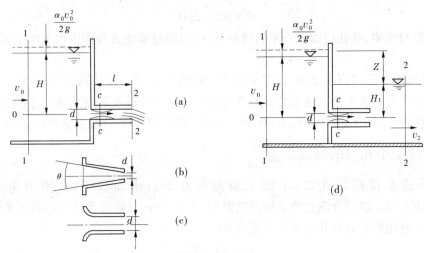

图 5-5

图 5-5(a)中,上游水头为 H,水流进入管嘴后,由于水流的惯性作用发生收缩现象,形成收缩断面 c—c。水流经断面 c—c 后充满全管流到大气中。由于 $A_c < A$,故 $v_c > v_2$,即水流在断面 c—c 的动能大于管嘴出口断面的动能。因此,收缩断面的压强必然小于出口断面 2—2 处的压强,即在断面 c—c 处产生真空现象。由于管嘴内真空的存在,从而加大了作用水头,作用水头的增大,超过了加管嘴后水头损失的增加值,致使在相同的条件下,管嘴出流比孔口出流的过流能力大。

对断面 1—1 及断面 c—c 列能量方程,则可得到断面 c—c 真空表达式,然后列断面 c—c 与断面 2—2 的连续性方程,可得管嘴内收缩断面处的真空度 $h_{真} = 0.75H_0$。

保证管嘴正常工作应满足的条件:

(1)管嘴的长度 $l = (3 \sim 4)d$。若 $l < (3 \sim 4)d$,则水股不与管壁接触,这时的水流仍为孔口出流。

(2)断面 c—c 处的真空值不能过大。理论上最大真空值为 10 $\mathrm{mH_2O}$,但实际上,当管嘴内收缩断面的真空值大于 7 $\mathrm{mH_2O}$ 时,管段中的液体会发生汽化作用,使水流不稳定,并且空气将从管嘴出口处进入,导致收缩断面处真空破坏,从而会失去管嘴的作用。由 $h_{真} = 0.75H_0$ 可知,圆柱形外管嘴的作用水头 H_0 不能大于 9.0 m。

二、管嘴自由出流与淹没出流的流量公式

在图 5-5(a)中,取管嘴上游符合渐变流条件的断面 1—1 与管嘴出口断面 2—2,以管嘴中心线为基准面,列能量方程为

$$H + \frac{\alpha_0 v_0^2}{2g} = \frac{\alpha v^2}{2g} + \zeta \frac{v^2}{2g} \tag{5-5}$$

令 $H_0 = H + \dfrac{\alpha_0 v_0^2}{2g}$,将式(5-5)整理得

$$v = \frac{1}{\sqrt{\alpha + \zeta}} \sqrt{2gH_0} \tag{5-6}$$

令 $\varphi_{管} = \dfrac{1}{\sqrt{\alpha + \zeta}}$,$\varphi_{管}$ 为管嘴的流速系数,则通过管嘴的流量为

$$Q = vA = \varphi_{管} A \sqrt{2gH_0} \tag{5-7}$$

令 $\mu_{管}$ 为管嘴的流量系数,此时 $\mu_{管} = \varphi_{管}$,则

$$Q = \mu_{管} A \sqrt{2gH_0} \tag{5-8}$$

式中　A——管嘴出口断面 2—2 的断面面积。

v——断面 2—2 的断面平均流速。

因管嘴出口断面为满流,不发生收缩,$\varepsilon' = 1.0$。对于圆柱形管嘴,可取 $\zeta = 0.5$,设 $\alpha = 1.0$,则管嘴流量系数为

$$\mu_{管} = \varphi_{管} = \frac{1}{\sqrt{\alpha + \zeta}} = \frac{1}{\sqrt{1.5}} = 0.82$$

同理,管嘴淹没出流时的流量公式可推导得

$$Q = \mu_{管} A \sqrt{2gz_0} \tag{5-9}$$

式中　z_0——淹没出流时的作用水头,$z_0 = z + \dfrac{\alpha_0 v_0^2}{2g}$。

从式(5-9)可看出,淹没出流公式与自由出流时的流量公式的形式一样,流量系数也相同,自由出流的作用水头为 H_0,而淹没出流的作用水头为 z_0。

在实际工程中,管嘴有许多不同的类型,它们的流量系数也各不相同,如锥形管[见图 5-5(b)]流量系数为 0.94,流线型管嘴[见图 5-5(c)]流量系数为 0.98。

【例 5-2】　有一圆形薄壁孔口,直径 $d = 15$ mm,在作用水头 $H = 1.5$ m 条件下,恒定自由出流。试求:①在孔口处外接一等直径的圆柱形管嘴后的流量;②管嘴收缩断面处的真空高度。

解:(1)求管嘴出流量。

取圆柱形外管嘴的流量系数 $\mu_{管} = 0.82$,则

$$Q = \mu_{管} A \sqrt{2gH_0} = 0.82 \times \frac{\pi}{4} \times 0.015^2 \times \sqrt{2 \times 9.8 \times 1.5} = 0.79 \times 10^{-3} (\text{m}^3/\text{s}) = 0.79 \text{ L/s}$$

(2)求管嘴收缩断面处的真空高度。

$$h_{真} = 0.75H_0 = 0.75 \times 1.5 = 1.125(mH_2O)$$

任务四　堰流水力计算

凡是对水流有局部约束,且顶部溢流的建筑物称为堰。水流经过堰顶溢流称为堰流。堰流的水力特征是:上游水位壅高,水流趋近堰顶时,流线收缩,流速增大,具有明显的水面降落。

一、堰流的类型及基本计算公式

(一)堰流的类型

在实际工程中,根据不同的使用要求和施工条件,常将堰做成不同的形状,如图 5-6 所示。

一般根据堰顶厚度 δ 与堰顶水头 H 的比值 $\dfrac{\delta}{H}$ 分类。

(1)薄壁堰流。堰较薄,$\dfrac{\delta}{H} < 0.67$,过堰水流不受堰顶厚度的影响,水舌下缘与堰顶呈线性接触,水面呈单一降落曲线,这种堰流称为薄壁堰流,如图 5-6(a)所示。

(2)实用堰。堰顶厚度加大,$0.67 < \dfrac{\delta}{H} < 2.5$。过堰水流受到堰的约束和顶托作用,水舌与堰顶呈面接触,但顶托力影响很小,溢流水面仍为单一的降水曲线,这种堰流称为实用堰流。工程中的实用堰分曲线型和折线型两种,如图 5-6(b)、(c)所示。

(3)宽顶堰。堰顶厚度较大,$2.5 < \dfrac{\delta}{H} < 10$。过堰水流受堰顶顶托力的约束明显,使得水流在进口处有第一次跌落,形成收缩断面,然后在堰顶形成与堰顶接近平行的水面,堰后下游水面较低时,出堰时形成第二次水面降落,如图 5-6(d)所示。

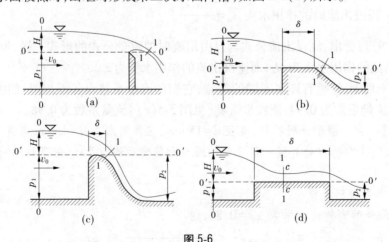

图 5-6

当 $\dfrac{\delta}{H} > 10$ 时,水流的主要特征不再属于堰流,而变为明渠渐变流。

注意:δ 为堰顶沿水流方向的厚度;H 为堰顶水头,为距堰上游$(3\sim5)H$ 处的水面与堰顶的高差;P_1、P_2 为上、下游堰高;v_0 为上游行近流速。

由于三种堰流具有不同的水流特征,影响水流的因素不相同,因此需要分别研究。

(二)堰流的通用公式

如图 5-6 所示,对各种堰取堰顶水平面为基准面,列断面 0—0、1—1 的能量方程如下:

$$z_0 + \frac{p_0}{\gamma} + \frac{\alpha_0 v_0^2}{2g} = z_1 + \frac{p_1}{\gamma} + \frac{\alpha_1 v_1^2}{2g} + \zeta \frac{v_1^2}{2g}$$

令

$$H_0 = H + \frac{\alpha_0 v_0^2}{2g}$$

式中　v_0、v_1——断面 0—0、1—1 的流速;

α_0、α_1——断面 0—0、1—1 的动能修正系数。

堰前断面 0—0 符合渐变流条件,而断面 1—1 为急变流断面,断面上有垂直收缩,该断面上的压强不按静水压强分布,则测压管水头不为常数,故用 $\overline{z_1 + \dfrac{p_1}{\gamma}}$ 表示断面 1—1 的平均测压管水头,则有

$$H_0 = \overline{z_1 + \frac{p_1}{\gamma}} + (\alpha_1 + \zeta)\frac{v_1^2}{2g}$$

令 $\overline{z_1 + \dfrac{p_1}{\gamma}} = \xi H_0$,$\varphi = \dfrac{1}{\sqrt{\alpha_1 + \zeta}}$,经整理可得

$$v_1 = \varphi \sqrt{2g(H_0 - \xi H_0)} = \varphi \sqrt{1-\xi}\sqrt{2gH_0}$$

又设堰顶过水断面净宽度为 B,断面 1—1 的水舌厚度为 kH_0,则断面 1—1 的面积为 $A_1 = kH_0 B$,通过断面 1—1 的流量为

$$Q = A_1 v_1 = kH_0 B \varphi \sqrt{1-\xi}\sqrt{2gH_0} = k\varphi B\sqrt{1-\xi}\sqrt{2g}\,H_0^{3/2}$$

令 $m = \varphi k\sqrt{1-\xi}$ 为堰流的流量系数,则

$$Q = mB\sqrt{2g}\,H_0^{3/2} \tag{5-10}$$

式(5-10)说明,过堰流量与堰上总水头的 3/2 次方成正比,即 $Q \propto H^{3/2}$。流量系数 m 与 φ、k、ξ 系数值有关。流速系数 φ 值主要反映流速分布不均匀的程度和局部阻力对堰流的影响;k 值主要反映过堰水流垂直收缩程度;ξ 值反映急变流过水断面 1—1 上动水压强不按直线分布的影响。由以上分析可知,φ、k、ξ 三个系数的值主要取决于堰的边界条件及堰前水头 H。而堰的边界条件变化多样,因此堰流流量系数对于不同的边界具有不同的试验数值。在后面的内容中对于具体堰型,将分别讲解。

注意:(1)根据下游水位是否影响堰的过流将堰流分为两类:自由出流和淹没出流。自由出流是指下游水位较低,不影响堰的过流能力时的水力现象;而当下游水位较高,影

响堰的过流能力时,称为淹没出流。但在什么情况下,下游水位才影响堰的过流能力,对于不同的堰型有不同的确定方法,在计算时用淹没系数 σ_s 来表示淹没程度。当堰流为淹没出流时,$\sigma_s < 1.0$;当堰流为自由出流时,$\sigma_s = 1.0$。

（2）当堰顶的过流宽度 B 小于堰前的引水渠宽 B_0 时（如堰顶设有闸墩和边墩等）,如图 5-7 所示,引起过流的侧向收缩,影响了堰的过流能力,这种堰流称为有侧收缩的堰流。侧收缩的影响程度用侧收缩系数 ε 来表示。当有侧向收缩时,$\varepsilon < 1.0$;当无侧向收缩时,$\varepsilon = 1.0$。

（3）当为低堰且进口不正时,则水流的流态将发生变化,其对流量的影响用流态系数 K 来表示。本书均按进水渠顺直、正向进流条件,$K = 1$ 计算。

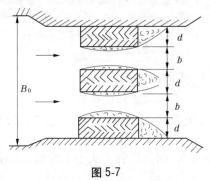

图 5-7

考虑各种因素的影响,堰流的一般流量公式为

$$Q = K\sigma_s m\varepsilon B \sqrt{2g} H_0^{3/2} \tag{5-11}$$

式中,当有闸墩时,$B = nb$ 为堰顶过水断面总净宽,其中 n 为孔数,b 为单孔宽度。

影响堰流量的关键系数有流量系数、淹没系数、侧收缩系数。

堰流的水力计算,关键是根据不同类型的几何边界条件和水流条件,确定相应的流量系数 m、淹没系数 σ_s 和侧收缩系数 ε。

二、薄壁堰流的水力计算

常见的薄壁堰,根据堰板的开口形状,分为矩形堰、三角形堰和梯形堰等,如图 5-8 所示。

由于薄壁过堰水流不受堰顶厚度的影响,水舌下缘与堰顶呈线性接触,水面为单一跌落曲线。实践证明,自由出流时具有稳定的压强分布和流速分布,作用水头与流量的关系非常稳定,量测流量的精度高,故薄壁堰一般用于实验室和小型渠道上的流量测量。

（一）矩形薄壁堰流

利用矩形薄壁堰测流量时,为了得到较高的测量精度,一般有如下要求:

（1）单孔无侧收缩。

（2）自由出流（下游水位较低,不影响堰的出流）。当下游水位超过堰顶一定高度时,堰的过水能力开始减小,这种溢流状态为淹没出流。在淹没出流时,水面有较大的波动,

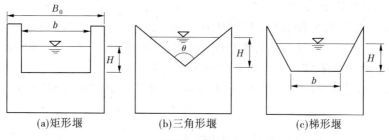

| (a)矩形堰 | (b)三角形堰 | (c)梯形堰 |

图 5-8　薄壁堰

水头不易测准,作为测流设备不宜在淹没条件下工作。为了保证薄壁堰不被淹没,一般要求 $z/P_2>0.7$,其中 z 为上下游水位差,P_2 为下游堰高。

（3）堰上水头 $H>2.5$ cm。因为当 H 过小时,水流将贴堰溢出,不起挑,出流将不稳定,如图 5-9 所示。

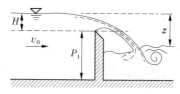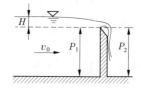

| (a)矩形薄壁堰自由出流$H>2.5$ cm | (b)矩形薄壁堰自由出流$H<2.5$ cm |

图 5-9　矩形薄壁堰流

（4）自由水舌下缘的空间应与大气相通;否则,由于溢流水舌把空气带走,压强降低,水舌下面形成局部真空,出流将不稳定。

在无侧收缩、自由出流时,矩形薄壁堰流的流量公式可用式（5-10）计算。但在实践中,为了使用方便,将行近流速的影响计入流量系数,则把式（5-10）改写成为

$$Q = m_0 B\sqrt{2g}\,H^{3/2} \tag{5-12}$$

式中　m_0——考虑行近流速影响在内的流量系数,可用雷伯克公式计算

$$m_0 = 0.403\,4 + 0.053\,4\,\frac{H}{P} + \frac{1}{1\,610H - 4.5} \tag{5-13}$$

适用条件:$H \geqslant 0.025$ m。

有侧收缩的矩形薄壁堰的流量系数可用板谷-手岛公式确定

$$m'_0 = 0.403\,2 + \frac{0.006\,6}{P} + 0.053\,4\,\frac{H}{P} - 0.096\,7\sqrt{\frac{(B_0 - B)H}{B_0 P}} + 0.007\,68\sqrt{\frac{B_0}{P}} \tag{5-14}$$

（二）三角形薄壁堰流

在实验室量测较小流量时,若用矩形堰时水头过小,测量精度降低。为了提高测量精度,常采用三角形薄壁堰,见图 5-8（b）。三角形堰在小水头时堰口水面宽度较小,流量的微小变化将引起显著的水头变化,在量测小流量时比矩形堰的精度高。

直角（$\theta = 90°$）三角形薄壁堰的流量计算公式为

$$Q = 1.343H^{2.47} \tag{5-15}$$

式中,H 以 m 计,Q 以 m^3/s 计。

适用条件:渠宽 $B_0 > 5H$;堰高 $P \geq 2H$;$H = 0.06 \sim 0.65$ m。

【例 5-3】 当堰口断面水面宽度为 60 cm,堰高 $P = 50$ cm,水头 $H = 20$ cm 时,分别计算无侧收缩矩形薄壁堰、直角三角形薄壁堰的过流量。

解:(1)无侧收缩矩形薄壁堰:$B = b = 0.6$ m,$H = 0.2$ m,$P = 50$ cm $= 0.5$ m,由式(5-13)得流量系数

$$m_0 = 0.403\ 4 + 0.053\ 4\ \frac{H}{P} + \frac{1}{1\ 610H - 4.5}$$

$$= 0.403\ 4 + 0.053\ 4 \times \frac{0.2}{0.5} + \frac{1}{1\ 610 \times 0.2 - 4.5}$$

$$= 0.428$$

由式(5-12)得

$$Q = m_0 B \sqrt{2g}\ H^{3/2} = 0.428 \times 0.6 \times \sqrt{2 \times 9.8} \times 0.2^{3/2} = 0.101\ 7(m^3/s) = 101.7\ L/s$$

(2)直角三角形薄壁堰:$H = 0.2$ m 时,由式(5-15)得

$$Q = 1.343H^{2.47} = 1.343 \times 0.2^{2.47} = 0.025\ 2(m^3/s) = 25.2\ L/s$$

由上面的例题可以看出,在同样水头作用下,矩形薄壁堰的过流量大于三角形薄壁堰的过流量。

三、实用堰的水力计算

在实际工程中,实用堰根据剖面形状,可分为折线型实用堰和曲线型实用堰两类。折线型实用堰常用于中、小型溢流坝,具有取材方便和施工简单等优点。曲线型实用堰在水利工程中应用广泛,常用于混凝土修筑的中、高水头溢流坝,堰顶的曲线形状与自由溢流水舌下缘形状相符合,可提高过水能力。下面主要介绍曲线型实用堰。曲线型实用堰,常有边墩和中墩,同时下游水位对堰的过流能力也可能产生影响,因此须考虑侧收缩和淹没出流,故计算公式仍按式(5-11)计算。

(一)曲线型实用堰的剖面组成

曲线型实用堰的剖面形状如图 5-10(a)所示。一般由上游直线段 AB、堰顶曲线段 BC、下游斜坡段 CD 和反弧段 DE 组成。上游直线段 AB 可以做成铅直,也可以做成倾斜坡线;下游斜坡段 CD 的坡度主要依据堰的稳定和强度要求选定,一般采用 $1:0.6 \sim 1:0.7$;反弧段 DE 的反弧半径可根据堰的设计水头及下游堰高确定。

(二)曲线型实用堰的堰面分类

堰顶曲线段 BC 对过流能力影响最大,是设计曲线型实用堰剖面形状的关键。堰顶曲线段常根据矩形薄壁堰自由出流时水舌下缘面的形状来设计,分为真空堰和非真空堰两类。

真空堰即水流溢过堰顶时,溢流水舌部分脱离堰面,堰顶表面出现真空(负压)现象的剖面,如图 5-10(b)所示。其优点是:堰顶真空的存在可相应地增大堰的溢流量。缺点是:堰面可能受到正负压力的交替作用,增加了动荷载,造成水流的不稳定;当真空达到一定的程度时,堰面还可能发生气蚀而遭到破坏。所以,真空剖面堰一般较少使用。非真空

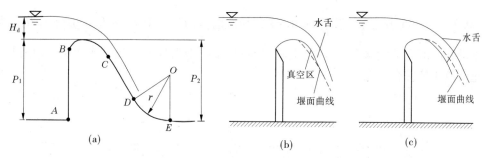

图 5-10　曲线型实用堰示意图

型堰是水流溢过堰顶时不出现负压现象的剖面,如图 5-10(c)所示。

曲线型实用堰有许多剖面形状,其流量系数的确定与堰的剖面形状、特征尺寸(如标准堰的定型水头 H_d)、堰高(包括上游堰高 P_1 和下游堰高 P_2)及实际水头等因素有关。

四、WES 型实用堰水力计算

(一)WES 型实用堰堰顶曲线确定

WES 型实用堰是美国陆军工程兵团水道试验站(Waterways Experiment Station)研究出的标准剖面。其剖面为曲线方程,便于施工控制,且堰的剖面较瘦,可节省工程量。下面主要介绍 WES 型剖面实用堰的水力设计及计算问题。

(1)WES 型剖面实用堰堰顶 O 点下游采用幂曲线,按如下方程计算:

$$x^n = kH_d^{n-1}y \tag{5-16}$$

式中　H_d——堰剖面的设计水头;

x、y——原点下游堰面曲线横坐标、纵坐标;

n——与上游堰坡有关的指数,见表 5-1;

k——系数,当 $P_1/H_d > 1.0$ 时,k 值见表 5-1,当 $P_1/H_d \le 1.0$ 时,取 $k = 2.0 \sim 2.2$。

表 5-1　WES 型剖面堰堰面曲线参数

上游堰面坡度 $\Delta y : \Delta x$	k	n	R_1	a	R_2	b
3:0	2.000	1.850	$0.50H_d$	$0.175H_d$	$0.20H_d$	$0.282H_d$
3:1	1.936	1.836	$0.68H_d$	$0.139H_d$	$0.21H_d$	$0.237H_d$
3:2	1.939	1.810	$0.48H_d$	$0.115H_d$	$0.22H_d$	$0.214H_d$
3:3	1.873	1.776	$0.45H_d$	$0.119H_d$		

(2)WES 型剖面堰 O 点上游一般为三段圆弧,如图 5-11 所示。两段复合圆弧形曲线如图 5-12 所示,图中 R_1、R_2、k、n、a、b 等参数见表 5-1。

(3)堰剖面设计水头 H_d 的确定。一般情况下,对于上游堰高 $\dfrac{P_1}{H_d} \ge 1.33$ 的为高堰,取

$H_d = (0.75 \sim 0.95)H_{max}$；对于 $\dfrac{P_1}{H_d} < 1.33$ 的为低堰，取 $H_d = (0.65 \sim 0.85)H_{max}$，$H_{max}$ 为校核流量时的堰上最大水头。有时，在确定 WES 型堰剖面的定型设计水头时，还应结合堰面允许负压值综合考虑。

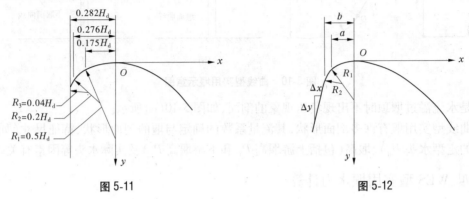

图 5-11　　　　　　　　　　　　　　　　图 5-12

(二) WES 型剖面实用堰流量系数 m

(1)试验表明，当上游堰面为铅直时，WES 型剖面实用堰的流量系数 m 主要取决于上游堰高与堰剖面设计水头之比 P_1/H_d (称为相对堰高)和堰顶全水头与设计水头之比 H_0/H_d (称为相对水头)，m 值可按表 5-2 确定。

注意：在高堰时，可不计行近流速水头的影响，但低堰时要考虑行近流速水头。

表 5-2　WES 型剖面实用堰的流量系数 m

H_0/H_d	P_1/H_d				
	0.2	0.4	0.6	1.0	≥1.33
0.4	0.425	0.430	0.431	0.433	0.436
0.5	0.438	0.442	0.445	0.448	0.451
0.6	0.450	0.455	0.458	0.460	0.464
0.7	0.458	0.463	0.468	0.472	0.476
0.8	0.467	0.474	0.477	0.482	0.486
0.9	0.473	0.480	0.485	0.491	0.494
1.0	0.479	0.486	0.491	0.496	0.501
1.1	0.482	0.491	0.496	0.502	0.507
1.2	0.485	0.495	0.499	0.506	0.510
1.3	0.496	0.498	0.500	0.508	0.513

注：表中 m 值适用于二圆弧、三圆弧和椭圆曲线堰头。

（2）当 WES 型剖面为高堰时（上游堰面铅直），其流量系数也可用下面经验公式计算：

$$m = 0.385 + 0.149\frac{H}{H_d} - 0.040\left(\frac{H}{H_d}\right)^2 + 0.004\left(\frac{H}{H_d}\right)^3 \qquad (5-17)$$

式（5-17）适用范围：$\frac{H}{H_d} = 0 \sim 1.8$。

（三）上游堰坡影响系数 C

当上游堰面为斜坡时，流量系数将受到影响，则在流量系数前乘以一个上游堰面影响系数 C 即可，C 值可查表 5-3。上游坡面为铅直时，$C = 1.0$，则流量公式可写成

$$Q = Cm\sigma_s\varepsilon B\sqrt{2g}H_0^{3/2} \qquad (5-18)$$

表 5-3　上游堰面坡度影响系数 C 值

上游堰面坡度	P_1/H_d						
$\Delta y : \Delta x$	0.3	0.4	0.6	0.8	1.0	1.2	1.3
3:1	1.009	1.007	1.004	1.002	1.000	0.998	0.997
3:2	1.015	1.011	1.006	1.002	0.999	0.996	0.993
3:3	1.021	1.015	1.007	1.002	0.998	0.993	0.988

（四）WES 型堰侧收缩系数 ε

实践证明：侧收缩系数 ε 与边墩、闸墩头部的形式，闸孔的尺寸和数目及堰前总水头 H_0 有关。可用下面经验公式计算：

$$\varepsilon = 1 - 0.2[\zeta_k + (n-1)\zeta_0]\frac{H_0}{nb} \qquad (5-19)$$

式中　n——闸孔数；

$\qquad H_0$——上游全水头；

$\qquad b$——单孔宽度；

$\qquad \zeta_k$、ζ_0——边墩、闸墩的形状系数。

ζ_k 取决于边墩头部形状及进流方向。对于正向进水情况，可按图 5-13 选取。ζ_0 值取决于闸墩头部形状、闸墩伸向上游堰面的距离 L_u 及淹没程度 h_s/H_0，可查表 5-4。闸墩头部形状如图 5-14 所示。

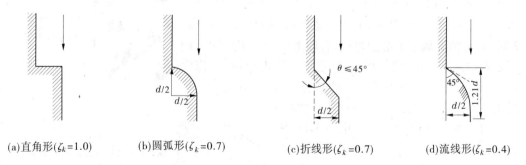

(a)直角形($\zeta_k = 1.0$)　(b)圆弧形($\zeta_k = 0.7$)　(c)折线形($\zeta_k = 0.7$)　(d)流线形($\zeta_k = 0.4$)

图 5-13　边墩形状平面示意图及形状系数

注意:式(5-19)在应用中,若 $\frac{H_0}{b} > 1.0$,不论 $\frac{H_0}{b}$ 数值为多少,均按 $\frac{H_0}{b} = 1.0$ 计算。

表 5-4　闸墩形状系数 ζ_0 值

墩头形状	$L_u = H_0$	$L_u = 0.5H_0$	$L_u = 0$			
			$h_s/H_0 \leqslant 0.75$	$h_s/H_0 = 0.80$	$h_s/H_0 = 0.85$	$h_s/H_0 = 0.90$
矩形	0.20	0.40	0.80	0.86	0.92	0.98
楔形或半圆形	0.15	0.30	0.45	0.51	0.57	0.63
尖圆形	0.15	0.15	0.25	0.32	0.39	0.46

注:h_s 为超过堰顶的下游水深。

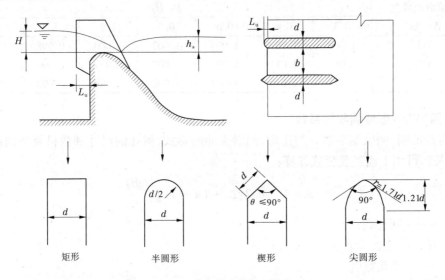

图 5-14　闸墩形状平面示意图

(五)淹没条件及淹没系数 σ_s

在实际工程中,一般高堰多为自由出流,而低堰存在淹没出流现象。以下两种情况可以导致淹没出流:①当下游水位超过堰顶,且 $h_s/H_0 > 0.15$ 时;②当 $h_s/H_0 < 0.15$,$P_2/H_0 < 2$ 时(这种情况属于下游护坦较高,即下游堰高 P_2 较小,使下游水位低于堰顶,受护坦影响,也产生淹没出流)。淹没出流时过堰水流受到下游水位的顶托,使流量降低。计算时用淹没系数 σ_s 反映其对过堰流量的影响,$\sigma_s < 1.0$。

注意:淹没出流的条件。

对于 WES 型剖面,σ_s 可由图 5-15 查得。淹没系数 σ_s 与 h_s/H_0(纵坐标)及 P_2/H_0(横坐标)有关。其中,h_s 为下游水深 h_t 超过堰顶的高度,即 $h_s = h_t - P_2$。由图 5-15 可知,当 $h_s/H_0 \leqslant 0.15$,并且同时

实用堰过流能力计算关键是流量系数 m、侧收缩系数 ε、淹没系数 σ_s 的确定。

$P_2/H_0 \geqslant 2$ 时，为自由出流，$\sigma_s = 1.0$。

【例 5-4】　某水利枢纽溢流坝采用 WES 型标准实用堰,如图 5-16 所示。闸墩头部为半圆形,边墩头部为圆角形,共 17 孔,每孔净宽 $b = 14.0$ m。已知堰顶高程为 110.0 m,上下游河床高程均为 30.0 m,当上游设计水位为 125.0 m 时,相应下游水位为 52.0 m,流量系数 $m = 0.502$,求过堰流量。

解:(1)因下游水位比堰顶低很多,则应为自由出流,$\sigma_s = 1.0$。

(2)因 $P_1/H_d = 80/15 = 5.33 > 1.33$,则为高堰,可不计行近流速的影响,$H_0 \approx H$。

(3)计算侧收缩系数。

$\dfrac{H_0}{b} > 1.0$,按 $\dfrac{H_0}{b} = 1.0$ 计算,利用式(5-19)查图 5-13 得圆角形边墩的形状系数 $\zeta_k = 0.7$,查表 5-4 得闸墩形状系数 $\zeta_0 = 0.45$,则侧收缩系数为

$$\varepsilon = 1 - 0.2 \times [0.7 + (17 - 1) \times 0.45] \times \frac{15}{17 \times 14.0} = 0.90$$

则　　$Q = \sigma_s \varepsilon m B \sqrt{2g} H_0^{\frac{3}{2}} = 1.0 \times 0.90 \times 0.502 \times 14 \times 17 \times \sqrt{2 \times 9.8} \times 15^{3/2} = 27\,655\,(\text{m}^3/\text{s})$

所以,过堰的流量为 27 655 m³/s。

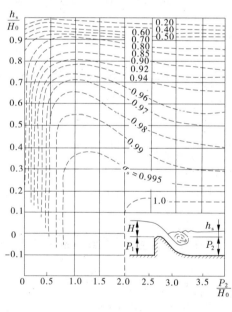

图 5-15

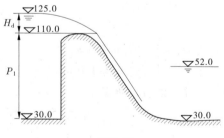

图 5-16

【例 5-5】　某河道宽 150 m,设有 WES 型实用堰,上游堰面垂直,如图 5-17 所示。闸墩头部为圆弧形,边墩为半圆形,共 7 孔,每孔净宽 10 m。当设计流量为 5 600 m³/s 时,相应的上游水位为 58.0 m,下游水位为 40.0 m,上下游河床高程均为 20.0 m。确定该实用堰堰顶高程。

解:因堰顶高程等于上游水位减去堰上水头,则应先计算设计水头,再计算堰顶高程。由堰流公式可得

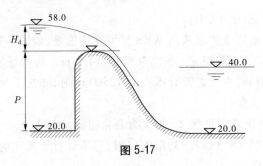

图 5-17

$$H_0 = \left(\frac{Q}{\sigma_s \varepsilon m B \sqrt{2g}}\right)^{2/3} \tag{a}$$

(1)初步估算 H_0。可假定 $H_0 \approx H$。由于侧收缩系数与上游作用水头有关,则可先假设侧收缩系数 ε,求出 H,再核算侧收缩系数 ε 值。因堰顶高程和水头 H_0 未知,先按自由出流计算,则取 $\sigma_s = 1.0$,然后再校核。由题意可知 $Q = 5\,600$ m³/s,设 $\varepsilon = 0.90$,则

$$H_0 = \left(\frac{5\,600}{1.0 \times 0.90 \times 0.502 \times 7 \times 10 \times \sqrt{2 \times 9.8}}\right)^{2/3} = 11.70(\text{m})$$

(2)计算实际水头 H。查图 5-13 及表 5-4 得边墩形状系数为 0.7,闸墩形状系数为 0.45,因 $\dfrac{H_0}{b} = \dfrac{11.70}{10} = 1.17 > 1.0$,应按 $\dfrac{H_0}{b} = 1.0$ 计算。

$$\varepsilon = 1 - 0.2[\zeta_k + (n-1)\zeta_0]\frac{H_0}{nb} = 1 - 0.2 \times [0.7 + (7-1) \times 0.45] \times \frac{1.0}{7} = 0.903$$

用求得的 ε 近似值代入式(a)重新计算 H_0

$$H_0 = \left(\frac{5\,600}{1.0 \times 0.903 \times 0.502 \times 70 \times \sqrt{2 \times 9.8}}\right)^{2/3} = 11.67(\text{m})$$

又因 $\dfrac{H_0}{b} = \dfrac{11.67}{10} = 1.167 > 1.0$,应按 $\dfrac{H_0}{b} = 1.0$ 计算,则所求的 ε 值不变,这说明以上所求的 $H_0 = 11.67$ m 是正确的。

已知上游河道宽为 150 m,上游设计水位为 58.0 m,河床高程为 20.0 m,近似按矩形断面计算上游过水断面面积

$$A_0 = 150 \times (58.0 - 20.0) = 5\,700(\text{m}^2)$$

$$v_0 = \frac{Q}{A_0} = \frac{5\,600}{5\,700} = 0.98(\text{m/s})$$

则堰的设计水头

$$H_d = H_0 - \frac{v_0^2}{2g} = 11.67 - \frac{0.98^2}{2 \times 9.8} = 11.67 - 0.049 = 11.62(\text{m})$$

(3)堰顶高程=上游设计水位 $- H_d = 58.0 - 11.62 = 46.38(\text{m})$。

因下游堰高 $P_2 = 46.38 - 20.0 = 26.38(\text{m})$,$\dfrac{P_2}{H_0} = \dfrac{26.38}{11.67} = 2.26 > 2.0$,下游水面比

堰顶低，$\dfrac{h_s}{H_0} < 0.15$，满足自由出流条件，以上按自由出流计算的结果是正确的。

所以，最终确定该实用堰的堰顶高程为 46.38 m。

【例 5-6】 在河道上修建拦河坝一座，溢流坝采用 WES 型实用剖面。已知上游水头 $H = 10$ m，上、下游堰高均为 35 m，溢流坝上设闸，闸墩头部为半圆形，边墩为圆弧形，溢流量为 3 000 m³/s。初选闸门宽度不大于 8 m。求闸孔总净宽、孔数和单孔宽度。按自由出流计算。

解：根据实用堰流量计算公式 $Q = \sigma_s \varepsilon m B \sqrt{2g} H_0^{3/2}$ 得

$$B = \frac{Q}{\sigma_s \varepsilon m \sqrt{2g} H_0^{3/2}}$$

（1）初估孔数，因已知 $Q = 3\,000$ m³/s，$H = 10$ m，$P_1 = 35$ m，则 $P_1/H = 3.5 > 1.33$，为高堰，则可忽略行近流速水头的影响，$H_0 \approx H$。在设计情况下的流量系数 $m = 0.502$，初选闸门宽 $b = 8$ m，侧收缩系数 $\varepsilon = 0.90$，$\sigma_s = 1.0$，则闸孔总净宽为

$$B = \frac{Q}{\sigma_s \varepsilon m \sqrt{2g} H_0^{3/2}} = \frac{3\,000}{1.0 \times 0.90 \times 0.502 \times \sqrt{2 \times 9.8} \times 10^{3/2}} = 47.43\,(\text{m})$$

则孔数 $n = \dfrac{B}{b} = \dfrac{47.43}{8} = 5.93$，因孔数不能为小数，所以取孔数为 6 孔。

（2）计算总净宽和单孔宽度。根据闸墩形状和边墩形状查得：$\zeta_k = 0.7$，$\zeta_0 = 0.45$。$\dfrac{H_0}{b} > 1.0$，按 $\dfrac{H_0}{b} = 1.0$ 计算，则侧收缩系数

$$\varepsilon = 1 - 0.2[\zeta_k + (n-1)\zeta_0]\frac{H_0}{nb} = 1 - 0.2 \times [0.7 + (6-1) \times 0.45] \times \frac{1}{6b} = 0.902$$

将此值代入式 $Q = \sigma_s \varepsilon m B \sqrt{2g} H_0^{3/2}$，并将所有已知数代入得

$$3\,000 = 1.0 \times 0.902 \times 0.502 \times 6 \times b \times \sqrt{2 \times 9.8} \times 10^{3/2}$$

解得：$b = 7.9$ m，则闸门总净宽 $B = 7.9 \times 6 = 47.4$（m）。

经计算得该溢流坝闸门总净宽为 47.4 m，单孔宽为 7.9 m，孔数为 6 孔。

五、宽顶堰水力计算

泄水建筑物和引水建筑物中，除采用曲线型实用堰外，采用宽顶堰的也很多，如水库的溢洪道进口、闸孔全开或无压涵管和涵洞进口、隧洞进口、施工围堰的水流等均发生宽顶堰流，如图 5-18 所示。

宽顶堰流量计算公式与实用堰相同，即 $Q = m\sigma_s \varepsilon B \sqrt{2g} H_0^{3/2}$。

（一）有坎宽顶堰流量系数 m

宽顶堰的流量系数取决于堰的进口形状和相对高度 $\dfrac{P_1}{H}$，进口堰头形式有直角进口、圆角进口、斜坡式进口等，如图 5-19 所示。流量系数的确定，可查表 5-5 得，也可按下式计算：

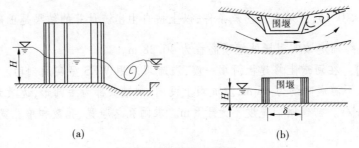

(a)　　　　　　　　　　　　　　　　(b)

图 5-18　宽顶堰示意图

(1)直角进口,如图 5-18(a)所示。

$$m = 0.32 + 0.01 \times \frac{3 - \dfrac{P_1}{H}}{0.46 + 0.75 \dfrac{P_1}{H}} \qquad (5\text{-}20)$$

当 $P_1/H \geqslant 3.0$ 时,取 $m = 0.32$。

(2)圆角进口,如图 5-19(a)所示。

$$m = 0.36 + 0.01 \times \frac{3 - \dfrac{P_1}{H}}{1.2 + 1.5 \dfrac{P_1}{H}} \qquad (5\text{-}21)$$

当 $P_1/H \geqslant 3.0$ 时,取 $m = 0.36$。

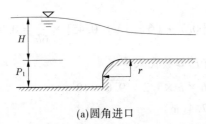

(a)圆角进口　　　　　　　　　(b)斜坡式进口

图 5-19

表 5-5　直角进口和斜坡式进口的宽顶堰流量系数 m 值

P_1/H	$cot\theta(\Delta x/\Delta y)$					
	0	0.5	1.0	1.5	2.0	$\geqslant 2.5$
≈ 0	0.385	0.385	0.385	0.385	0.385	0.385
0.2	0.366	0.372	0.377	0.380	0.382	0.382
0.4	0.356	0.365	0.373	0.377	0.380	0.381
0.6	0.350	0.361	0.370	0.376	0.379	0.380
0.8	0.345	0.357	0.368	0.375	0.378	0.379

续表 5-5

P_1/H	$cot\theta(\Delta x/\Delta y)$					
	0	0.5	1.0	1.5	2.0	$\geqslant 2.5$
1.0	0.342	0.355	0.367	0.374	0.377	0.378
2.0	0.333	0.349	0.363	0.371	0.375	0.377
4.0	0.327	0.345	0.361	0.370	0.374	0.376
6.0	0.325	0.344	0.360	0.369	0.374	0.376
8.0	0.324	0.343	0.360	0.369	0.374	0.376
$\approx\infty$	0.320	0.340	0.358	0.368	0.373	0.375

(二)有坎宽顶堰侧收缩系数 ε

宽顶堰的侧收缩系数仍可用实用堰的侧收缩系数计算公式(5-19)计算。

(三)有坎宽顶堰淹没条件和淹没系数 σ_s

当下游水位较低,宽顶堰自由出流时,水面呈两次跌落,从堰口到堰顶有一次跌落,并在距进口约 $2H$ 处形成收缩断面且收缩断面水深 $h_c <$ h_k,堰顶水流为急流;从堰顶到下游又一次跌落,为自由出流;当下游水位高于堰顶($h_s/H_0<0.8$),

但低于临界水深 K—K 线时,收缩断面水深仍小于临界水深,堰顶水流继续保持急流状态,仍为自由出流,如图 5-20(a)所示。

当下游水位继续上升至高于临界水深线时,堰顶产生波状水跃,如图 5-20(b)所示。随着下游水位不断上升,水跃位置向上移动。实践证明:当堰顶以上水深 $h_s \geqslant (0.75 \sim 0.85)H_0$ 时,水跃移至收缩断面上游,收缩断面水深大于临界水深,堰顶水流为缓流状态,堰流为淹没出流,如图 5-20(c)所示。所以,宽顶堰淹没出流的判别条件为 $h_s\geqslant 0.8H_0$。淹没系数 σ_s 可根据表 5-6 查得。

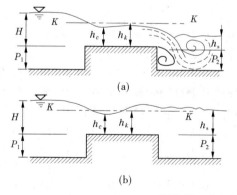

(a)

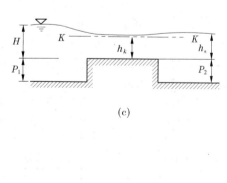

(c)

(b)

图 5-20 宽顶堰淹没过程示意图

表5-6　宽顶堰淹没系数σ_s值

h_s/H_0	≤0.80	0.81	0.82	0.83	0.84	0.85	0.86	0.87	0.88	0.89
σ_s	1.00	0.995	0.99	0.98	0.97	0.96	0.95	0.93	0.90	0.87
h_s/H_0	0.90	0.91	0.92	0.93	0.94	0.95	0.96	0.97	0.98	
σ_s	0.84	0.82	0.78	0.74	0.70	0.65	0.59	0.50	0.40	

(四)无底坎宽顶堰

在实际工程中,当明渠水流流经桥墩、渡槽、隧洞的进口建筑物时,由于进口段的过水断面在平面上收缩,过水断面减小,流速加大,部分势能转化为动能,也会形成水面跌落,这种水流现象称为无坎宽顶堰流(见图5-21)。无坎宽顶堰流的流量计算时,仍可使用宽顶堰的公式。但在计算中不再单独考虑侧向收缩的影响,而是把它包含在流量系数中,即

$$Q = \sigma_s m_0 nb \sqrt{2g} H_0^{3/2} \tag{5-22}$$

式中　m_0——包含侧收缩影响在内的流量系数,可根据上游翼墙和闸墩的形状、闸孔宽度b与行近槽宽B_0的比值等因素,查表5-7得到。

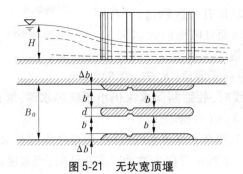

图5-21　无坎宽顶堰

表5-7　无坎宽顶堰的流量系数m_0值

b/B_0	直角形翼墙	八字形翼墙				圆角形翼墙				
		$\cot\theta$				R/b				
		0.5	1.0	2.0	3.0	0.1	0.2	0.3	0.4	≥0.5
0	0.320	0.343	0.350	0.353	0.350	0.342	0.349	0.354	0.357	0.360
0.1	0.322	0.344	0.351	0.354	0.351	0.344	0.350	0.355	0.358	0.361
0.2	0.324	0.346	0.352	0.355	0.352	0.345	0.351	0.356	0.359	0.362
0.3	0.327	0.348	0.354	0.357	0.354	0.347	0.353	0.357	0.360	0.363
0.4	0.330	0.350	0.356	0.358	0.356	0.349	0.355	0.359	0.362	0.364
0.5	0.334	0.352	0.358	0.360	0.358	0.352	0.357	0.361	0.363	0.366
0.6	0.340	0.356	0.361	0.363	0.361	0.354	0.360	0.363	0.365	0.368
0.7	0.346	0.360	0.364	0.366	0.364	0.359	0.363	0.366	0.368	0.370
0.8	0.355	0.365	0.369	0.370	0.369	0.365	0.368	0.371	0.372	0.373
0.9	0.367	0.373	0.375	0.376	0.375	0.373	0.375	0.376	0.377	0.378
1.0	0.385	0.385	0.385	0.385	0.385	0.385	0.385	0.385	0.385	0.385

（1）多孔闸堰流，流量系数按下式计算：

$$m_0 = \frac{m_p(n-1) + m_a}{n} \tag{5-23}$$

式中　　m_p——中孔流量系数，查表 5-7 时，$\frac{b}{B_0}$ 用 $\frac{b}{b+d}$ 代替，d 为墩厚；

　　　　m_a——边孔流量系数，查表 5-7 时，$\frac{b}{B_0}$ 用 $\frac{b}{b+\Delta b}$ 代替，当多孔闸只开少数孔时，Δb

为边墩边缘与上游引渠水边线之间的水平距离。

（2）单孔闸堰流流量系数。因进口翼墙形式（见图 5-22）不同而异，查表 5-7。无坎宽顶堰的淹没系数 σ_s 可由表 5-6 查得。

注意：宽顶堰计算时，要注意行近流速水头的影响。宽顶堰在堰高较小或无坎的情况下，行近流速水头往往可占总水头相当大的比重。

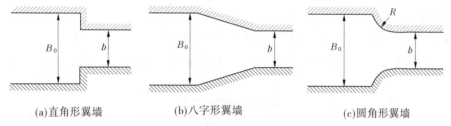

图 5-22　无坎宽顶堰翼墙形式

【例 5-7】 某灌溉渠道上的进水闸，闸底坎为具有圆角进口的宽顶堰，堰顶高程为 25.0 m，渠底高程为 24.0 m。共 7 个孔，每孔净宽 8 m，闸墩头部为半圆形，边墩头部为流线形。当闸门全开时，上游水位为 29.0 m，下游水位为 26.0 m，闸前河道宽度为 90 m，求过闸流量。

解：（1）求流量系数 m。因是圆角进口，则采用式（5-21）计算流量系数。

堰高　　　　　　　　　$P_1 = 25.0 - 24.0 = 1.0\,(\text{m})$

堰顶水头　　　　　　　$H = 29.0 - 25.0 = 4.0\,(\text{m})$

$$m = 0.36 + 0.01 \times \frac{3 - \dfrac{P_1}{H}}{1.2 + 1.5\dfrac{P_1}{H}} = 0.36 + 0.01 \times \frac{3 - \dfrac{1.0}{4.0}}{1.2 + 1.5 \times \dfrac{1.0}{4.0}} = 0.377$$

（2）求侧收缩系数。查图 5-13 得边墩形状系数 $\zeta_k = 0.4$，又因 $h_s = 26.0 - 25.0 = 1.0\,(\text{m})$，先忽略行近流速水头的影响，$h_s/H = 1.0/4 = 0.25 < 0.75$，则查表 5-4 得 $\zeta_0 = 0.45$，则侧收缩系数为

$$\varepsilon = 1 - 0.2[\zeta_k + (n-1)\zeta_0]\frac{H_0}{nb} = 1 - 0.2 \times [0.4 + (7-1) \times 0.45] \times \frac{4.0}{7 \times 8} = 0.956$$

（3）判别下游是否淹没。因 $h_s/H_0 = 1.0/4.0 = 0.25 < 0.8$，则为自由出流，$\sigma_s = 1.0$。

（4）因为流量未知，则行近流速无法求出，则先设 $H_0 \approx H$，求第一次流量。

$$Q = m\sigma_s \varepsilon B \sqrt{2g} H_0^{3/2} = 0.377 \times 1.0 \times 0.956 \times 7 \times 8 \times \sqrt{2 \times 9.8} \times 4.0^{3/2} = 714.83 (\text{m}^3/\text{s})$$

（5）计入上游行近流速，求第二次流量。

$$v_0 = \frac{Q}{A} = \frac{Q}{B_0(H + P)} = \frac{714.83}{90 \times (4.0 + 1.0)} = 1.59 (\text{m/s})$$

$$H_0 = H + \frac{v_0^2}{2g} = 4.0 + \frac{1.59^2}{2 \times 9.8} = 4.13 (\text{m})$$

$$\frac{h_s}{H_0} = \frac{1.0}{4.13} = 0.242 < 0.8$$

所以为自由出流，淹没系数为 1.0。

查表 5-4 得 $\zeta_0 = 0.45$，则侧收缩系数为

$$\varepsilon = 1 - 0.2[\zeta_k + (n - 1)\zeta_0] \frac{H_0}{nb} = 1 - 0.2 \times [0.4 + (7 - 1) \times 0.45] \times \frac{4.13}{7 \times 8} = 0.954$$

则流量

$$Q = m\sigma_s \varepsilon B \sqrt{2g} H_0^{3/2} = 0.377 \times 1.0 \times 0.954 \times 7 \times 8 \times \sqrt{2 \times 9.8} \times 4.13^{3/2} = 748.40 (\text{m}^3/\text{s})$$

由于第二次流量值与第一次的流量值不相等，故再求流量，方法同上，列表计算，结果见表 5-8。

表 5-8　流量计算表

试算次数	$v_0/(\text{m/s})$	H_0/m	h_s/H_0	ζ_0	σ_s	ε	m	$Q/(\text{m}^3/\text{s})$
1	0	4.0	0.25	0.45	1.0	0.956	0.377	714.83
2	1.59	4.13	0.242	0.45	1.0	0.954	0.377	748.40
3	1.66	4.14	0.242	0.45	1.0	0.954	0.377	751.11
4	1.67	4.14	0.242	0.45	1.0	0.954	0.377	751.11

最后确定闸孔出流量为 751.11 m³/s。

【例 5-8】　某单孔的进水闸，闸底坎为宽顶堰式，如图 5-23 所示，边墩墩头为圆弧形，上游引水水渠为矩形过水断面，宽度 $B_0 = 25$ m，渠底高程为 100.0 m，闸底坎高程为 102.5 m，闸的设计流量为 110.0 m³/s，相应的上下游水位分别为 105.5 m 和 104.5 m，求闸的溢流宽度。

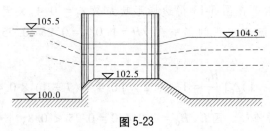

图 5-23

解：(1)判别宽顶堰的出流情况。

堰前水头　　　　　　　$H = 105.5 - 102.5 = 3.0(\text{m})$

上游引渠过水断面面积

$$A = B_0(P + H) = 25 \times (105.5 - 100.0) = 137.5(\text{m}^2)$$

行近流速　　　　　　$v_0 = \dfrac{Q}{A} = \dfrac{110.0}{137.5} = 0.8(\text{m/s})$

堰前总水头　　　$H_0 = H + \dfrac{v_0^2}{2g} = 3.0 + \dfrac{0.8^2}{19.6} = 3.03(\text{m})$

下游超高　　　　　$h_s = 104.5 - 102.5 = 2.0(\text{m})$

因 $h_s/H_0 = 2.0/3.03 = 0.66 < 0.8$，则宽顶堰为自由出流，$\sigma_s = 1.0$。

(2)确定流量系数。

$$m = 0.36 + 0.01 \times \dfrac{3 - \dfrac{P_1}{H}}{1.2 + 1.5\dfrac{P_1}{H}} = 0.36 + 0.01 \times \dfrac{3 - \dfrac{2.5}{3}}{1.2 + 1.5 \times \dfrac{2.5}{3}} = 0.369$$

(3)确定闸的溢流孔宽度。

根据堰流公式 $Q = m\sigma_s \varepsilon B\sqrt{2g}H_0^{3/2}$ 可得闸的溢流宽度 B 与堰的收缩系数 ε 有关，而要求 ε，闸的溢流宽度 B 就必须为已知，故只能试算求解。查图 5-13 得边墩形状系数为 $\zeta_k = 0.7$，则

$$\varepsilon = 1 - 0.2\left[\zeta_k + (n-1)\zeta_0\right]\dfrac{H_0}{nb} = 1 - 0.2 \times 0.7 \times \dfrac{3.03}{B} = 1 - \dfrac{0.424\,2}{B}$$

将已知数据代入流量公式

$$110 = 0.369 \times 1.0 \times \left(1 - \dfrac{0.424\,2}{B}\right) \times B \times \sqrt{19.6} \times 3.03^{3/2}$$

解得：$B = 13.2\ \text{m}$。

因 $H_0/b = 3.03/13.2 = 0.30 < 1$，则所得结果正确。

✎ 任务五　闸孔出流的水力计算

在实际水利工程中，引水建筑物、分水建筑物及泄水建筑物中常设置闸门来控制水位和流量。水闸底坎有宽顶堰型和实用堰型两种；闸门形式主要有平板闸门和弧形闸门两类。如果闸前水头 H 和闸门的开启高度 e 不随时间而变，则闸孔出流的流速和流量也不随时间变化，为恒定闸孔出流，否则为非恒定闸孔出流。闸孔出流水力计算的目的是：研究恒定闸孔出流过闸流量的大小与闸孔尺寸、闸门的开启高度、上下游水位、闸门类型及底坎形式等的关系，并给出相应的水力计算公式。下面分别进行阐述。

一、闸孔出流的水力特征

(一) 宽顶堰上闸孔出流水力特征

为了简化,先分析平底渠槽的平板闸门闸孔出流,如图 5-24 所示。水流经闸孔出流后,由于水流惯性作用,受闸门的约束,在距闸门 $(0.5\sim1.0)e$ 处出现水深最小的收缩断面。收缩断面 $c—c$ 处的水深 h_c 一般小于临界水深 h_k,水流为急流状态,而闸孔下游渠槽中的水深 h_t 一般大于临界水深 h_k,水流为缓流,因此闸后必然发生水跃现象。水跃的位置随下游水深的大小而变,发生的位置不同对闸孔出流的影响就不一样,使得闸孔出流分为自由出流和淹没出流两类。

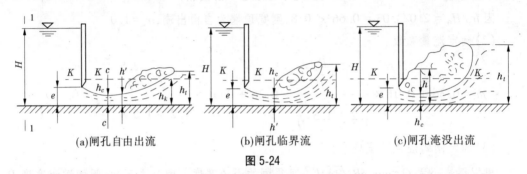

(a)闸孔自由出流   (b)闸孔临界流   (c)闸孔淹没出流

图 5-24

设 h_c'' 为收缩断面水深 h_c 的跃后共轭水深。当下游水深较小,$h_t < h_c''$ 时,闸后发生远离式水跃,如图 5-24(a) 所示;而当 $h_t = h_c''$ 时,闸后发生临界式水跃,如图 5-24(b) 所示。以上两种水跃下游水位不影响闸孔的过流能力,闸孔为自由出流。当下游水深较大,$h_t > h_c''$ 时,闸后产生淹没式水跃[见图 5-24(c)],下游水位影响了闸孔泄流,称为闸孔的淹没出流。

注意:对于有坎宽顶堰上的闸孔出流,只要闸孔断面位于宽顶堰进口后一定距离处,且收缩断面仍位于堰顶之上(见图 5-25),上述判别条件也完全适用。

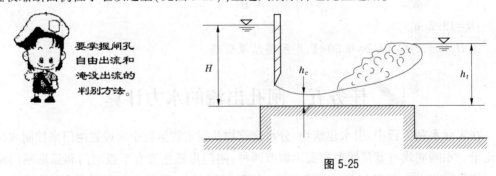

图 5-25

闸孔出流收缩程度可用垂直收缩系数 ε' 表示,其值的大小主要取决于闸门门型、闸门的相对开度 $\dfrac{e}{H}$ 及闸底坎形式。

$$\varepsilon' = \frac{A_c}{A} = \frac{h_c}{e} \tag{5-24}$$

平板闸门的垂直收缩系数可由理论分析求得,并已经试验验证,可按表5-9选用。

表5-9　平板闸门垂直收缩系数 ε'

e/H	0.10	0.15	0.20	0.25	0.30	0.35	0.40
ε'	0.615	0.618	0.620	0.622	0.625	0.628	0.630
e/H	0.45	0.50	0.55	0.60	0.65	0.70	0.75
ε'	0.638	0.645	0.650	0.660	0.675	0.690	0.705

闸底板为平底的弧形闸门垂直收缩系数 ε' 主要取决于闸门底缘切线与水平线的夹角 θ。ε' 与 θ 之间的关系(见图5-26)可查表5-10。

θ 值可按下式计算:

$$\cos\theta = \frac{c-e}{R} \tag{5-25}$$

式中　c——弧形闸门的转轴高度;

　　　R——弧形闸门的旋转半径。

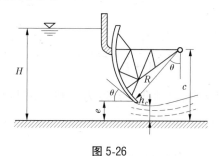

图5-26

表5-10　弧形闸门垂直收缩系数 ε'

$\theta/(°)$	35	40	45	50	55	60	65	70	75	80	85	90
ε'	0.789	0.766	0.742	0.720	0.698	0.678	0.662	0.646	0.635	0.627	0.622	0.620

(二)曲线型实用堰上的闸孔出流水力特征

曲线型实用堰上的闸孔泄流时,由于闸前水流是在整个堰前水深范围内向闸孔汇集,因此出孔水流的收缩比平底上的闸孔出流更充分、更完善。但是,出闸后的水舌在重力作用下,紧贴堰面下泄,无明显的收缩断面。

曲线型实用堰上的闸孔出流也分有自由出流和淹没出流(如图5-27所示)。当闸下水位高于闸门底坎,闸下出现淹没式水跃,水跃前端接触闸门底缘时,则产生闸孔淹没出流。但一般情况下,实用堰为高堰,闸孔出流多为自由出流,只有为低堰闸孔出流时,才可能产生淹没出流。

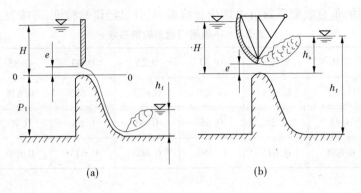

$$\text{图 5-27}$$

二、闸孔出流的通用公式

如图 5-24(a)所示平板闸门下自由出流,在上游取断面 1—1 和闸后 c—c 断面列能量方程

$$H + 0 + \frac{\alpha_0 v_0^2}{2g} = h_c + \frac{\alpha_c v_c^2}{2g} + \zeta \frac{v_c^2}{2g}$$

整理得

$$v_c = \frac{1}{\sqrt{1 + \zeta}} \sqrt{2g(H_0 - h_c)}$$

令 $\varphi = \dfrac{1}{\sqrt{1+\zeta}}$,称为流速系数,设闸孔的宽度为 b,则收缩断面面积 $A_c = b\varepsilon'e$,则通过闸孔的流量为

$$Q = \varphi\varepsilon'be\sqrt{2g(H_0 - h_c)} \tag{5-26}$$

为了便于应用,式(5-26)还可以简化为更简单的形式,整理式(5-26)得

$$Q = \varphi\varepsilon'\sqrt{1 - \varepsilon'\frac{e}{H_0}}be\sqrt{2gH_0}$$

令 $\mu = \varphi\varepsilon'\sqrt{1-\varepsilon'\dfrac{e}{H_0}}$,$\mu$ 称为闸孔出流的流量系数,则得

$$Q = \mu be \sqrt{2gH_0} \tag{5-27}$$

式(5-26)、式(5-27)即为闸孔自由出流的基本计算公式。式(5-27)形式简单,更方便使用。

注意:(1)对于多孔、有边墩或闸墩的闸孔出流,因为侧向收缩相对垂直收缩程度来说影响很小,一般情况下不必考虑,但流量公式中的 b 应变为 $B = nb$。其中,n 为闸孔数,b 为单孔宽度。

$$Q = \mu Be \sqrt{2gH_0} \tag{5-28}$$

(2)对于有坎宽顶堰、实用堰底坎的闸孔出流,式(5-28)同样适用,主要区别在于出流边界条件发生变化,造成流量系数的不同。

（3）由式（5-28）可知，闸孔出流的流量与上游作用水头 H 的 1/2 次方成正比，即 $Q \propto H_0^{1/2}$。这一点与堰流的流量水头关系 $Q \propto H_0^{3/2}$ 不同。

（4）当闸前水头 H 较大或上游闸底坎高度 P_1 较大而开度 e 较小时，行近流速水头可忽略不计，即可取 $H_0 \approx H$ 代入式（5-28）计算。

三、闸孔出流的水力计算

（一）流量系数 μ

1. 宽顶堰上闸孔出流流量系数

由上述推导过程可知，平底宽顶堰上的闸孔出流流量系数的表达式为

$$\mu = \varphi \varepsilon' \sqrt{1 - \varepsilon' \frac{e}{H_0}} \qquad (5\text{-}29)$$

式中　ε'——垂直收缩系数，查表 5-9、表 5-10；

φ——流速系数，反映了过闸水流的局部水头损失和收缩断面或闸孔断面的流速分布不均匀性的影响，φ 值取决于闸孔入口的边界条件，与闸坎形式、闸门底缘形状和闸门的相对开度 $\frac{e}{H}$ 等因素有关，目前尚无准确的计算方法，一般可查相应资料，见表 5-11。

表 5-11　平板闸门的流速系数 φ 值

闸坎型式	水流图形	φ
闸孔出流的跌水		0.97~1.00
闸下底孔出流		0.95~1.00
堰顶有闸门的曲线型实用堰流		0.85~0.95
闸底坎高于渠底的闸孔出流		0.85~0.95

流量系数也可以由经验公式计算：

(1)平底平板闸门(下游平坡)

$$\mu = 0.454 \left(\frac{e}{H}\right)^{-0.138} \tag{5-30}$$

(2)弧形门平底闸(下游平坡)

$$\mu = 1 - 0.016\,6\theta^{0.723} - (0.582 - 0.037\,1\theta^{0.547})\frac{e}{H} \tag{5-31}$$

经验公式中$\frac{e}{H} \geqslant 0.03$。

2. 曲线型实用堰上闸孔出流流量系数

对于曲线型实用堰上的闸孔出流,如果取闸孔断面代替断面c—c,类似上述推导可得其流量系数的表达式为

$$\mu = \varphi \sqrt{1 - \beta \frac{e}{H_0}} \tag{5-32}$$

式中　β——闸孔断面的平均测压管水头与闸孔开度的比值,它也取决于闸孔入孔边界条件和闸孔的相对开度$\frac{e}{H}$。

综上所述,闸孔自由出流的流量系数μ值取决于闸坎形式、闸门形式及闸孔相对开度$\frac{e}{H}$的大小。

利用经验公式求μ值:

(1)平板门曲线型实用堰闸

$$\mu = 0.530 \left(\frac{e}{H}\right)^{-0.120} \tag{5-33}$$

(2)弧形门曲线型实用堰闸

$$\mu = 0.531 \left(\frac{e}{H}\right)^{-0.139} \tag{5-34}$$

经验公式中$\frac{e}{H} \geqslant 0.03$。

【例5-9】　某矩形渠道中修建一水闸,共3孔,每孔宽度3 m,闸门为平板闸门,闸底板与渠底齐平,闸前水深5 m,闸门开度1.2 m,求闸孔自由出流时的流量。

解:(1)判别是否为闸孔出流。

因为$\frac{e}{H} = \frac{1.2}{5} = 0.24 < 0.65$,故为闸孔出流,忽略闸上游流速水头的影响,$H \approx H_0$。

(2)计算流量系数。

①利用公式$\mu = \varphi\varepsilon'\sqrt{1 - \varepsilon'\frac{e}{H_0}}$。由$\frac{e}{H} = 0.24$,查表5-9内插得$\varepsilon' = 0.621\,6$,查表5-11取流速系数$\varphi = 0.97$,则流量系数为

$$\mu = \varphi\varepsilon'\sqrt{1 - \varepsilon'\frac{e}{H_0}} = 0.97 \times 0.621\,6 \times \sqrt{1 - 0.621\,6 \times 0.24} = 0.556$$

②用经验公式计算流量系数

$$\mu = 0.454\left(\frac{e}{H}\right)^{-0.138} = 0.454 \times 0.24^{-0.138} = 0.553$$

由上可知,两种计算流量系数的方法,所得的值基本相同。

(3)计算流量。

$$Q = \mu Be\sqrt{2gH_0} = 0.55 \times 3 \times 3 \times 1.2 \times \sqrt{2 \times 9.8 \times 5} = 58.8(\text{m}^3/\text{s})$$

【例5-10】　某水闸底坎与渠底齐平,如图5-28所示。闸底板高程为104.0 m,共3孔,每孔宽度$b = 5$ m,闸前水位为110.0 m,弧形门半径$R = 7.0$ m,转轴高程为107.0 m。当闸门开度$e = 1.2$ m时,闸下水位较低不影响出流,不计闸前行近流速,试计算过闸流量。

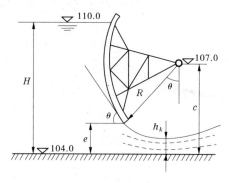

图5-28

解:因$H = 110.0 - 104.0 = 6.0(\text{m})$,$\frac{e}{H} = \frac{1.2}{6.0} = 0.2 < 0.65$,则为闸孔出流。由于下游水位不影响泄流,故为自由出流。

$$c = 107.0 - 104.0 = 3.0(\text{m}),e = 1.2,R = 7.0 \text{ m},则$$

$$\cos\theta = \frac{c - e}{R} = \frac{3.0 - 1.2}{7.0} = 0.257$$

则

$$\theta = 75.11°$$

$$\mu = 1 - 0.016\,6\theta^{0.723} - (0.582 - 0.037\,1\theta^{0.547})\frac{e}{H}$$

$$= 1 - 0.016\,6 \times 75.11^{0.723} - (0.582 - 0.037\,1 \times 75.11^{0.547}) \times 0.2$$

$$= 0.585$$

闸孔出流量

$$Q = \mu Be\sqrt{2gH_0} = 0.585 \times 3 \times 5 \times 1.2 \times \sqrt{2 \times 9.8 \times 6.0} = 114.19(\text{m}^3/\text{s})$$

(二)淹没条件及淹没系数

如图5-24(c)所示,闸孔出流的淹没条件为:下游水深h_t较大,且$h_t > h''_c$时,闸后产生淹没式水跃,闸孔为淹没出流。闸孔淹没出流时下游水位变化将影响闸孔过流能力,淹没出流时的流量计算公式为

$$Q = \sigma_s \mu be\sqrt{2gH_0} \tag{5-35}$$

式中　σ_s——闸孔出流的淹没系数，它反映下游水深对过闸水流的淹没影响程度。

注意：闸孔淹没出流时，流量系数μ与自由出流时的值相同。

对于平板闸门判别为淹没出流时，可利用e/H、$\Delta z/H$查图5-29得淹没系数。

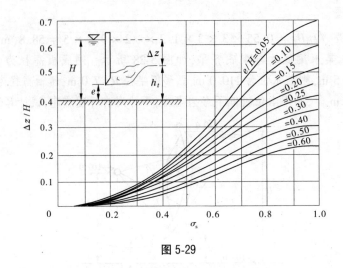

图 5-29

【例5-11】 在例5-9中，当下游水深升高为4.0 m时，其他条件不变，求闸孔出流量。

解：(1) 判别闸后水跃形式。因闸后的水深$h_t = 4.0\text{ m} > e = 1.2\text{ m}$，则可能为淹没出流。

由$\dfrac{e}{H} = 0.24$查表5-9内插得$\varepsilon' = 0.621\ 6$，查表5-11得流速系数$\varphi = 0.97$，则

$$h_c' = \varepsilon' e = 0.621\ 6 \times 1.2 = 0.746(\text{m})$$

$$v_c = \varphi \sqrt{2g(H_0 - h_c)} = 0.97 \times \sqrt{2 \times 9.8 \times (5 - 0.746)} = 8.86(\text{m/s})$$

$$h_c'' = \frac{h_c}{2}\left(\sqrt{1 + 8\frac{v_c^2}{gh_c}} - 1\right) = \frac{0.746}{2} \times \left(\sqrt{1 + 8 \times \frac{8.86^2}{9.8 \times 0.746}} - 1\right) = 3.10(\text{m}) < h_t$$

即下游水深大于临界式水跃的跃后水深，为淹没水跃，则闸孔为淹没出流。

(2)查淹没系数σ_s。由$\dfrac{\Delta z}{H} = \dfrac{5-4}{5} = 0.2$，$\dfrac{e}{H} = 0.24$，查图5-29得$\sigma_s = 0.56$。

(3)实际流量Q。

$$Q = \sigma_s \mu be\sqrt{2gH_0} = 0.56 \times 0.556 \times 3 \times 3 \times 1.2 \times \sqrt{2 \times 9.8 \times 5} = 33.3(\text{m}^3/\text{s})$$

✏ 小　结

本章介绍了堰流及闸孔出流的判别条件，堰的类型及判别条件，常见堰流及闸孔出流的计算方法，流量系数、淹没系数、侧收缩系数的含义及选择。

思考与练习题

5-1 什么叫堰和堰流?

5-2 堰流和闸孔出流有何区别和联系?

5-3 在孔口断面面积和上游水头相等的条件下,为什么管嘴比孔口过流能力大?

5-4 宽顶堰下游产生淹没水跃时,是否一定是淹没出流? 宽顶堰的淹没出流如何判别?

5-5 闸孔出流发生淹没出流时,下游是否一定为淹没水跃?

5-6 堰流流量计算时关键要确定哪些系数? 这些系数各自有哪些影响因素?

5-7 图 5-30 中的溢流坝只是作用水头不同,其他条件完全相同,试问:流量系数哪个大? 哪个小? 为什么?

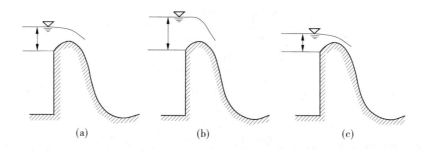

(a)　　　　　　　　(b)　　　　　　　　(c)

图 5-30

5-8 什么是 WES 型实用堰的设计水头 H_d 和设计流量系数 m_d? 当其他条件相同时,实际作用水头小于或大于设计水头时,对实用堰过流能力产生什么影响?

5-9 有一薄壁小孔口,直径 $d = 20$ mm,水头 $H = 2.0$ m,现测得收缩断面的直径 $d_c = 18$ mm,在 20 s 时间内,经孔口流出的水量为 24.5 L,试求孔口的收缩系数 ε'、流速系数 φ、流量系数 μ。

5-10 在一矩形渠槽中,设置一无侧收缩的矩形薄壁堰。已知堰宽 $b = 0.5$ m,上下游堰高相同,$P_1 = 0.70$ m,下游水深 $h_t = 0.6$ m,当堰上水头 $H = 0.4$ m 时,试求过堰流量。

5-11 某直角三角形薄壁堰,堰高 $P_1 = 0.65$ m,上游渠槽水面宽度 $B = 1.0$ m。今测得堰上水头 $H = 0.3$ m,求自由出流时的过堰流量。

5-12 某电站溢洪道拟采用 WES 型实用堰(见图 5-31)。已知:上游设计水位高程为 267.85 m;设计流量 $Q_d = 684$ m³/s,对应的下游水位 210.50 m;筑坝处河底高程为 180.00 m;上游河道近似为矩形断面,水面宽度 $B = 200$ m,已确定溢流坝做成 3 孔,每孔净宽 $b = 16$ m;闸墩头部为半圆形,边墩头部为圆弧形。试确定:①堰顶高程;②当上游水位分别为 267.00 m 和 269.00 m 时,自由出流情况下通过堰的泄流量。

5-13 某河中筑有单孔 WES 型溢流坝。已知:筑堰处河底高程为 12.2 m,堰顶高程为 20.00 m,上游设计水位为 21.30 m,下游水位为 16.45 m,坝前河道断面近似为矩形,河道宽度 $B = 100$ m,边墩头部为圆弧形。试求上游为设计水位时,通过流量 $Q = 100$ m³/s 所需的堰顶宽度 b。

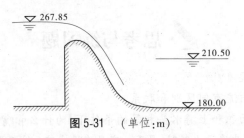

图 5-31 (单位:m)

5-14 某矩形断面渠道上修建一宽顶堰(见图 5-32)。堰宽 $b=2$ m,堰高 $P_1=P_2=1.0$ m,边墩头部为方形,堰顶头部为直角形。当 $H=2$ m 时,求下列情况下的过堰流量:①渠道宽度 $B=2$ m,堰顶以上的下游水深 $h_s=1.0$ m;②$B=3$ m,$h_s=1.0$ m;③$B=3$ m,$h_s=1.6$ m。

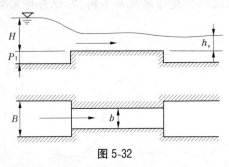

图 5-32

5-15 某拦河闸共 7 孔,每孔净宽为 14 m;闸墩厚为 3.5 m,闸墩头部为半圆形,边墩迎水面为圆弧形,圆弧半径 $r=5$ m,计算厚度为 3 m;闸前水位为 18 m,闸底板与上游河底平齐,高程 6 m;闸前行近流速为 3 m/s;下游水位不影响出流。试确定闸门全开时的过闸流量。

5-16 在一梯形长渠道上建闸,建闸处为矩形断面,下游用渐变段与梯形渠道相连。过闸流量 $Q=40$ m³/s,渠道底宽 $b=12$ m,边坡系数 $m=1.5$,渠底坡度 $i=0.0004$,糙率 $n=0.025$。每孔闸宽 $b=4$ m,共两孔,当闸门开度 $e=1.0$ m 时,问闸前水深 H 等于多少?(提示:判别闸孔出流形式时,需要计算梯形渠道的正常水深 h_0)

5-17 某水利枢组设有平底冲沙闸,用弧形闸门控制流量。闸孔宽 $b=10$ m,弧形门半径 $R=15$ m,门轴高程为 16.0 m,上游水位 18.0 m,闸底板高程为 6.0 m。试计算:闸孔开度 $e=2.0$ m,下游水位为 8.5 m 及 14.0 m 时,通过闸孔的流量(不计行近流速水头的影响)。

5-18 在底宽 $b=6.8$ m,边坡系数 $m=1.0$ 的梯形渠道中,设置有 2 孔水闸,用平板闸门控制流量。闸底坎高度为零,闸孔为矩形断面,闸墩头部为半圆形,墩厚 $d=0.8$ m;边墩头部为矩形。试求闸孔开度 $e=0.6$ m,闸前水深 $H=1.6$ m,保证通过流量 $Q=10.0$ m³/s 时,所需的闸孔宽度 b(下游为自由出流)。

5-19 一泄水闸采用 WES 型实用堰,堰顶设有弧形闸门,如图 5-33 所示。已知单孔宽度 $b=8$ m,泄水闸共有 3 孔,堰顶水头 $H=6$ m,闸门开度 $e=1.5$ m,不计行近流速,闸下游为自由出流。求泄水闸的泄流量 Q。

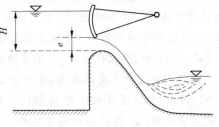

图 5-33

项目六 泄水建筑物下游水流消能计算

【学习目标】 掌握泄水建筑物下游水流衔接形式,了解消能的形式,会进行底流消能计算。

任务一 泄水建筑物下游水流消能认知

前面项目我们学习了泄水建筑物的水力计算,那么水流在经过泄水建筑物后,下泄水流与建筑物及下游河道还有着密不可分的关系,处理得好,泄水建筑物本身会得到安全,下游河床不会遭到冲刷破坏。本项目讨论和解决下游水流衔接的问题。

一、泄水建筑物下游水流衔接问题的重要性

为了控制、利用水流,在河、渠中修建了堰、闸、跌坎等泄水建筑物,使上游水位抬高,上下游形成明显的落差,从而改变原河渠的水力特性。此外,考虑工程造价及建筑物的平面布置合理性等因素,泄水建筑物的泄流宽度一般都小于原河渠宽度,使下泄水流的流量集中,单宽流量增大,从而使下泄水流流速很高,动能很大,下泄至下游河道时与河道中的水流状态不相适应。若不妥善解决,将会导致以下严重后果:

(1)下游河床及其岸坡将遭受高速水流的冲刷破坏,会危及建筑物本身安全。

(2)因溢流宽度缩窄,单宽流量集中,下游水流运动的平面分布更加复杂,不利于整个枢纽的运行。

因此,从水力学角度看,必须解决下面两个问题:

(1)水流从高水位向低水位过渡时的水流衔接问题。

(2)因单宽流量集中及较大的水位差转化为较大动能时对下游河道的冲刷,即消能问题。

只有解决好上述问题,才可保证建筑物的安全及避免下泄水流对枢纽其他建筑物(电站和航运建筑物)的不利影响,这是研究水流衔接与消能的基本任务。

水流的衔接与消能是一个问题的两个方面,两者不是孤立的,一定的衔接形式恰好表明了相应消能机制的实质,解决消能问题,同时也伴随着解决水流的衔接问题。

若不采取有效的工程措施消除下泄水流能量,会冲刷紧接泄水建筑物的河槽,危及建筑物的安全。所以,需在泄水建筑物下游设置消能工程,以消除下泄水流能量,保护建筑物的安全。

二、泄水建筑物下游水流衔接与消能的主要形式

目前,实际工程中常采用的水流衔接与消能形式主要有三种。

(一)底流式衔接与消能

水流自闸、坝下泄时,势能逐渐转化为动能,流速增大,水深减小,到达断面 c—c,水深最小,称该断面为收缩断面,其水深以 h_c 表示,h_c 一般都小于临界水深,水流属于急流,而下游河渠中的水深 h_t 常大于临界水深,属于缓流。由急流向缓流过渡,必然要发生水跃,如图 6-1(a)所示。底流式衔接与消能就是在建筑物下游修建消力池[见图 6-1(b)、(c)],控制水跃在消力池内发生,利用水跃消能(可消耗大部分下泄水流能量),同时可以减小急流范围,使水流安全地与下游缓流衔接。在这种衔接与消能过程中,因为水流主流靠近河床底部,所以称这种衔接与消能为底流式衔接与消能。底流式衔接与消能多用于中、低水头及下游地质条件较差的泄水建筑物的消能。

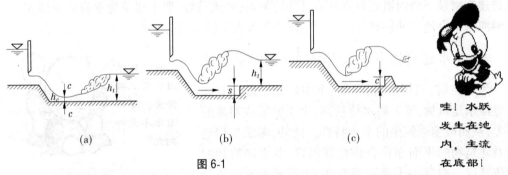

图 6-1

(二)挑流式衔接与消能

这种消能方式是利用在泄水建筑物末端修建反弧坎,将下泄的水流挑离建筑物,使之落入下游较远的河道中,如图 6-2 所示。挑射的水流在空中受到空气阻力,水舌扩散,消耗一部分能量,落入下游水流中后,与下游水体碰撞,产生剧烈的混掺紊动,又消耗大量的能量,从而达到消能目的。因为是被挑向下游与下游水流进行衔接,所以称这种衔接与消能为挑流式衔接与消能。挑流式衔接与消能多用于高水头且下游河床地质条件好的泄水建筑物下游的消能。

(三)面流式衔接与消能

当下游水深较大且较稳定时,常将建筑物末端做成垂直跌坎,跌坎顶部低于下游水位,如图 6-3 所示。下泄的水流被送到下游水流表层,底部形成巨大的旋滚,然后主流在垂直方向逐渐扩散,并与下游水流衔接。其消能是在底部旋滚和主流扩散的过程中实现的。因为高流速的主流位于表层,故称这种消能衔接形式为面流式衔接与消能。

在实际工程中采用的衔接与消能形式除上述三种基本形式外,还有戽流式消能、孔板式消能、竖井涡流消能、对冲式消能等形式,这些消能形式一般是基本消能方式的结合或者是在工程具体条件下的发展应用。例如图 6-4,就是一种底流与面流相结合的形式,称

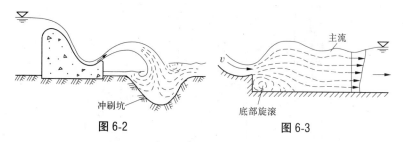

图 6-2   图 6-3

为戽流式衔接与消能。消能方式的选择是比较复杂的问题,需要根据每个工程的泄流条件、工程运用要求及下游河道的地形、地质条件进行综合分析研究。

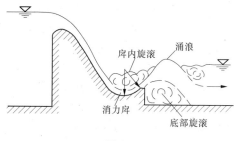

图 6-4

重要的水利工程往往需要进行水工模型试验确定消能方式。本项目只介绍常用的底流式衔接与消能的水力计算方法。其他消能方式只做简单介绍。

任务二 底流式衔接与消能的水力计算

由前述可知,闸、坝等泄水建筑物下泄水流要经过 $c—c$ 收缩断面并且发生水跃,以水跃的形式与下游水流衔接,研究表明:水跃发生在收缩断面前后的位置不同,则发生不同的水跃衔接形式,而水跃衔接形式决定了是否需要采取消能措施,判断会发生那一种水跃衔接形式又与收缩断面水深 h_c 有关。所以,底流式衔接与消能的水力计算第一步要求计算 h_c;第二步由 h_c 计算 h_c'',并判别水跃衔接形式,由水跃衔接形式决定是否需要进行消能;第三步才是进行消能计算。下面按步骤分别叙述。

一、收缩断面水深 h_c 的计算

以图 6-5 所示的溢流坝为例,建立收缩断面水深计算的基本方程。以通过收缩断面底部的水平面为基准面,对断面 0—0 和断面 $c—c$ 列能量方程,可得

h_c 的计算很关键!

$$E_0 = h_c + \frac{\alpha_c v_c^2}{2g} + h_w \qquad (6-1)$$

式中 h_c、v_c——收缩断面的水深与流速;

  h_w——断面 0—0 至断面 $c—c$ 的水头损失;

  E_0——堰前总水头。

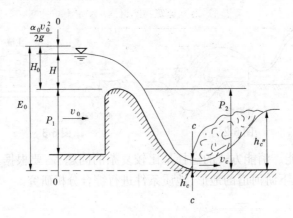

图 6-5

由图 6-5 可以看出

$$E_0 = P_2 + H_0 = P_2 + H + \frac{\alpha_0 v_0^2}{2g}$$

令 $h_w = \zeta v_c^2 / (2g)$，流速系数 $\varphi = 1/\sqrt{\alpha_c + \zeta}$，则式(6-1)可写为

$$E_0 = h_c + \frac{v_c^2}{2g\varphi^2} = h_c + \frac{Q^2}{2g\varphi^2 A_c^2} \tag{6-2}$$

式中　Q——下泄流量；

　　　A_c——收缩断面面积。

式(6-2)为计算 h_c 的一般公式，可以看出，求 h_c 要解高次方程，需要用试算法求解。

对于矩形断面：$A_c = bh_c$，取单宽流量 $q = \dfrac{Q}{b}$，则

$$E_0 = h_c + \frac{q^2}{2g\varphi^2 h_c^2} \tag{6-3}$$

$$h_c = \frac{\dfrac{q}{\varphi\sqrt{2g}}}{\sqrt{E_0 - h_c}} \tag{6-4}$$

式(6-4)虽是针对溢流堰导出的公式，但对闸下出流也完全适用。

φ 为泄水建筑物的流速系数，φ 值的大小主要取决于建筑物的形式和尺寸，初估可按表 6-1 选用；也可用经验公式计算，对于高坝可采用式(6-5)计算；对于坝前水流无明显掺气，且 $P_1/H < 30$ 的曲线型实用堰，可采用式(6-6)计算。

$$\varphi = \left(\frac{q^{2/3}}{s}\right)^{0.2} \tag{6-5}$$

$$\varphi = 1 - 0.0155 \frac{P_1}{H} \tag{6-6}$$

式(6-4)是 h_c 的三次方程，不便直接求解，一般采用逐次渐近法或图解法求解 h_c。

表 6-1　泄水建筑物的流速系数 φ 值

建筑物泄流方式	图形	φ 值
表面光滑的曲线型实用堰平板闸闸孔自由出流		$0.85 \sim 0.95$
表面光滑的曲线型实用堰自由出流： 1. 溢流面长度较短 2. 溢流面长度中等 3. 溢流面长度较长		1.00 0.95 0.90
平板闸闸孔自由出流		$0.97 \sim 1.00$
折线型断面实用堰自由出流		$0.80 \sim 0.90$
宽顶堰自由出流		$0.85 \sim 0.95$
无闸门跌水		1.00
末端设闸门的跌水		$0.97 \sim 1.00$

（一）渐近法

渐近法的计算步骤如下：

（1）将 $h_c = 0$ 代入式（6-4）的右边计算得 h_{c1}。

（2）将 h_{c1} 仍代入式（6-4）的右边计算得 h_{c2}，比较 h_{c1} 和 h_{c2}，若两者相等，则 h_{c2} 即为所求 h_c；否则，再将 h_{c2} 代入式（6-4）的右边计算得 h_{c3}，再比较，若不满足，再计算，就这样逐次渐近直至两者近似相等为止。求出收缩断面水深 h_c 之后，可由水跃方程计算出 h_c''。

(二)图解法

对于矩形断面的 h_c，还可借助本书附录Ⅳ的曲线求解，图 6-6 为附录Ⅳ的示意图，图中右侧曲线是以流速系数 φ 为参数的 $\xi_c = f_1(\xi_0)$ 关系曲线；左单支曲线为 $\xi''_c = f_2(\xi_0)$ 关系曲线。步骤如下：

(1)根据已知条件计算 $h_k \left(h_k = \sqrt[3]{\dfrac{q^2}{g}} \right)$ 和 $\xi_0 = \dfrac{E_0}{h_k}$。

(2)在附录Ⅳ的横坐标上找出与 ξ_0 值对应的点 c，通过 c 点作垂线，交已知 φ 值对应的曲线于 d 点，由 d 点作水平线，交左单支曲线于 f 点，f 点对应的横坐标为 ξ''_c，f 点对应的纵坐标为 ξ_c。

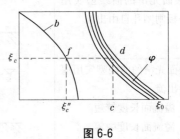

图 6-6

(3)由 $\xi_c = \dfrac{h_c}{h_k}$ 和 $\xi''_c = \dfrac{h''_c}{h_k}$，解得 $h_c = \xi_c h_k$，$h''_c = \xi''_c h_k$。

以上给出的求解收缩断面水深 h_c 及其要求的共轭水深 h''_c 的方法，不仅适用于溢流堰，对于水闸和其他泄水建筑物也完全适用。

对于梯形断面，求 h_c 及 h''_c，除用式(6-2)试算外，也可用图表求解。有关这方面的内容可参考有关的水力学书籍。

求出收缩断面的水深 h_c 及其共轭水深 h''_c 之后，将 h''_c 与下游水深 h_t 进行比较，即可判别建筑物下游水流的衔接形式。

【**例 6-1**】 某水闸单宽流量 $q = 12 \text{ m}^3/(\text{s} \cdot \text{m})$，上游水位 26.00 m，下游水位 22.50 m，渠底高程 18.50 m，闸底高程 20.00 m，$\varphi = 0.95$，如图 6-7 所示，求闸下游收缩断面水深 h_c。

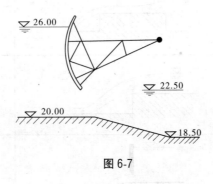

图 6-7

解：首先计算 E_0。

计算下游坝高 P_2 　　　　　$P_2 = 20.00 - 18.50 = 1.50(\text{m})$

计算闸前水深 H_0

$$H = 26.00 - 20.00 = 6.00(\text{m})$$

$$v_0 = \frac{q}{H} = \frac{12}{6.00} = 2(\text{m/s})$$

$$H_0 = H + \frac{v_0^2}{2g} = 6.00 + \frac{2^2}{19.6} = 6.20(\text{m})$$

故　　　　　　$E_0 = P_2 + H_0 = 1.50 + 6.20 = 7.70(\text{m})$

（1）渐近法求 h_c。

计算　　　　　$h_c = \dfrac{\dfrac{q}{\varphi\sqrt{2g}}}{\sqrt{E_0 - h_c}} = \dfrac{\dfrac{12}{0.95 \times \sqrt{2 \times 9.8}}}{\sqrt{7.70 - h_c}} = \dfrac{2.853}{\sqrt{7.70 - h_c}}$

令式中根号内的 $h_c = 0$，则

第一次　　　　　$h_{c1} = \dfrac{2.853}{\sqrt{7.70 - 0}} = 1.028(\text{m})$

第二次　　　　　$h_{c2} = \dfrac{2.853}{\sqrt{7.70 - 1.028}} = 1.105(\text{m})$

第三次　　　　　$h_{c3} = \dfrac{2.853}{\sqrt{7.70 - 1.105}} = 1.111(\text{m})$

第四次　　　　　$h_{c4} = \dfrac{2.853}{\sqrt{7.70 - 1.111}} = 1.111(\text{m})$

因 h_{c3} 与 h_{c4} 结果相同，故取 $h_{c4} = 1.111$ m。

（2）图解法求 h_c。

计算临界水深 h_k（矩形断面）

$$h_k = \sqrt[3]{\dfrac{q^2}{g}} = \sqrt[3]{\dfrac{12^2}{9.8}} = 2.45(\text{m})$$

计算　　　　　$\xi_0 = \dfrac{E_0}{h_k} = \dfrac{7.70}{2.45} = 3.143$

根据 $\xi_0 = 3.143$ 和 $\varphi = 0.95$ 查附录Ⅳ得 $\xi_c = 0.461$，则

$$h_c = \xi_c h_k = 0.461 \times 2.45 = 1.129(\text{m})$$

二、水跃衔接形式的判断

闸、坝等泄水建筑物下游发生水跃，水跃发生的位置有三种情况：正好在收缩断面处开始发生；在收缩断面以前发生；在收缩断面以后发生。这是三种不同的水跃形式，会发生何种形式的水跃，取决于建筑物下游收缩断面水深 h_c 的共轭水深 h_c'' 与下游水深 h_t 的大小。判断方法是：先以 $h_c = h'$（以收缩断面水深作为跃前水深），将 h_c 代入水跃方程求得跃后水深 h_c''，然后将求得的 h_c'' 与下游水深 h_t 比较，可出现 $h_t = h_c''$、$h_t < h_c''$、$h_t > h_c''$ 三种情况，由此可判断出发生何种水跃（h_c'' 求解方程见项目五任务二）。

（一）$h_t = h_c''$

$h_t = h_c''$ 表明，此时下游水深 h_t 正好等于收缩断面水深 h_c 所对应的跃后水深 h_c''，水跃恰好在收缩断面处开始发生，称这种水跃为临界式水跃，这种水流衔接称为临界式水跃衔接，如图 6-8（a）所示。

（二）$h_t < h_c''$

当 $h_t < h_c''$ 时，下游水深 h_t 小于与收缩断面水深 h_c 相对应的共轭水深 h_c''。下游水深 h_t 即为实际跃后水深，由水跃函数曲线可知，较小的跃后水深要求有较大的跃前水深与之相

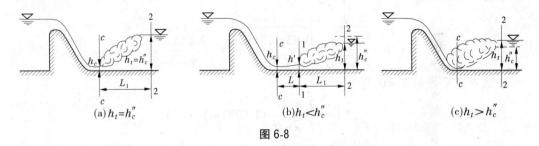

图 6-8

对应,因而 h_t 应大于 h_c,所以应从收缩断面后、在水深增大到正好等于 h_t 的共轭水深 h' 时开始发生水跃,如图 6-8(b) 所示。这种水跃称为远离式水跃,这种衔接称为远离式水跃衔接。

(三) $h_t > h_c''$

这种情况与上一种情况正好相反,即收缩水深要求的跃后水深比下游实际水深小,水跃被水深较大的下游水流向前推移,收缩断面被淹没,因而称这种水跃为淹没式水跃,这种衔接为淹没式水跃衔接,如图 6-8(c) 所示。

令 $\sigma = \dfrac{h_t}{h_c''}$,称 σ 为水跃的淹没系数。它表示水跃的淹没程度。

理论和试验研究表明,临界式水跃的水流能量损失最大,其消能效果最好。但临界式水跃不稳定,当流量稍有增大或下游水深稍有减小时,很容易转变为远离式水跃。而远离式水跃的消能效果较差。而且从收缩断面到跃前断面为急流,流速较大,对河床的冲刷能力很强,不利于建筑物的安全。对于淹没式水跃,当淹没系数 $\sigma > 1.2$ 时,消能率降低,但当淹没系数 $\sigma = 1.05 \sim 1.10$ 时,淹没式水跃的消能效果接近临界式水跃,而且不易变为远离式水跃。

综上所述,远离式水跃衔接形式最为不利,工程中应避免出现;临界式水跃衔接形式不稳定,很容易转变为远离式水跃衔接,也应避免出现。所以,选取淹没系数 $\sigma = 1.05 \sim 1.10$ 的稍有淹没程度的淹没式水跃衔接形式为最好。因此,当建筑物下游水流的自然衔接形式经判断为远离式水跃或临界式水跃衔接时,则需要设置消能工(消能工程),即要进行相应的消能水力计  算,避免出现这两种水流衔接形式。设置底流式消能工的目的就是迫使建筑物下游发生淹没系数 $\sigma = 1.05 \sim 1.10$ 的稍有淹没程度的淹没式水跃,使水流成为稍有淹没程度的淹没式水跃衔接。

【例 6-2】 按例 6-1 题意判断闸下游水流衔接形式。

解: 将 $h_c = 1.111$ m 代入水跃方程得

$$h_c'' = \frac{h_c}{2}\left(\sqrt{1 + \frac{8q^2}{gh_c^3}} - 1\right) = \frac{1.111}{2} \times \left(\sqrt{1 + \frac{8 \times 12^2}{9.8 \times 1.111^3}} - 1\right) = 4.62\,(\text{m})$$

$$h_t = 22.50 - 18.50 = 4.00\,(\text{m})$$

$h_t < h_c''$，因此闸下游发生远离式水跃，需设置底流式消能工。

✎ 任务三 消力池水力计算

泄水建筑物下游如果发生临界式水跃或远离式水跃，则需增加下游水深迫使其能发生淹没系数 $\sigma = 1.05 \sim 1.10$ 的淹没式水跃，但没有必要增加整个河道的水深，只需在靠近建筑物下游的较短的距离内建一消力池，使池内水深增大到能够产生 $\sigma = 1.05 \sim 1.10$ 的淹没式水跃即可。底流式消能就是利用上述建消力池的方法，使池内恰好产生淹没式水跃以达到消能的目的。消力池的水力计算就是求消力池的池深和池长。由于池内水流湍急，池底需进行强化加固，这种加固结构称为护坦。

实际工程中常见的消力池有三种：

（1）挖深式消力池（又称消力池）。主要适用于河床易开挖且造价又比较经济的情况，在泄水建筑物下游原河床下挖即降低护坦高程，形成所需消力池，使池内产生所需水跃，见图 6-9（a）。

（2）坎式消力池（又称消力坎）。当河床不易开挖或开挖太深造价不经济时，可在原河床上修建一道坎（墙），使坎前形成消力池，壅高池内水深，使池内产生所需水跃，见图 6-9（b）。

（3）综合式消力池。若单纯开挖，开挖量太大，单纯建坎，坎又太高，不经济，且坎后易形成远离式水跃，冲刷河床，可两者兼用。这种既降低护坦高程，又修建消力坎的消力池称为综合式消力池，如图 6-9（c）所示。

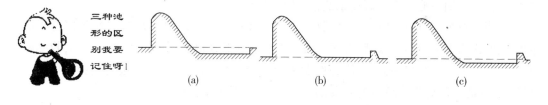

三种池形的区别我要记住呀！

(a) (b) (c)

图 6-9

本任务只讨论矩形断面的挖深式消力池和坎式消力池的水力计算。消力池的水力计算主要包括池深（或坎高）及池长的计算。

一、挖深式消力池的水力计算

（一）消力池池深 S 的确定

将下游河床下挖一深度 S 后，形成消力池，池内水流现象如图 6-10 所示。出池水流由于垂向收缩，过水断面减小，动能增加，形成一水面跌落 Δz，其出池水流可视为宽顶堰流，由图 6-10 中可得池末水深 h_T，即

$$h_T = S + h_t + \Delta z \tag{6-7}$$

为保证池内发生稍有淹没的淹没式水跃，要求池末水深 $h_T > h_c''$，即要求

$$h_T = \sigma h_c'' = S + h_t + \Delta z$$

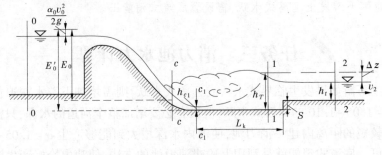

图 6-10

式中　σ——淹没系数,通常取 $1.05 \sim 1.10$。

由上述条件可得池深 S 的计算公式为

$$S = \sigma h_c'' - (h_t + \Delta z) \tag{6-8}$$

水面跌落 Δz 的计算公式可通过对消力池出口断面 1—1 及下游断面 2—2 列能量方程(以通过断面 2—2 底部的水平面为基准面)得

$$\Delta z + \frac{v_1^2}{2g} = \frac{v_2^2}{2g} + \zeta \frac{v_2^2}{2g} \tag{6-9}$$

以 $v_1 = \dfrac{q}{h_T}, v_2 = \dfrac{q}{h_t}, \varphi' = \dfrac{1}{\sqrt{1+\zeta}}$ 代入式(6-9)得

$$\Delta z = \frac{q^2}{2g}\left[\frac{1}{(\varphi' h_t)^2} - \frac{1}{(\sigma h_c)^2}\right] \tag{6-10}$$

式中　φ'——消力池出口的流速系数,一般取 0.95。

应当注意的是,应用式(6-8)和式(6-10)求解池深 S 时,式中的 h_c'' 应是护坦降低以后的收缩断面水深 h_c 对应的跃后水深。而护坦高程降低 S 值后,E_0 增至 $E_0'' = E_0 + S$,收缩断面位置下移,据式(6-4)可知 h_c 值必然发生改变,与其对应的 h_c'' 值也随之改变。显然,S 与 h_c'' 之间是一种复杂的隐函数关系,所以求解 S 一般采用试算法。

求解 S 试算步骤如下:

(1)估算池深 S。初估时可用略去 Δz 的近似式

$$S = \sigma h_c'' - h_t \tag{6-11}$$

式中　σ——水跃的淹没系数,取 $\sigma = 1.05$;

h_c''——近似用建池前的 h_c'' 代替建池后的 h_c'',仅供估算用。

(2)计算建池后的 h_c 和 h_c''。

$$h_c = \frac{q}{\varphi \sqrt{2g} \sqrt{E_0' - h_c}} \quad (\text{式中 } E_0' = E_0 + S) \tag{6-12}$$

$$h_c'' = \frac{h_c}{2}\left(\sqrt{1 + \frac{8q^2}{gh_c^3}} - 1\right)$$

(3)计算 Δz(建池后的 h_c'')。

$$\Delta z = \frac{q^2}{2g}\left[\frac{1}{(\varphi' h_t)^2} - \frac{1}{(\sigma h_c'')^2}\right]$$

(4)计算 σ(建池后 h_c'')。

$$\sigma = \frac{S + h_t + \Delta z}{h_c''}$$

(6-13)

若 σ 在 1.05~1.10 内,则消力池深度 S 满足要求,否则调整 S,重复步骤(2)~(4),直到满足要求为止。

(二)消力池长度 L_k 的计算(适用于消力池、消力坎)

消力池除需具有足够的深度外,还需有足够的长度以保证水跃不冲出池外,从而不会对下游河床产生不利影响。试验表明,池内淹没水跃因受池末端竖立壁坎产生的反向力作用,由池内收缩断面算起的水跃长度 L_j' 比平底渠道中产生的自由水跃长度 L_j 短 20%~30%,即

$$L_j' = (0.7~0.8)L_j$$

当泄水建筑物为曲线型实用堰时,消力池长度 L_k 等于池内水跃长度 L_j',即

$$L_k = L_j' = (0.7~0.8)L_j$$

(6-14)

式中　L_j——平底渠中自由水跃长度,详见明渠非均匀部分内容,$L_j = 6.9(h_c'' - h_c)$(h_c'' 和 h_c 为建池后跃后水深和跃前水深)。

当泄水建筑物为跌坎或宽顶堰时,消力池长度还应考虑跌坎或宽顶堰到收缩断面间的距离,具体计算请参阅《水力计算手册》或其他有关水力学书籍。

(三)消力池的设计流量 Q_S、Q_L

上述消力池池深、池长的计算是在固定某一流量情况下进行的,而建好后的消力池要通过一定范围内的各种流量,那么用哪一个流量来计算池深和池长才能使全部流量变化范围内都能保证在池内发生稍有淹没的淹没式水跃呢?显然,应考虑最不利的情况,即要选取具有最大池深和最大池长的流量作为消力池的设计流量(Q_S 为池深设计流量、Q_L 为池长设计流量)。

由简化公式($S = \sigma h_c'' - h_t$)可知 $\sigma h_c'' - h_t$ 的值最大时池深 S 最大,因此 $\sigma h_c'' - h_t$ 的值最大时所对应的流量就是设计流量,所以只要在包含 Q_{max}、Q_{min} 在内的流量变化范围内选取几个 Q 值,算出相应的 h_c''、h_t,绘出 Q 与 $\sigma h_c'' - h_t$ 的关系曲线,从曲线上选取最大 $\sigma h_c'' - h_t$ 值对应的流量,即为消力池池深的设计流量 Q_S。实践表明,池深的设计流量一般比 Q_{max} 小。

需注意,池长的设计流量不等于池深的设计流量,即 $Q_L \neq Q_S$,一般情况,水跃长度随流量增大而增大,因此池长的设计流量 Q_L 就是建筑物所通过的最大流量 Q_{max}。

综上所述,给出底流式衔接与消能水力计算的思路步骤如下:

(1)求建池前的 h_c:用式(6-2)。

(2)求建池前的 h_c'',判断水跃衔接形式。

(3)经判别为临界或远离式水跃时拟建消力池:①求池深 S,依次应用式(6-10)、式(6-11)、式(6-12)、式(6-13)几个公式;②求池长 L_k 用式(6-14)。

【例6-3】 已知条件同例 6-1、例 6-2,拟在闸下游建一挖深式消力池,求消力池尺寸(出池水流流速系数 $\varphi' = 0.95$)。

解:(1)确定池深 S。

①估算池深 S。

$$S = \sigma h_c'' - h_t = 1.05 \times 4.62 - 4.00 = 0.851(\text{m})$$

②计算建池后的 h_c''。

$$E_0' = E_0 + S = 7.70 + 0.851 = 8.551(\text{m})$$

将 E_0'、q、φ 代入 $h_c = \dfrac{\dfrac{q}{\varphi\sqrt{2g}}}{\sqrt{E_0'-h_c}}$，经计算得 $h = 1.041$ m，则

$$h_c'' = \frac{h_c}{2}\left(\sqrt{1+\frac{8q^2}{gh_c^3}}-1\right) = \frac{1.041}{2}\times\left(\sqrt{1+\frac{8\times12^2}{9.8\times1.041^3}}-1\right) = 4.818(\text{m})$$

③计算 Δz。

$$\Delta z = \frac{q^2}{2g}\left[\frac{1}{(\varphi'h_t)^2} - \frac{1}{(\sigma h_c'')^2}\right]$$

$$= \frac{12^2}{2\times9.8}\times\left[\frac{1}{(0.95\times4.00)^2} - \frac{1}{(1.05\times4.818)^2}\right] = 0.222(\text{m})$$

④计算 σ。

$$\sigma = \frac{S + h_t + \Delta z}{h_c''} = \frac{0.851 + 4.00 + 0.222}{4.818} = 1.053(\text{m})$$

σ 在 $1.05\sim1.10$ 内，所以池深满足要求，为方便施工，池深取 $S=1$ m。

(2)确定池长。

$$L_k = (0.7\sim0.8)L_j$$

$$L_j = 6.9(h_c'' - h_c) = 6.9\times(4.818 - 1.041) = 26.06(\text{m})$$

$$L_k = (0.7\sim0.8)L_j = 0.7\times26.06\sim0.8\times26.06 = 18.24\sim20.85(\text{m})$$

取池长 $L_k = 20$ m。

二、坎式消力池的水力计算

(1)坎高 C 的计算。当河床不易开挖或开挖不经济时,可在护坦末端修筑消力坎,壅高坎前水位形成消力池,以保证在建筑物下游产生稍有淹没的淹没式水跃。池内水流现象如图 6-11 所示。坎式消力池池内水流现象与挖深式消力池基本相同,但出池水流是折线型实用堰流。同理,为保证池内产生稍有淹没的淹没式水跃,坎前水深 h_T 应为

$$h_T = \sigma h_c''$$

由图 6-11 可知 $\qquad h_T = C + H_1$

式中　C——坎高;

$\qquad H_1$——坎顶水头;

则坎高 $\qquad C = \sigma h_c'' - H_1$

坎顶水头 H_1 可用堰流公式计算

$$H_1 = H_{10} - \frac{v_0^2}{2g} = \left(\frac{q}{\sigma_s m_1\sqrt{2g}}\right)^{2/3} - \frac{q^2}{2g(\sigma h_c'')^2}$$

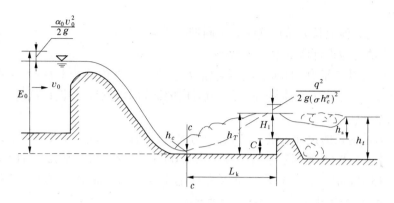

图 6-11

则

$$C = \sigma h''_c + \frac{q^2}{2g(\sigma h''_c)^2} - \left(\frac{q}{\sigma_s m_1 \sqrt{2g}}\right)^{2/3} \qquad (6\text{-}15)$$

式中　m_1——折线型实用堰的流量系数,根据《水力计算手册》(第二版)可取 $m_1 = 0.42$;

σ_s——消力坎淹没系数,其大小与下游水深和坎高有关,即

$$\sigma_s = f\left(\frac{h_t - C}{H_{10}}\right) = f\left(\frac{h_s}{H_{10}}\right)$$

试验表明:当 $\dfrac{h_s}{H_{10}} \leqslant 0.45$ 时,出池水流为堰流自由出流,$\sigma_s = 1$;当 $\dfrac{h_s}{H_{10}} > 0.45$ 时,出池水

流为堰流淹没出流,σ_s 值可根据相对淹没度 $\dfrac{h_s}{H_{10}}$ 查表 6-2 确定。

表 6-2　消力坎的淹没系数 σ_s 值

h_s/H_{10}	≤0.45	0.50	0.55	0.60	0.65	0.70	0.72	0.74	0.76	0.78
σ_s	1.000	0.990	0.985	0.975	0.960	0.940	0.930	0.915	0.900	0.885
h_s/H_{10}	0.80	0.82	0.84	0.86	0.88	0.90	0.92	0.95	1.00	
σ_s	0.865	0.845	0.815	0.785	0.750	0.710	0.651	0.535	0	

计算时,开始坎高尚未确定,无法判别过坎水流是否为堰流淹没出流,一般先按堰流
自由出流考虑,取 $\sigma_s = 1$,利用式(6-15)可求出坎高 C_1,而后再求出 $\dfrac{h_t - C_1}{H_{10}}$ 的数值,判别过
坎水流是否为堰流自由出流。

若 $\dfrac{h_t - C_1}{H_{10}} \leqslant 0.45$,为堰流自由出流,$C_1$ 即为所求的消力坎高度。

应当指出的是,如果消力坎出池水流为自由出流,则应校核坎后的水流衔接情况,若
坎后为临界式或远离式水跃衔接,必须设置第二道消力坎或采取其他消能措施。

若 $\dfrac{h_t - C_1}{H_{10}} > 0.45$,为堰流淹没出流。淹没的影响会使坎上水头 H_1 增大,要使消力池内
水跃的淹没系数 σ_s 不变,需要降低坎高 C_1。重新计算坎高。消力坎的流速系数一般取

1.90~0.95。

(2)坎式消力池池长 L_k 的计算(方法同挖深式消力池)。

(3)坎式消力池设计流量 Q_C、Q_L 的确定。

坎高 C 的设计流量 Q_C 的确定:选取包括 Q_{max} 和 Q_{min} 在内的若干 Q 值,分别计算出其相应的坎高 C 值,绘制 Q-C 曲线,最大 C 值对应的流量即为坎高的设计流量。实践表明,一般情况下 $Q_C<Q_{max}$。

坎式消力池池长的设计流量 Q_L 即是消力池通过的最大流量,须知 $Q_L\neq Q_C$。

【例6-4】 某 WES 型剖面堰堰顶高程 456.00 m,下游河床底部高程 410.00 m,泄流单宽流量为 15.00 m³/(s·m)时,堰上水头 5 m,下游水深 8 m,流速系数 $\varphi=0.9$,试判断是否需建消力池,若需建请按消力坎式消力池设计尺寸。

解:(1)判断下游水流衔接情况。

因为
$$\frac{P_1}{H}=\frac{456.00-410.00}{5}=9.2>1.33$$

所以为高坝,可忽略行近流速水头,$H_0\approx H=5$ m。
$$E_0=P_2+H_0=(456.00-410.00)+5=51.00(\text{m})$$

$$h_c=\frac{\dfrac{q}{\varphi\sqrt{2g}}}{\sqrt{E_0-h_c}}=\frac{\dfrac{15.00}{0.9\times\sqrt{2\times9.8}}}{\sqrt{51.00-h_c}}$$

经计算得到:$h_c=0.529$ m。

$$h_c''=\frac{h_c}{2}\left(\sqrt{1+\frac{8q^2}{gh_c^3}}-1\right)=\frac{0.529}{2}\times\left(\sqrt{1+\frac{8\times15.00^2}{9.8\times0.529^3}}-1\right)=9.06(\text{m})>h_t=8\text{ m}$$

故下游发生远离式水跃,需建消力池。

(2)确定消力坎式消力池尺寸。

①坎高计算。

$$C=\sigma h_c''+\frac{q^2}{2g(\sigma h_c'')^2}-H_{10}$$

$$H_{10}=\left(\frac{q}{\sigma_s m_1\sqrt{2g}}\right)^{2/3}$$

设消力坎为自由出流,$\sigma_s=1$,取 $m_1=0.42$,则

$$H_{10}=\left(\frac{15.00}{1\times0.42\times\sqrt{2\times9.8}}\right)^{2/3}=4.02(\text{m})$$

$$C_1=1.05\times9.06+\frac{15.00^2}{2\times9.8\times(1.05\times9.06)^2}-4.02=5.62(\text{m})$$

$$h_s=h_t-C_1=8-5.62=2.38(\text{m})$$

$$\frac{h_s}{H_{10}}=\frac{2.38}{4.02}=0.592>0.45$$

所以,消力坎为淹没出流,$\sigma_s<1$,采用逐次渐近法重算坎高。

据 $\dfrac{h_s}{H_{10}}=0.592$，查表 6-2 得 $\sigma_s=0.977$，则有

$$H_{10}=\left(\dfrac{15.00}{0.977\times0.42\times\sqrt{2\times9.8}}\right)^{2/3}=4.09(\mathrm{m})$$

$$C_2=1.05\times9.06+\dfrac{15.00^2}{2\times9.8\times(1.05\times9.06)^2}-4.09=5.55(\mathrm{m})$$

$$h_s=h_t-C_2=8-5.55=2.45(\mathrm{m})$$

据 $\dfrac{h_s}{H_{10}}=0.599$，查表 6-2 得 $\sigma_s=0.975$，则有

$$H_{10}=\left(\dfrac{15.00}{0.975\times0.42\times\sqrt{2\times9.8}}\right)^{2/3}=4.09(\mathrm{m})$$

$$C_3=1.05\times9.06+\dfrac{15.00^2}{2\times9.8\times(1.05\times9.06)^2}-4.09=5.55(\mathrm{m})$$

因 C_3 与 C_2 一样，故取 $C=5.55\,\mathrm{m}$，实际坎高可取为 5.60 m。

②池长计算。

$$L_k=(0.7\sim0.8)L_j$$

$$L_j=6.9(h_c''-h_c)=6.9\times(9.06-0.529)=58.86(\mathrm{m})$$

$$L_k=0.7\times58.86\sim0.8\times58.86=41.20\sim47.09(\mathrm{m})$$

所以，取池长为 46 m。

三、底流式衔接与消能微机求解法简介

目前，底流式衔接与消能的微机求解法有好几种，这里只介绍一种，即 Microsoft Excel(简称 Excel)计算方法。

(一)Excel 常用数值计算方法

"拖动填充"是 Excel 的重要计算工具，操作为:在活动单元格或当前选定区域的右下角有一个黑色的小方框"#"，将鼠标移到黑色的小方框"#"附近，当鼠标指针变成黑十字形时，按住鼠标左键拖动至需要填充数据的单元格，最后放开鼠标按键。在拖动过程中引用的相对单元格会随行和列的变化而变动，如果引用绝对单元格，则单元格不随行和列的改变而变化。实现 Excel 拖放填充操作，必须保证"单元格拖放功能"处于打开状态，如果处于关闭状态，可以按以下操作步骤打开:在"工具"菜单上单击"选项"，再单击"编辑"选项卡，选中或清除"单元格拖放功能"复选框，Excel 默认功能处于启动状态，见图6-12。

图 6-12　公式粘贴设置图

"单变量求解"是一组命令的组成部分,这些命令有时也称做假设分析工具。如果已知单个公式的预期结果,而确定此公式结果的输入值未知,则可使用"单变量求解"功能反求输入值。使用"单变量求解"功能,通过单击"工具"菜单上的"单变量求解"即可。当进行"单变量求解"时,Microsoft Excel 会不断改变特定单元格中的值直到依赖于此单元格的公式返回所需的结果为止。

(二)应用举例

【例6-5】 在矩形河槽中修筑一曲线型溢流堰,单宽流量 $q = 12$ m³/(s·m),坝顶高出下游河床 $P_2 = 16$ m,堰上全水头 $H_0 = 2.6$ m,下游水深 $h_t = 5$ m,流速系数 $\varphi = 0.936$。试判断:①溢流堰下游是否需要修建消力池? ②如果需要修建消力池,试设计挖深式消力池的尺寸。

解: 1. 判断是否需要修建消力池?

(1)计算收缩断面水深 h_c。

收缩断面水深 h_c 的计算公式为式(6-3),即

$$E_0 = h_c + \frac{q^2}{2g\varphi^2 h_c^2}$$

式中

$$E_0 = H_0 + P_2 = 2.6 + 16 = 18.6(\text{m})$$

式(6-3)是关于收缩断面水深 h_c 的 3 次方程。应利用 Excel 的"单变量求解"功能求解收缩断面水深 h_c。

①输入已知数据。将 $q = 12$ m³/(s·m)、$E_0 = H_0 + P_2 = 18.6$ m、$\varphi = 0.936$、$h_t = 5$ m,输入 B1、D1、F1、H1 中,如图6-13所示。

	A	B	C	D	E	F	G	H
1		$q=$	12	$E_0=$	18.6	$\varphi=$	0.936	$h_t=$	5

图6-13 计算收缩断面水深已知数据图

②任意设收缩断面水深 h_c,求与之相应的堰上总水头 E_0。任意设收缩断面水深 $h_c = 0.5$ m,按表6-3在 B3 单元格中输入计算 E_0 的 Excel 计算公式。

表6-3 收缩断面水深 h_c 和 h_c'' 的 Excel 计算公式

计算内容	计算公式	相应的 Excel 计算公式
E_0	$E_0 = h_c + \dfrac{q^2}{2g\varphi^2 h_c^2}$	=A3+$B$1*$B$1/(2*9.8*$F$1^2*A3^2)
h_c''	$h_c'' = \dfrac{h_c}{2}\left(\sqrt{1 + \dfrac{8q^2}{gh_c^3}} - 1\right)$	=A3/2*(SQRT(1+8*$B$1^2/(9.8*A3^3))-1)

收缩断面水深 $h_c = 0.5$ m,计算得到的 E_0 值和已知的 $E_0 = 18.6$ m 不相符,应利用 Excel"单变量求解"功能求解收缩断面水深 h_c。

③利用 Excel"单变量求解"功能求解收缩断面水深 h_c。单击 B3 单元格使之成为活单元格,然后在"工具"菜单上单击"单变量求解",弹出"单变量求解"对话框,在"单变量求解"对话框中的"目标单元格"中输入 B3,在"目标值"中输入 18.6,在"可变单元格"中输入 $A$3(收缩断面水深 h_c 所在单元格),单击"确定"按钮,弹出"单变量求解状态"对话框,单击"单变量求解状态"对话框的"确定"按钮,即可完成计算任务。收缩断面水深 $h_c = 0.684$ m,见图 6-14。

	A	B	C	D	E	F	G	H
1	$q =$	12	$E_0 =$	18.6	$\varphi =$	0.936	$h_t =$	5
2	h_c	E_0						
3	0.684157	18.60027						

图 6-14　收缩断面水深 h_c 计算图

(2)计算收缩断面水深 h_c 对应的跃后水深 h_c'',判断是否需要修建消力池,收缩断面水深 h_c 对应的跃后水深

$$h_c'' = \frac{h_c}{2}\left(\sqrt{1 + \frac{8q^2}{gh_c^3}} - 1\right)$$

计算跃后水深 h_c'',只要在 C3 单元格中输入表 6-3 提供的 Excel 计算公式,便可得到跃后水深 h_c'' 的数值,跃后水深 $h_c'' = 6.221$ m,如图 6-15 所示。

	A	B	C	D	E	F	G	H
1	$q =$	12	$E_0 =$	18.6	$\varphi =$	0.936	$h_t =$	5
2	h_c	E_0	h_c''					
3	0.6841565	18.600269	6.2208283					

图 6-15　跃后水深 h_c'' 的计算成果图

因为 $h_c'' > h_t = 5$ m,所以下游发生远驱式水跃,需要修建消力池。

2. 挖深式消力池尺寸的计算

(1)输入已知数据。将 $q = 12$ m³/(s·m)、$E_0 = H_0 + P_2 = 18.6$ m、$\varphi = 0.936$、$h_t = 5$ m,输入 B1、D1、F1、H1 中,如图 6-16 所示。

(2)假设消力池池深 S,计算挖深后的堰上水头 E_0' 和下游收缩断面水深 h_c。

①任意设池深 $S = 1.5$ m,输入到 A3 中,在 B3 中输入表 6-4 提供的 Excel 计算公式。

②用迭代法计算 $S = 1.5$ m 的下游收缩断面水深 h_c。将式(6-3)改写成下面的迭代公式,即

$$h_c = \sqrt{\frac{q^2}{2g\varphi^2(E_0' - h_c)}}$$

	A	B	C	D	E	F	G	H	I
1	$q=$	12	$E_0=$	18.63	$\varphi=$	0.936	$h_t=$	5	
2	S	E_0'	h_c	h_c''	Δz_1	Δz_2	Δz	h_T	σ
3	1.50	20.1	2	6.369	0.326	0.164	0.161	6.661	1.046
4			0.6807						
5			0.6571						
6			0.6567						
7			0.6567						
8			0.6567						
9			0.6567						
10			0.6567						

图 6-16　挖深式消力池池深计算图

表 6-4　计算消力池池深的 Excel 计算公式

计算内容	计算公式	相应的 Excel 计算公式	说明
E_0'	E_0+S	$=\$D\$1+A3$	
h_c	$\sqrt{\dfrac{q^2}{2g\varphi^2(E_0'-h_c)}}$	$=SQRT(\$B\$1*\$B\$1/(2*9.8*\$F\$1*\$F\$1)/(\$B\$3-C3))$	C4 单元格的公式
h_c''	$\dfrac{h_c}{2}\left(\sqrt{1+\dfrac{8q^2}{gh_c^3}}-1\right)$	$=\$C\$10/2*(SQRT(1+8*\$B\$1*\$B\$1/(9.8*\$C\$10\hat{\ }3))-1)$	
Δz_1	$\dfrac{q^2}{2g(\varphi'h_t)^2}$	$=\$B\$1*\$B\$1/(2*9.8*0.95\hat{\ }2*\$H\$1\hat{\ }2)$	
Δz_2	$\dfrac{q^2}{2g(\sigma h_c'')^2}$	$=\$B\$1*\$B\$1/(2*9.8*1.05\hat{\ }2*\$D\$3*\$D\$3)$	
Δz	$\dfrac{q^2}{2g(\varphi'h_t)^2}-\dfrac{q^2}{2g(\sigma h_c'')^2}$	$=E3-F3$	
h_T	$S+h_t+\Delta z$	$=A3+G3+\$H\$1$	
σ	$\dfrac{S+h_t+\Delta z}{h_c''}$	$=H3/D3$	

其迭代过程为:任意设收缩断面水深 h_{c1} 代入上式右端,算出 h_{c2};再用 h_{c2} 代入上式右端,算出 h_{c3};再用 h_{c3} 代入上式右端,算出 h_{c4},重复上述步骤,直到最后两次迭代的收缩断面水深的误差能满足精度要求为止。

设初始的收缩断面水深 $h_{c1}=2$ m,输入 C3 单元格中,在 C4 单元格中输入表 6-4 中所列的 Excel 计算公式,得 $h_{c2}=0.680\ 7$ m;用 h_{c2} 计算 h_{c3} 以及后面的迭代计算可以使用 Excel 的"拖动填充"功能。方法是:单击 C4 单元格下拖动单元格。

收缩断面水深的初始值设置为多少对最终计算结果的影响极小,选中 C4 单元格为活动单元格,向下拖动。经多次迭代的数值作为收缩断面水深 h_c 的最终计算值。设池深 $S=1.5$ m,下游收缩断面水深 $h_c=0.656\ 7$ m。

（3）计算池深 $S=1.5$ m，下游收缩断面水深 $h_c=0.6567$ m 时所对应的跃后水深 h_c'' 及 Δz_1、Δz_2、Δz、h_T、σ，判断池深 $S=1.5$ m 是否满足消能要求。

在 D3~I3 单元格中输入表 6-4 提供的 Excel 计算公式，依次计算 h_c''、Δz_1、Δz_2、Δz、h_T、σ，见图 6-16。

由图 6-16 可知，当池深 $S=1.5$ m 时，淹没系数 $\sigma=1.046$，在 1.05~1.10 范围内，所以假设的消力池深度 $S=1.5$ m 满足消能要求。

（4）如果数据不在 1.05~1.10 内，需要利用 Excel"单变量求解"功能求解使 σ 在 1.05~1.10 内的消力池深度。方法如下：

①单击 I3 单元格，使其成为活动单元格。

②在"工具"菜单上，单击"单变量求解"，弹出"单变量求解"对话框。

③在"单变量求解"对话框的"目标单元格"中输入 I3（淹没系数所在单元格），淹没系数 σ 在 1.05~1.1 内，可以任取一值，假设取 $\sigma=1.05$，输入到"目标值"中，"可变单元格"中输入 \$A\$3（池深 S 所在单元格），单击"确定"按钮，弹出"单变量求解状态"对话框。

④在"单变量求解状态"对话框中，单击"确定"按钮，即可完成计算任务。

四、底流式消能的其他形式及辅助设施

（一）特例的消力池形式

1. 斜坡消力池

所谓斜坡消力池，是指消力池护坦不采用平底，而采用有一定坡度的倾斜护坦，如图 6-17 所示。当下游水位偏高时，水跃发生在斜坡护坦较后的某个位置。

目前，斜坡护坦上水跃的水力计算尚无完善

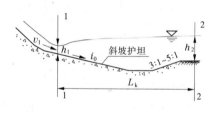

图 6-17

的方法。设计时可采用试算法，先假定跃前水深 h'，计算跃前断面的弗劳德数 Fr_1；根据 Fr_1 和护坦的倾斜坡度 i_0 值，由图 6-18（a）求出两个共轭水深的比值 $\dfrac{h''}{h'}$，进而求得 h''；由图 6-18（b）可求出水跃长度 L_j 与第二共轭水深 h'' 的比值 L_j/h''，计算出水跃长度 L_j；根据 h'' 和 L_j 反求跃前水深 h'，用以与假定的跃前水深 h' 相比较，若不符合，则重设 h'，再次计算，直到假定的 h' 与算得的 h' 近似相等为止。

2. 戽式消力池

当下游水深较大且有一定变化范围时，可在泄水建筑物末端修建一个具有较大反弧半径和挑角的低鼻坎的凹面戽斗，即消力戽。受一定下游水深的顶托作用，从泄水建筑物下泄的高速水流在戽内形成剧烈的表面旋滚，主流沿鼻坎挑起，形成涌浪并向下游扩散，戽坎下出戽主流与河床之间产生一个反向旋滚，有时涌浪之后还会产生一个微弱的表面旋滚。消力戽就是利用这三个旋滚和一个涌浪产生强烈的紊动摩擦和扩散作用，取得良好的消能效果，典型的戽流流态如图 6-19 所示。

当下泄单宽流量过大时，为了加大戽内旋滚体积、增加消能效果，从戽体最低断面开

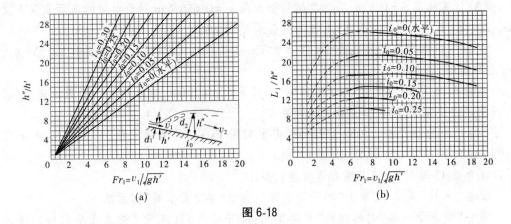

(a)   (b)

图 6-18

始,设置一段水平池底,使戽体形似消力池,但却保持戽流特点,因而称为戽式消力池,如图 6-20 所示。

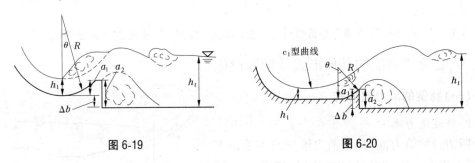

图 6-19   图 6-20

3. 窄缝式消能工

窄缝式消能工是一种高效的收缩式消能工,它借助侧壁的收缩,迫使水流变形,增强紊动和掺气,形成竖向和纵向扩散的挑流流态,减小单位面积的入水能量,减轻对下游河床的冲刷,特别适合解决高山峡谷河流的消能泄洪问题。另外,窄缝式消能工也便于水流转向,容易顺应下游河道。自 1954 年葡萄牙的卡勃利尔(Cabril)拱坝首先采用窄缝式消能工以来,至少已有 20 多个枢纽采用了窄缝消能技术,但是到现在为止,窄缝式消能工并无成熟的设计方法,一般都是参照已有的工程经验,选择收缩段的体型和尺寸,然后通过水力模型试验进行检验、修改和最终定案。

(二)底流消能的辅助消能工

为提高消能效果,可在消力池中设置辅助消能工,如趾墩、消力墩、池末齿坎等,如图 6-21 所示。

1. 趾墩

趾墩又称分流墩,常布置在消力池入口处。它的作用是发散入池水股,加剧消力池中水流的紊动混掺作用,提高消能效率。对于单独加设的趾墩,可以增大收缩断面水深 h_c,使共轭水深 h_c'' 减小,因此可以减小消力池的深度 S。

2. 消力墩

消力墩常布置在消力池内的护坦上,除分散水流、形成更多旋涡以提高消能效果外,

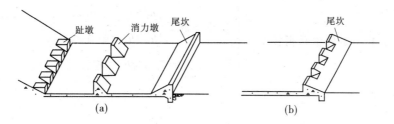

图 6-21

还有迎拒水流、对水流产生反冲击力的作用。根据动量方程分析可知,消力墩对水流的反冲击力将降低水跃的共轭水深,从而可以减小消力池的池深 S。

3. 尾坎

尾坎的作用是将池末流速较大的底部水流挑起,改变下游的流速分布,使面层流速较大、底部流速较小,从而减轻出池水流对池后河床或海漫的冲刷作用。

辅助消能工的水力计算可查阅有关水力计算手册。

4. 护坦下游的河床加固

由于出消力池水流紊动仍很剧烈,底部流速较大,故对河床仍有较强的冲刷能力。所以,在消力池后,除岩质较好,足以抵抗冲刷外,一般都要设置较为简易的河床保护段,这段保护段称为海漫。海漫不是依靠旋滚来消能的,而是通过加糙、加固过流边界,促使流速加速衰减,并改变流速分布,使海漫末端的流速沿水深的分布接近天然河床,以减小水流的冲刷能力,保护河床。因此,海漫通常用粗石料或表面凹凸不平的混凝土块铺砌而成,如图 6-22 所示。海漫长度一般采用经验公式估算。

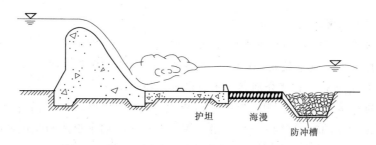

护坦 海漫
防冲槽

图 6-22

海漫下游水流仍具有一定冲刷能力,会在海漫末端形成冲刷坑。为保护海漫基础的稳定,海漫后一般应设置比冲刷坑略深的齿槽或防冲槽。具体设计可参阅有关书籍。

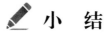 小　结

1. 概念

底流式、挑流式、面流式衔接与消能形式;临界式、远离式、淹没式水跃;挖深式、坎式、综合式消力池;满足要求的 $\sigma = 1.05 \sim 1.10$。

$$\text{泄水建筑物下游的水跃衔接形式}\begin{cases}\text{需建消能工}\begin{cases}h_c''>h_t & \text{远离式}\\ h_c''=h_t & \text{临界式}\end{cases}\\ \text{不需建消能工 } h_c''<h_t & \text{淹没式}\end{cases}$$

2. 公式

$$E_0 = h_c + \frac{q^2}{2g\varphi^2 h_c^2}; h_c = \frac{\dfrac{q}{\varphi\sqrt{2g}}}{\sqrt{E_0 - h_c}}; h_c'' = \frac{h_c}{2}\left(\sqrt{1 + \frac{8q^2}{gh_c^3}} - 1\right);$$

$$S = \sigma h_c'' - (h_t + \Delta z); \Delta z = \frac{q^2}{2g}\left[\frac{1}{(\varphi' h_t)^2} - \frac{1}{(\sigma h_c'')^2}\right]; \sigma = \frac{S + h_t + \Delta z}{h_c''}$$

3. 计算

收缩断面水深及其共轭水深的计算；判别泄水建筑物下游水流衔接形式；消力池池深及池长的计算。

✏️ 思考与练习题

6-1 自闸、坝下泄的水流有何特点？对建筑物有什么影响？

6-2 工程中常见的水流衔接和消能措施有哪些？其消能原理是什么？如何防止冲刷破坏的发生？

6-3 底流式消能要求泄水建筑物下游的水流衔接形式是什么？若不满足可采取哪些工程措施？

6-4 底流式消能工的作用是什么？

6-5 在河道上建一无侧收缩曲线型实用堰，堰高 $P_1 = P_2 = 10$ m。当单宽流量 $q = 8$ m³/(s·m) 时，堰的流量系数 $m = 0.45$，流速系数 $\varphi = 0.95$。若下游水深分别为：$h_{t1} = 5.00$ m，$h_{t2} = 4.61$ m，$h_{t3} = 3.5$ m，试分别判别下游水流衔接形式。

6-6 某矩形单孔引水闸，闸门宽等于河底宽，闸前水深 $H = 8$ m。闸门开度 $e = 2.5$ m 时，下泄单宽流量 $q = 12$ m³/(s·m)，下游水深 $h_t = 3.5$ m，闸下出流的流速系数 $\varphi = 0.97$。

要求判明下游水流的衔接情况。若需消能，请设计消力池池深、池长。

6-7 一单孔平板泄洪闸，上游水位为 27.90 m，闸底高程和河床高程均为 24.0 m，下游水位为 27.0 m，初步设计消力池底部高程为 22.5 m，消能段与闸孔等宽（见图6-23）。当闸门开度 $e = 1$ m 时，不计闸前行近流速，验算消力池的深度能否满足消能要求。

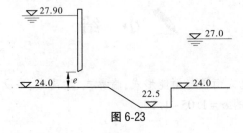

图 6-23

6-8　在矩形河槽中修筑一曲线型溢流坝,下游坝高 $P_2=12.5$ m,流量系数 $m=0.502$,侧收缩系数 $\varepsilon=0.95$,溢流时坝上水头 $H=3.5$ m,下游水深 $h_t=5$ m,坝的流速系数 $\varphi=0.95$,试判别是否需建消力池,如需要请按消力坎式设计消力池尺寸。

6-9　在某矩形渠道修建单孔泄洪闸,闸底板与渠底齐平,平板闸门,闸上游水深 $H=5$ m,下游水深 $h_t=2.5$ m,闸门开度 $e=2$ m,不计闸前行近流速。①试判断下游的衔接形式;②若为远驱式水跃,试设计消力坎式消力池。

项目七　渠系连接建筑物的水力计算

【学习目标】　掌握渡槽断面尺寸及进出口高程;掌握明槽渐变段上下游水位差及长度;掌握跌水进口段、跌水墙和消能的计算方法;熟悉计算公式的运用及各参数的含义;了解渠系建筑物的种类、作用及特点。

当渠道与山谷、河流、公路或铁路交叉时,为使渠道正常工作和发挥其各种功能,需要在渠道上兴建渡槽、涵洞、倒虹吸管等建筑物来跨越这些障碍;当渠道通过地面坡度较陡或存在天然跌坎时,常利用天然地形,在落差集中处做成跌水或陡槽,以避免大量的挖方或填方。一般情况下,渡槽、涵洞、跌水和陡槽等建筑物的横断面形式与上下游渠道断面形式不同,而且断面尺寸总是比上下游渠道断面尺寸小,可以节省工程量。因此,在渠道与建筑物的连接处,需要设置适当的渐变段,以便将不同形状或大小的两种渠槽连接起来,使水流平顺过渡。渡槽、涵洞、倒虹吸管、跌水、陡槽及渐变段等统称为渠系连接建筑物。

本项目只介绍渡槽、明槽渐变段和跌水的水力计算问题。

✎ 任务一　渡槽水力计算

一、渡槽的概念

渡槽是输送渠道水流跨越河渠、道路、山冲、谷口等的架空输水建筑物,是渠系建筑物中应用最广的交叉建筑物之一,也称水桥和高架渠。

如图 7-1 所示,渡槽的过水部分主要由三部分组成:进口渐变段、槽身段和出口渐变段。进口渐变段是连接上游渠道和渡槽中水流,使其平顺过渡。进口渐变段一般为收缩渐变段,水面跌落。槽身段是渡槽的主要部分,它输运水流跨越山谷或河流。在实际工程中,为了减小工程量,常取槽身段的断面面积小于上下游渠道的断面面积,而底坡则比上下游渠道的底坡陡。当渡槽的长度大于 10 倍以上上游渠道中的水深时,槽身段水流可视为均匀流。出口渐变段是连接渡槽和下游渠道中的水流,使其平顺过渡,出口渐变段一般为扩散渐变段,水面有所回升。这是因为当水流自上游渠道通过渡槽流向下游渠道时,由于进出口段的横断面尺寸和底部高程均沿程变化,水深和流速也将沿程变化。在进口渐变段,随着过水断面的减小,水流的动能逐渐增大,势能将减小,再加上渐变段内的能量损失,因此水面将要跌落。水流进入槽身段后,如果槽身有足够长度,则水流基本上可以保持为均匀流。在出口扩散段,随着过水断面的扩大,水流的动能逐渐减小。其中,一部分消耗于扩散渐变段的能量损失;另一部分则转化为势能,形成水面回升。渡槽的水流状态如图 7-1 所示。

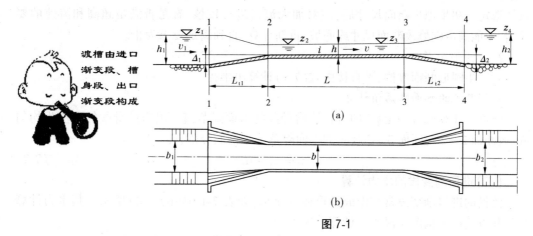

图 7-1

二、渡槽的水力学计算

渡槽水力计算的任务是：根据设计流量、允许的水位落差及上下游渠道均匀流的正常水深和流速，选定进、出口渐变段的形式和尺寸，确定渡槽的横断面尺寸和纵坡。同时，调整渡槽进、出口的底部高程，使其通过设计流量时，上、下游渠道中基本上能保持为均匀流。

（一）槽身段的水力计算

槽身段的水力计算采用明槽均匀流的公式，即

$$Q = AC\sqrt{Ri} \tag{7-1}$$

式中 Q——通过渡槽的流量；

C——谢才系数；

A——渡槽的横断面面积；

R——渡槽的水力半径；

i——渡槽的底坡。

在式(7-1)中，横断面尺寸和底坡 i 均为未知数。一般可先选定渡槽底坡 i，然后再根据设计流量 Q 确定断面形式和尺寸。

1. 槽身底坡 i 的确定

在相同设计流量下，槽身底坡 i 越大，流速越大，过水断面就小。为了节省渡槽的造价，渡槽的横断面面积通常比上下游渠道的横断面面积小。因此，渡槽的底坡往往比渠道的底坡陡，但是过大的底坡将产生较大的水头损失，并容易引起上下游渠道的冲刷。一般常采用底坡 $i = 1/500 \sim 1/1\ 500$，流速 $v = 1 \sim 2$ m/s，有通航要求的渡槽流速控制在 1.5 m/s 以内，底坡小于 1/2 000。

2. 槽身断面设计

常用的槽身断面形式有矩形和半圆形两种。

1）矩形断面

计算方法是选定槽身底坡 i 后，初步拟出断面尺寸，应用明槽均匀流公式计算流量，若该流量与设计流量相同，而且流速为 1~2 m/s，则可初定此尺寸。需要说明的是，初步拟订断面尺寸时，可先给定底宽 b，再由式(7-1)计算出水深 h，底宽 b 常根据施工及应用

条件选定。初步拟出断面尺寸后,应对加大流量进行校核,看是否满足超高和流速的要求,若不能满足则修改断面尺寸或底坡,重新计算,直到满足要求为止。

2)半圆形断面

对于半圆形断面渡槽,可直接由式(7-1)计算出半径。

3.槽身段的水面降落值计算

断面尺寸和底坡确定后,即可计算槽身段的水面降落值。因为槽身段的水流为均匀流,故断面2—2与断面3—3之间的水面降落等于槽底降落,即

$$z_2 - z_3 = iL \qquad (7-2)$$

(二)进口渐变段的水力计算

渡槽的进口渐变段常被做成楔形或八字形,如表7-1中(b)、(d)所示。其水力计算步骤和方法按明槽渐变段水力计算所述进行。

表 7-1 渐变段的形式及局部水头损失系数 ζ 值

渐变段的形式	图示 (以梯形断面与矩形断面连接为例)	ζ 值	
		收缩渐变段	扩散渐变段
(a) 曲线形		0.01	0.30
(b) 楔形		0.20	0.50
(c) 圆弧形		0.20	0.50
(d) 八字形		0.30	0.50

进口渐变段的长度 L_t 由下式计算:

$$L_t = \eta(B_{max} - B_{min}) \qquad (7-3)$$

式中 B_{max}——渐变段进口断面和出口断面中较大的一个水面宽度;

B_{min}——渐变段进口断面和出口断面中较小的一个水面宽度;

η——系数,对于进口的收缩段 η 取 2.5~2.5,对于出口的扩散段 η 取 2.5~3.0。

进口渐变段的水面落差 (z_1-z_2) 由式(7-4)计算,只是在一般情况下不单独考虑沿程

水头损失。在实际工程中,一般不希望水面落差太大,以免损失过多的水头而影响发电量或灌溉面积。通常将水面落差控制在 $0.05 \sim 0.15$ m。当计算所得的水面落差过大时,可加大渡槽的横断面尺寸或改变进口渐变段的形式,重新计算,直到水面落差满足要求为止。

$$z_1 - z_2 = (1 + \zeta)\left(\frac{\alpha v_2^2}{2g} - \frac{\alpha v_1^2}{2g}\right) + \bar{J}L_1 \qquad (7\text{-}4)$$

进口渐变段的底部升高值由下式计算:

$$\Delta z = (h_1 - h_2) - (z_1 - z_2) \qquad (7\text{-}5)$$

式中 h_1、h_2——渐变段上、下游断面的水深;

z_1、z_2——渐变段上、下游断面的水位。

(三)出口渐变段的水力计算

渡槽的出口渐变段也是常被做成楔形或八字形。但是应该注意到,在一般情况下,由式(7-5)计算的出口渐变段的底部升高值为负值,说明出口渐变段的底部高程是降落的。如图 7-1 所示,出口渐变段的底部高程降落值为

$$\Delta z = (h_4 - h_3) - (z_4 - z_3) \qquad (7\text{-}6)$$

式中,各参数的意义如图 7-1 所示。

(四)进出口底板高程的确定

进出口底板高程的确定,主要是保证通过设计流量时,上、下游渠道保持均匀流,而不致产生较大的壅水或降水。

如图 7-2(a)所示,槽身进口高程 ∇_2 由下式计算:

$$\nabla_2 = \nabla_1 - \Delta z_1 + h_{01} - h_0 \qquad (7\text{-}7)$$

式中 ∇_1——上游渠道与进口渐变段起始点相接处高程;

Δz_1——进口水面降落值;

h_{01}——设计流量时上游渠道正常水深;

h_0——设计流量时槽身正常水深。

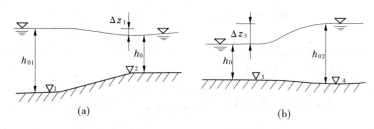

图 7-2

如图 7-2(b)所示,出口渐变段末端高程 ∇_4 由下式计算:

$$\nabla_4 = h_0 + \Delta z_3 - h_{02} + \nabla_3 \qquad (7\text{-}8)$$

式中 ∇_3——槽身出口处高程,$\nabla_3 = \nabla_2 - iL$;

Δz_3——出口水面回升值;

h_{02}——设计流量时下游渠道正常水深。

若计算出的∇_4小，表明下游渠道降低过大，则可能使灌区自流灌溉面积减小较多，可适当抬高下游渠底高程∇_4。这时若仍需要保持槽身为均匀流，则应加大槽身断面，以减小底坡。

【例7-1】　某工程设计一钢筋混凝土矩形断面渡槽，渡槽长$L=100$ m，槽宽$B=2$ m，底坡$i=1/1\ 000$，糙率$n=0.014$，槽内正常水深$h_0=1.5$ m，上下游渠道断面相同，通过设计流量时，其正常水深$h_{01}=1.82$ m，其水面宽度为6 m，流速$v_1=v_3=0.6$ m/s，进出口渐变段采用八字形，设计流量为6 m³/s，加大流量为6.6 m³/s，为避免冲刷渡槽出口下游渠道和水头损失过大，槽内流速要求小于2 m/s。试确定：①进出口高程；②进出口渐变段长度。

解：根据均匀流公式，槽内流速$v=1.667$ m/s。

(1)进出口高程的确定。

①进口水面降落值Δz_1，由下式计算：

$$\Delta z_1 = (1+\zeta_1)\left(\frac{\alpha v_2^2}{2g}-\frac{\alpha v_1^2}{2g}\right)+\bar{J}L_1 \tag{a}$$

式(a)中，$v_1=0.6$ m/s，为上游渠道通过设计流量时的流速；$v_2=1.667$ m/s，为槽内通过设计流量时的流速。

进口渐变段为八字形，由表7-1查得$\zeta_1=0.30$，取$\alpha=1$，并忽略$\bar{J}L_1$。

把以上各参数代入进口水面降落值式(a)，则

$$\Delta z_1 = (1+0.30)\times\frac{1.667^2-0.6^2}{2\times9.8}=0.160(\text{m})$$

②槽身段水面降落值Δz_2，由下式计算

$$\Delta z_2 = iL = \frac{1}{1\ 000}\times100=0.10(\text{m})$$

③出口段水面回升值Δz_3，由下式计算

$$\Delta z_3 = (1-\zeta_2)\left(\frac{\alpha v_2^2}{2g}-\frac{\alpha v_3^2}{2g}\right)+\bar{J}L_2 \tag{b}$$

由表7-1查得$\zeta_2=0.50$，取$\alpha=1$，并忽略$\bar{J}L_2$，$v_2=1.667$ m/s，$v_3=v_1=0.6$ m/s，把以上各参数代入出口段水面回升值式(b)，则

$$\Delta z_3 = (1-0.50)\times\frac{(1.667^2-0.6^2)}{(2\times9.8)}=0.062(\text{m})$$

④取上游渠道与进口渐变段相接处高程为∇_1，则渡槽进口高程∇_2为

$$\begin{aligned}
\nabla_2 &= \nabla_1-\Delta z_1+h_{01}-h_0\\
&= \nabla_1-0.160+1.82-1.5\\
&= \nabla_1+0.16\ \text{m}
\end{aligned}$$

槽身出口断面高程∇_3为$\nabla_3=\nabla_2-\Delta z_2=\nabla_1+0.16-0.10=\nabla_1-0.06$ m，出口渐变段末端高程∇_4为

$$\nabla_4 = h_0+\Delta z_3-h_{02}+\nabla_3$$

$$= 1.5 + 0.062 - 1.82 + \nabla_1 - 0.06$$
$$= \nabla_1 - 0.318 \text{ m}$$

(2)进出口渐变段长度计算。

进出口渐变段长度采用公式 $L_t = \eta(B_{\max} - B_{\min})$ 计算。本设计中,进口渐变段 η 取 2.0,出口渐变段 η 取 3.0。

进口渐变段长度 L_1 为

$$L_1 = \eta(B_1 - B_2) = 2.0 \times (6 - 2) = 8(\text{m}),\text{取 } L_1 = 8 \text{ m}。$$

出口渐变段长度 L_2 为

$$L_2 = \eta(B_3 - B_2) = 3.0 \times (6 - 2) = 12(\text{m}),\text{取 } L_2 = 12 \text{ m}。$$

✎ 任务二　明槽渐变段水力计算

一、明槽的概念

凡是在渠道与渠系建筑物连接的地方,由于断面的形状和尺寸不同,都需要设置一定形式的渐变段连接。渐变段的作用是平顺过渡水流,避免产生过大的能量损失及横向回流和水深的骤然变化,保证渠道及连接处的安全运行。明槽渐变段可分为急流渐变段和缓流渐变段两种。本任务只讨论缓流中明槽渐变段的水力计算问题。

二、明槽的水力学计算

(一)渐变段的形式及局部水头损失系数 ζ

为保证水流平顺过渡,理想的渐变段应该是:水面为平缓、光滑的曲线;底宽、水面宽及边坡系数沿水流方向都呈连续的曲线变化;底坡也应为曲线。这种渐变段称为曲线形渐变段,如表 7-1 中的(a)所示。曲线形渐变段虽然具有良好的水力特性,但施工难度大、造价较高,因此一般只在水头十分宝贵的大型引水渠道中采用。对于中小型渠道或水头不是十分宝贵的大型渠道,常采用楔形、圆弧形、八字形等比较简单的形式,如表 7-1 中的(b)、(c)、(d)形所示。这种简单形式的渐变段既便于施工,也基本上能满足水力条件的要求,因此应用较为广泛。

(二)明槽渐变段的水力计算基本公式

明槽渐变段的水力计算是指:在流量和上下游渠道的断面形状、尺寸已知的条件下,根据工程对渐变段水流条件的要求,首先选定渐变段的形式和尺寸(平面轮廓尺寸和底部轮廓尺寸),然后计算渐变段内的水面上升值或下降值(上下游水位差 Δz)及渐变段所需的长度 L_t。如果上下游水位差 Δz 太大,不满足工程要求,则需要重新选择渐变段的形式和尺寸,重复上述计算,直到上下游水位差 Δz 满足工程要求为止。

1.明槽渐变段上下游水位差

明槽渐变段是一种非棱柱体渠道,在一般情况下,可将水流视为渐变流。因此,可利用非棱柱体渠道中非均匀渐变流的基本公式进行水力计算。但由于渐变段的横断面变化显著,因此必须考虑局部水头损失。另外,由于渐变段的底坡线不一定是直线,用水面高

程 z 表示水面变化比用水深 h 表示更为方便。所以,在这里采用水面高程 z 表示水面变化,如图7-3所示。

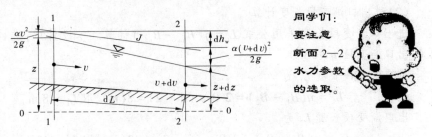

图7-3

上游端断面1—1的平均流速为 v,水位为 z;建立上、下游断面能量方程并化解可得

$$- \Delta z = \Delta \left(\frac{\alpha v^2}{2g} \right) + \Delta h_f + \Delta h_j \qquad (7\text{-}9)$$

式中　Δz——断面2—2与断面1—1间的水位差,$\Delta z = z_2 - z_1$;

$\Delta \left(\dfrac{\alpha v^2}{2g} \right)$——断面2—2与断面1—1间的流速水头差,$\Delta \left(\dfrac{\alpha v^2}{2g} \right) = \dfrac{\alpha v_2^2}{2g} - \dfrac{\alpha v_1^2}{2g}$;

Δh_f——断面1—1与断面2—2间的沿程水头损失,$\Delta h_f = \bar{J} \Delta L$,$\bar{J} = \dfrac{1}{2}(J_1 + J_2)$,

$$J_1 = \frac{Q^2}{K_1^2}, J_2 = \frac{Q^2}{K_2^2};$$

Δh_j——断面1—1与断面2—2间的局部水头损失,对于收缩渐变段 $\Delta h_j = \zeta \left(\dfrac{\alpha v_2^2}{2g} - \right.$

$\left. \dfrac{\alpha v_1^2}{2g} \right)$,对于扩散渐变段 $\Delta h_j = \zeta \left(\dfrac{\alpha v_1^2}{2g} - \dfrac{\alpha v_2^2}{2g} \right)$,$\zeta$ 为渐变段的局部水头损失系数,

取决于渐变段的形式,由表7-1查用。

将以上各量代入式(7-9),并取 ΔL 等于渐变段的长度 L_t,则得不同形式渐变段进出口水位差的计算公式。

收缩渐变段进出口水位差的计算公式为

$$z_1 - z_2 = (1 + \zeta) \left(\frac{\alpha v_2^2}{2g} - \frac{\alpha v_1^2}{2g} \right) + \bar{J} L_t \qquad (7\text{-}10)$$

扩散渐变段进出口水位差的计算公式为

$$z_2 - z_1 = (1 - \zeta) \left(\frac{\alpha v_1^2}{2g} - \frac{\alpha v_2^2}{2g} \right) + \bar{J} L_t \qquad (7\text{-}11)$$

式(7-10)和式(7-11)即为渐变段水力计算的基本公式。

由式(7-10)可以看出:对于收缩渐变段(如渡槽进口的渐变段),由于水流自低流速向高流速流动,动能增大,势能将减小,因此水面要下降,式(7-10)计算值为正值,即 $z_1 > z_2$,如图7-4(a)所示;由式(7-11)可以看出:对于扩散渐变段(如渡槽出口的渐变段),

由于水流自高流速向低流速流动,动能减小恢复为势能,因此水面将上升,式(7-11)计算值也为正值,即 $z_2 > z_1$,如图7-4(b)所示。

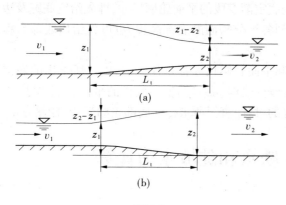

同学们,要记住啊!收缩渐变段水面要下降;扩散渐变段水面将上升。

图7-4

2. 渐变段的长度 L_t

渐变段的长度 L_t 对形成良好的水流条件有较大影响。试验表明,明槽渐变段的长度 L_t 与被连接的两个断面的尺寸有关,可用式(7-3)计算。

对于扩散渐变段,由于横断面上的流速分布极不均匀,当扩散渐变段的长度取得过小,则相应的扩散角就会过大,这就很容易引起主流扩散不及、脱离边界而产生回流和折冲水流。在这种情况下,主流过分集中,流速较大,很可能使下游渠道遭受冲刷和破坏。所以,要求扩散渐变段的长度比收缩渐变段的长度长一些为好,即扩散段的 η 值比收缩段的 η 值大。

(三)直线形渐变段的水力计算

对于中小型引水渠道,为了便于施工,常将渐变段做成表7-1中所示的楔形、圆弧形或八字形。这些渐变段的底部轮廓多采用直线形,是直接连接上下游渠道的底部高程所得,因此称这些渐变段为直线形渐变段。直线形渐变段的水力计算比较简单,当流量和所连接的上下游渠道断面尺寸已知时,一般只需要计算渐变段的长度、总的水位变幅值(上升或降落)和相应的上下游渠底高差。

直线形渐变段的长度仍然用式(7-3)计算。

直线形渐变段上下游总的水位升降值由式(7-9)或式(7-11)计算,而且在许多情况下可以不单独考虑沿程水头损失。

同时,参照图7-4,可推出直线形渐变段上下游底部高差 Δz 的计算公式如下

$$\Delta z = (h_1 - h_2) - (z_1 - z_2) \qquad (7\text{-}12)$$

式中　　h_1、h_2——渐变段上、下游断面的水深;

　　　　z_1、z_2——渐变段上、下游断面的水位。

一般情况下,对于进口收缩渐变段,Δz 的计算值不小于0,说明底部高程将上升或不变;对于出口扩散渐变段,Δz 的计算值不大于0,说明底部高程将降落或不变。

(四)曲线形渐变段水力计算简介

设计曲线形渐变段时,常用的方法是:首先假定一条水面线的形状,即假定渐变段内

各断面的水面高程。渐变段的长度则按式（7-3）计算。然后，将渐变段分成若干等份，并利用式（7-10）和式（7-11）计算各断面的平均流速和过水断面面积。因为断面面积是水深、底宽和边坡系数的函数，这时，可先假定渐变段的平面轮廓尺寸，即先给定底宽及边坡系数值，计算出水深后，由此再计算得到各等分断面的底部高程，也可先给出底部高程后再反求平面轮廓尺寸。

因为事先假定的水面曲线的形状和平面轮廓尺寸都是任意的，由此所求出的底部轮廓不一定合适，有可能不是一条光滑曲线。这时，必须调整所假设的平面轮廓尺寸，重新进行计算。因此，上述计算是一个反复的过程，直至所求得的底部轮廓光滑、合理为止。

任务三　跌水和陡坡水力计算

一、跌水的概念

引水渠道的底坡通常是根据天然地形和冲淤平衡条件决定的，一般坡度不是很大。但是当渠道通过天然坡度陡峻或有集中落差的地段时，为了避免由于过大的地面落差而引起的大量挖方或填方，可将天然地形的落差适当集中，人为地修建成跌水，使水流自跌水处自由跌落，用来连接两段高程不同的渠道。然后通过一定的消能措施使跌落水流与下游渠道中的水流安全地衔接起来。此外，在水库的河岸溢洪道或电站引水渠中的侧堰下游，有时也需要修建跌水与下游水流相衔接。

根据天然地面落差的具体情况可决定修建单级跌水或多级跌水。当天然地面落差小于 $3\sim5$ m 时，常做成单级跌水，如图 7-5 所示；当地面落差太大时，不宜做一次跌水，否则将会造成消能方面的困难。这时可将地面落差等分成高差相同的若干级，使水流呈阶梯状逐级下跌，称为多级跌水，如图 7-6 所示。

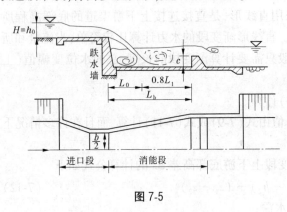

当天然地面落差小于 $3\sim5$ m 时，常做成单级跌水；但当落差太大时，则可做成多级跌水。

图 7-5

二、陡坡的概念

陡坡是建在地形过陡的地段，用于连接上下游渠道的倾斜渠槽。陡坡的作用与跌水相同，主要是调整渠底比降，满足渠道流速要求，避免深挖高填，减小挖填方工程量，降低工程投资。根据地形条件和落差的大小，陡坡的形式分为单级陡坡和多级陡坡两种。对

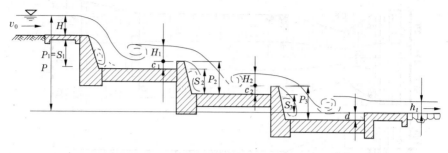

图 7-6

于多级陡坡,往往建在落差较大且有变坡或有台阶地形的渠段上。

陡坡由进口连接段、控制堰口、陡坡段、消力池和出口连接段五部分组成。陡坡的落差、比降,应根据地形、地质及沿渠调节分水需要等进行确定。一般陡坡的比降不陡于1:1.5。

在陡坡段水流速度较高,因此应做好进口和陡坡段的布置,以使下泄水流平稳、对称且均匀地扩散,以利于下游的消能和防冲。陡坡段的横断面形式主要有矩形和梯形,梯形断面的边墙可以做成护坡式。

在平面布置上,陡坡可做成等宽度、扩散形(变宽度)和菱形三种。等宽度陡坡,布置形式较为简单,水流集中,不利于下游的消能,所以对于小型渠道和跌差小的情况较为常用。扩散形陡坡是指在陡坡段采用扩散形布置,如图 7-7 所示,这种形式可以使水流在陡坡上发生扩散,单宽流量逐渐减小,因此对下游消能防冲较为有利。陡坡的比降,应根据地形地质情况、跌差及流量的大小等条件进行确定。对于流量较小、跌差小且地质条件较好的情况,其比降可陡一些。在土基上陡坡比降,一般可取 1:2.5~1:5。对于土基上的陡坡,单宽流量不能太大,当落差不大时,多从进口后开始采用扩散形陡坡。陡坡平面扩散角,一般在 5°~7°。菱形陡坡是指在平面布置上呈菱形,即上部扩散而下部收缩,如图 7-8 所示。这种布置一般用于跌差 2.5~5.0 m 的情况。为了改变水流条件,一般在收缩段的边坡上设置导流肋,并使消力池段的边墙边坡向陡槽段延伸,使其成为陡坡边坡的一部分,确保水跃前后的水面宽度相同,两侧不产生平面回流旋涡,使消力池平面上的单宽流量和流速分布均匀,从而减轻了对下游的冲刷。

三、跌水的水力学计算

(一) 单级跌水的水力计算

单级跌水由进口段、跌水墙和消能段三部分组成,如图 7-9 所示。以下将分别介绍单级跌水各部分的作用及水力特点。

1. 进口段的水力计算

进口段是连接上游渠道与跌水墙的一个连接段,其作用是使水流平顺地通过跌水,并控制上游渠道的水位,避免产生过大的跌落或壅高。

当水流自由跌落时,上游渠道将发生水面跌落,流速加大,很可能产生冲刷。所以,进口段在平面上常做成一个收缩段,如图 7-9 所示。收缩段前水面有所壅高,减小或避免了

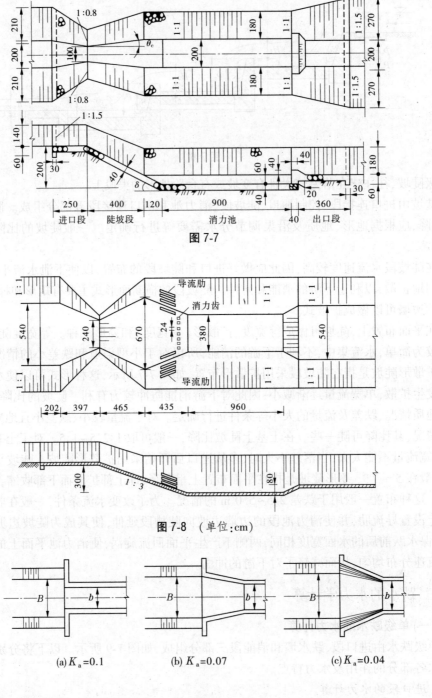

图 7-7

图 7-8　(单位:cm)

(a) $K_a = 0.1$　　　(b) $K_a = 0.07$　　　(c) $K_a = 0.04$

图 7-9

上游渠道中的水位跌落。但是,收缩程度也不能太大,否则又会造成上游渠道壅水过高,引起淤积。进口段的横断面常做成矩形或梯形,有时也做成曲线形,以满足需要的上游水位和流量关系,如图 7-10 所示。

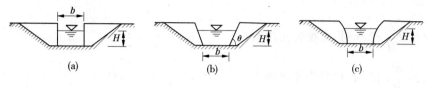

图 7-10

进口段的水力设计任务就是确定合理的进口段形式和尺寸,使上游渠道中的水流基本上保持为均匀流。通过进口段的水流特性与自由出流的堰流相同,如图 7-11 所示。

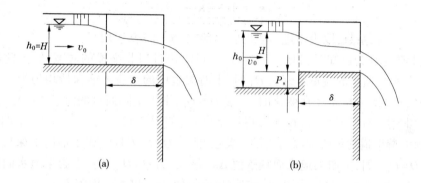

图 7-11

下面分别介绍不同横断面形式进口段的水力计算方法。

1) 矩形断面进口

矩形断面进口如图 7-10(a) 所示,根据自由出流的堰流计算公式,即

$$Q = \varepsilon_1 mb \sqrt{2g} H_0^{3/2} \tag{7-13}$$

式中　Q——跌水的设计流量;

　　　b——进口段缩窄后的宽度;

　　　m——流量系数;

　　　ε_1——侧收缩系数;

　　　H_0——堰顶全水头。

跌水的设计流量计算公式中各参数可根据以下方法确定。

(1) 堰顶全水头 H_0。

堰顶全水头 H_0 的计算公式为

$$H_0 = H + \frac{\alpha v_0^2}{2g} \tag{7-14}$$

式中　H——堰上水头,当进口段无底坎[如图 7-11(a) 所示]时 $H = h_0$,当进口段有底坎 [如图 7-11(b) 所示]时,$H = h_0 - P_s$,P_s 为底坎高度;

　　　v_0——上游渠道中的流速。

(2) 流量系数 m。

根据进口段的长度 δ 和堰上水头 H 的比值大小可将进口段视为实用堰或宽顶堰两

种类型：

当 $0.67 < \dfrac{\delta}{H} < 2.5$ 时，可视为实用堰；

当 $2.5 < \dfrac{\delta}{H} < 10$ 时，可视为宽顶堰。

流量系数 m 可按实用堰或宽顶堰的方法具体确定，此处不再赘述。

（3）侧收缩系数 ε_1。

对于实用堰或宽顶堰型进口，均可近似由下式计算侧收缩系数，即

$$\varepsilon_1 = 1 - 2K_a \frac{H_0}{b} \tag{7-15}$$

式中 K_a——形状系数，取决于进口段的收缩形式，按图7-9选用。

当设计流量 Q 为已知时，利用式（7-13）即可求出进口收缩段的底宽，但由此确定的底宽，只有在实际通过的流量恰好为 Q_d 时，上游渠道中的水流才能保持均匀流。往往实际上渠道中通过的流量是经常变化的，一般 $Q \neq Q_d$，则当实际通过的流量 $Q < Q_d$ 时，上游渠道将发生降水；而当流量 $Q > Q_d$ 时，将发生壅水，如图7-12所示。图7-12中曲线 $Q = f_1(h_0)$ 表示上游渠道均匀流水深与流量的关系，曲线 $Q = f_2(H + P_s)$ 表示堰前水深与流量的关系。当 $Q = Q_{min}$ 时，上游渠道水面跌落值 Δh_1 最大；当 $Q = Q_{max}$ 时，上游渠道水面壅高值 Δh_2 最大。因此，选择设计流量 Q_d 时，应该尽可能使 Δh_1 和 Δh_2 均较小。

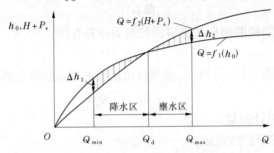

图 7-12

2）梯形断面进口

为使通过任何流量时上游渠道中均保持为均匀流，进口收缩段的横断面形状应该设计成如图7-10（c）所示的曲线形。但这样的断面形式施工难度太大，不便采用。因此，工程上常采用施工简单的梯形断面进口来近似代替曲线形断面进口。

梯形断面进口的水力计算仍然可采用堰流公式计算，即

$$Q_d = m \bar{b} \sqrt{2g} H_0^{3/2} \tag{7-16}$$

式中 m——流量系数，初步计算时可按表7-2选用。

$\bar{b}$——梯形堰口的平均过水宽度，$\bar{b}_1 = b + 0.8h_1\cos\theta$，其中 b 为梯形堰口的底宽。

表 7-2　梯形堰口的流量系数 m 值

h/b	0.5	1	1.5	2	2.5
m	0.37	0.415	0.43	0.435	0.45

当设计流量 Q_d 为已知时,利用式(7-16)可进行梯形堰口尺寸的计算。但是,由于梯形堰口尺寸包括底宽 b 和边坡系数 $\cos\theta$ 两个未知数,通常的办法应该是先设定一个,再计算出另外一个。但这样推求的结果太随意,要保证最大流量 Q_{max} 和最小流量 Q_{min} 通过时上游渠道的水面壅高和跌落值均为最小,需要重复多次计算。

适当选择两个设计流量 Q_{d1} 和 Q_{d2} 进行梯形堰口尺寸的设计可以使实际运行时,在给定的流量变化范围($Q_{min} \sim Q_{max}$)内,上游渠道的水面壅高值和跌落值均为最小。

设计流量 Q_{d1} 和 Q_{d2} 值根据经验可按下述方法确定。

(1)确定 h_{01} 和 h_{02}。

首先应确定通过设计流量 Q_{d1} 和 Q_{d2} 时,上游渠道中的正常水深 h_{01} 和 h_{02},可用下式计算:

$$h_{01} = h_{0max} - 0.25(h_{0max} - h_{0min}) \tag{7-17}$$
$$h_{02} = h_{0max} + 0.25(h_{0max} - h_{0min}) \tag{7-18}$$

式中　h_{01}、h_{02}——相应于通过设计流量 Q_{d1} 和 Q_{d2} 时上游渠道中的正常水深;

　　　h_{0max}、h_{0min}——相应于通过最大流量、最小流量 Q_{max} 和 Q_{min} 时上游渠道中的正常水深。

(2)计算设计流量 Q_{d1} 和 Q_{d2}。

利用式(7-17)和式(7-18)求出 h_{01} 和 h_{02} 后,即可按均匀流公式求得相应的设计流量 Q_{d1} 和 Q_{d2},即

$$Q_{d1} = m_1 \bar{b}_1 \sqrt{2g} H_{01}^{3/2} \tag{7-19}$$
$$Q_{d2} = m_2 \bar{b}_2 \sqrt{2g} H_{02}^{3/2} \tag{7-20}$$

其中
$$\bar{b}_1 = b + 0.8 h_1 \cos\theta \tag{7-21}$$
$$\bar{b}_2 = b + 0.8 h_2 \cos\theta \tag{7-22}$$

式中　h_1、h_2——通过设计流量 Q_{d1}、Q_{d2} 时相应的堰上水头,按前述方法确定。

将式(7-21)和式(7-22)代入式(7-19)和式(7-20),联解可得梯形堰口的底宽 b 和边坡系数 $\cos\theta$。由于 m_1、m_2 均为 b 的函数,联解式(7-19)和式(7-20)时需要试算才能求出 b 和 $\cos\theta$。

2.跌水墙的设计

跌水墙一般做成垂直或略有倾斜的墙,如图 7-13 所示。跌水墙设计时可按墙体的结构稳定性要求进行设计。

3.消能段的水力计算

跌水墙下游,常做成消力墙式消力池或降低护坦高程形式的消力池,用以消除跌落水流的剩余能量,使下游渠道免受冲刷。下面介绍消力池的水力计算,包括消力池深度及长

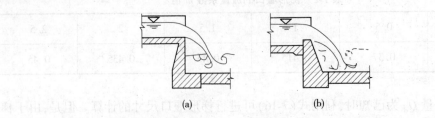

(a)   (b)

图 7-13

度的确定。

1)消力池深度 c(又称消力墙高度)的确定

消力池深度 c 可用下式计算:

$$c = 1.05 h''_c - h_t \tag{7-23}$$

式中　h''_c——降低护坦前收缩断面水深的共轭水深;

　　　h_t——下游渠道水深。

2)消力池长度 L_b 的确定

在水流自由跌落的情况下,消力池长度 L_b 可用下式计算:

$$L_b = L_0 + 0.8 L_j \tag{7-24}$$

式中　L_j——水跃长度,按前面所述方法计算;

　　　L_0——水流跌落时的射程,可近似应用质点抛射运动原理进行计算。

取 xOy 坐标如图 7-14 所示,可求得断面 A—A 中心点的射程 L_0 为

$$L_0 = \frac{2 m H_0^{3/2}}{h_A} \sqrt{P + \frac{h_A}{2}} \tag{7-25}$$

式中　m——进口堰的流量系数;

　　　P——跌水墙的高度;

　　　h_A——堰顶部断面 A—A 的水深,当进口为宽顶堰[见图 7-14(a)]时,$h_A \approx 0.5 H_0$,

　　　　　当进口为实用堰[见图 7-14(b)]时,$h_A \approx 0.6 H_0$。

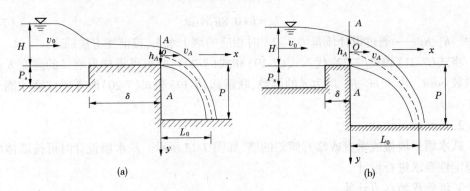

(a)   (b)

图 7-14

将 h_A 值代入式(7-25),即可得射程 L_0 的计算公式。

当进口为宽顶堰时,射程 L_0 为

$$L_0 = 4.0m\sqrt{(P + 0.25H_0)H_0} \tag{7-26}$$

当进口为实用堰时,射程 L_0 为

$$L_0 = 3.34m\sqrt{(P + 0.3H_0)H_0} \tag{7-27}$$

求得 L_0 后,即可代入式(7-24)计算消力池的长度 L_b。

(二)多级跌水的水力计算

当总落差比较大时,如果还做成单级跌水,则所需要的消力池尺寸就很大,一旦设计不当将会引起下游渠道冲刷。这时可将总的渠道落差分成几等份,形成多级跌水。每级跌落应不大于 3~5 m 为好。

设总落差为 P,跌水的级数为 n,则各级跌水的渠底落差为

$$S_1 = S_2 = S_3 = \cdots = S_n = \frac{P}{n} \tag{7-28}$$

如图 7-6 所示,第一级跌水墙的高度为

$$P_1 = S_1 = \frac{p}{n} \tag{7-29}$$

第二级和以后各级跌水墙的高度为

$$P_i = S_i + c_{i-1} \tag{7-30}$$

式中　c_{i-1}——第 $i-1$ 级跌水消力墙的高度。

多级跌水的进口段和消能段的计算与单级跌水相同,中间各级台阶的长度即为消力池的长度 L_b。

【例7-2】　某一矩形断面渠道经过天然坡度陡峻地段,经方案比选后,拟修建三级跌水,如图 7-6 所示。已知流量 $Q = 8$ m³/s;跌水上游渠道中的正常水深 $h_0 = 1.1$ m,断面平均流速 $v_0 = 0.6$ m/s;跌水进口为无底坎宽顶堰,采用如图 7-9(c)所示的形式,进口段的长度 $\delta = 5$ m,进口段采用矩形断面,流量系数 $m = 0.385$;各级渠底落差相等,即 $S_1 = S_2 = S_3 = 2.5$ m;下游渠道中的水深 $h_t = 1.46$ m;第一、二级跌水下游采用消力墙式消力池;第三级跌水下游采用降低护坦式消力池;第一级跌水的流速系数 $\varphi = 0.9$,第二、三级跌水的流速系数 $\varphi = 0.85$。试计算:①进口段的宽度 b;②各级跌水的消力池尺寸。

解:(1)跌水进口段的宽度 b 的确定。

进口段采用矩形断面,且为无坎宽顶堰,其宽度可联立下列两式计算得到

$$Q_d = m\bar{b}\sqrt{2g}H_0^{3/2} \tag{a}$$

$$\varepsilon_1 = 1 - 2K_a\frac{H_0}{b} \tag{b}$$

则进口段的宽度 b 的计算公式为

$$b = \frac{Q_d}{m\sqrt{2g}H_0^{3/2}} + 2K_aH_0$$

$$H_0 = h_0 + \frac{\alpha_0v_0^2}{2g} = 1.1 + \frac{1 \times 0.6^2}{2 \times 9.8} = 1.118(\text{m})$$

跌水进口采用图7-9(c)所示的形式,则 $K_a = 0.04$。

流量系数 $m = 0.385$,$Q_d = Q = 8$ m³/s,将上述各参数代入进口段的宽度 b 的计算公式,则

$$b = \frac{Q_d}{m\sqrt{2g}H_0^{3/2}} + 2K_a H_0$$

$$= \frac{8}{0.385 \times \sqrt{2 \times 9.8} \times 1.118^{3/2}} + 2 \times 0.04 \times 1.118 = 4.06(\text{m})$$

取进口段宽度 $b = 5$ m。

(2)第一级跌水计算。

跌水单宽流量为

$$q = Q/b = 8/5 = 1.6[\text{m}^3/(\text{s} \cdot \text{m})]$$

以第一级跌水消力池底部为基准面的上游渠道水流总能量

$$E_{01} = S_1 + H_0 = 2.5 + 1.118 = 3.618(\text{m})$$

计算收缩断面水深 h_c 的公式为

$$E_0 = h_c + \frac{q^2}{2g\varphi^2 h_c^2} \tag{c}$$

将各参数代入式(c),计算得收缩断面水深 $h_c = 0.218$ m。

计算得共轭水深

$$h_c'' = \frac{h_c}{2}\left(\sqrt{1 + 8 \times \frac{q^2}{gh_c^3}} - 1\right)$$

$$= \frac{0.218}{2} \times \left(\sqrt{1 + 8 \times \frac{1.6^2}{9.8 \times 0.218^3}} - 1\right) = 1.443(\text{m})$$

为使第一级跌水下游平台上产生淹没程度不大的水跃,必须在平台末端设置消力墙,墙前形成消力池。所需的消力墙高度用下式计算

$$c_1 = 1.05h_c'' - H_1$$

而 $H_1 = H_{01} - \dfrac{\alpha q^2}{2g(1.05h_c'')^2}$,为消能坎顶水头。$m_1$ 为消力墙的流量系数,取 $m_1 = 0.42$。

又

$$H_{01} = \left(\frac{q}{m_1\sqrt{2g}}\right)^{2/3} = \left(\frac{1.6}{0.42 \times \sqrt{2 \times 9.8}}\right)^{2/3} = 0.905(\text{m})$$

则

$$H_1 = 0.905 - \frac{1 \times 1.6^2}{2 \times 9.8 \times (1.05 \times 1.443)^2} = 0.848(\text{m})$$

则消力墙高度为

$$c_1 = 1.05h_c'' - H_1 = 1.05 \times 1.443 - 0.848 = 0.667(\text{m})$$

第一级跌水下游消力池长度用下式计算:

$$L_{b1} = L_{01} + 0.8L_{j1}$$

L_{01} 用下式计算:

$$L_{01} = 4.0m\sqrt{(S_1 + 0.25H_0)H_0}$$
$$= 4.0 \times 0.385 \times \sqrt{(2.5 + 0.25 \times 1.118) \times 1.118} = 2.715(\text{m})$$

L_{j1} 用下式计算：

$$L_{j1} = 10.8h_c(Fr_1 - 1)^{0.93} = 10.8 \times 0.218 \times \left(\sqrt{\frac{1.6^2}{9.8 \times 0.218^3}} - 1\right)^{0.93} = 8.589(\text{m})$$

则第一级跌水下游消力池长度为

$$L_{b1} = L_{01} + 0.8L_{j1} = 2.715 + 0.8 \times 8.589 = 9.586(\text{m})$$

（3）第二级跌水计算。

第二级跌水下游消力墙顶水头应与第一级跌水下游消力墙顶水头相同，即

$$H_{02} = H_{01} = 0.905 \text{ m}$$

$$E_{02} = S_2 + c_1 + H_{01} = 3 + 0.667 + 0.905 = 4.572(\text{m})$$

第二级跌水 $\varphi = 0.85$，其余与第一级跌水计算方法相同，可计算出：$h_c = 0.203$ m，$h_c'' = 1.506$ m。

$$H_2 = H_{02} - \frac{1.6^2}{2 \times 9.8 \times (1.05 \times 1.506)^2} = 0.853(\text{m})$$

第二级跌水下游消力墙高度为

$$c_2 = 1.05h_c'' - H_2 = 1.05 \times 1.506 - 0.853 = 0.728(\text{m})$$

第二级跌水下游消力池长度仍用公式 $L_b = L_0 + 0.8L_j$ 计算。

$$L_{02} = 3.34m_1\sqrt{(P_2 + 0.3H_{01})H_{01}}$$
$$= 3.34 \times 0.42 \times \sqrt{(0.667 + 0.3 \times 0.905) \times 0.905}$$
$$= 1.293(\text{m})$$

$$L_{j2} = 10.8h_c(Fr_2 - 1)^{0.93} = 10.8 \times 0.203 \times \left(\sqrt{\frac{1.6^2}{9.8 \times 0.203^3}} - 1\right)^{0.93} = 9.041(\text{m})$$

则第二级跌水下游消力池长度为

$$L_{b2} = L_{02} + 0.8L_{j2} = 1.293 + 0.8 \times 9.041 = 8.526(\text{m})$$

（4）第三级跌水计算。

$$E_{03} = S_3 + c_2 + H_{02} = 3 + 0.728 + 0.905 = 4.633(\text{m})$$

第三级跌水 $\varphi = 0.85$，其余与第一级跌水计算方法相同，可计算出 $h_c = 0.202$ m，$h_c'' = 1.510$ m。

先按下式估算所需消力池深度

$$d = 1.05h_c'' - h_t = 1.05 \times 1.510 - 1.46 = 0.126(\text{m})$$

设消力池深度 $d = 0.5$ m，可算得

$$E_{03}' = E_{03} + d = 4.633 + 0.5 = 5.133(\text{m})$$

计算得 $h_c = 0.191$ m，$h_c'' = 1.56$ m。

取消力池出口流速系数 $\varphi' = 0.95$，得

$$\Delta z = \frac{q}{2g} \left[\frac{1}{(\varphi'h_t)^2} - \frac{1}{(1.05h_c'')^2} \right]$$

$$= \frac{1.6}{2 \times 9.8} \times \left[\frac{1}{(0.95 \times 1.46)^2} - \frac{1}{(1.05 \times 1.56)^2} \right] = 0.012(\text{m})$$

则消力池的深度为

$$d = 1.05h_c'' - h_t - \Delta z = 1.05 \times 1.56 - 1.46 - 0.012 = 0.166(\text{m})$$

再设 $d = 0.17$ m，重复以上计算步骤，可得：$d = 0.2$ m。

第三级跌水下游消力池长度仍用公式 $L_b = L_0 + 0.8L_j$ 计算。

$$L_{03} = 3.34m_2 \sqrt{(P_3 + 0.3H_{02})H_{02}}$$

$$= 3.34 \times 0.42 \times \sqrt{(0.728 + 0.3 \times 0.853) \times 0.853} = 1.285(\text{m})$$

$$L_{j3} = 10.8h_c(Fr_3 - 1)^{0.93} = 10.8 \times 0.191 \times \left(\sqrt{\frac{1.6^2}{9.8 \times 0.191^3}} - 1 \right)^{0.93} = 9.426(\text{m})$$

则第三级跌水下游消力池长度为

$$L_{b3} = L_{03} + 0.8L_{j3} = 1.285 + 0.8 \times 9.426 = 8.826(\text{m})$$

小　结

本章介绍了渠系连接建筑物中渡槽、明槽渐变段和跌水的概念及水力计算问题，其中包括跌水和陡坡的概念；计算明槽渐变段上下游水位差及长度的内容；渡槽断面尺寸及进出口高程的确定；跌水进口段、跌水墙和消能设施等内容。

思考与练习题

7-1　试述渡槽进出口断面高程的计算思路。

7-2　简述明渠渐变段的作用。

7-3　矩形断面进口的跌水设计流量计算公式中，侧收缩系数是如何确定的？

7-4　多级跌水设计中，第一级跌水下游消力池的深度和长度如何计算？第一级跌水的各项参数对下级跌水有何影响？

7-5　有一矩形断面混凝土渡槽，粗糙系数 $n = 0.014$，底宽 $b = 1.5$ m，槽长 $L = 120$ m。进口处槽底高程 $\nabla_1 = 52.06$ m，当通过设计流量 $Q = 8.2$ m³/s 时，槽中均匀流水深 $h_0 = 1.8$ m，试求出口槽底高程 ∇_2。

7-6　某一矩形渡槽长 20 m，通过流量 $Q = 1.0$ m³/s，底坡 $i = 1/500$，底宽 $b = 0.8$ m，粗糙系数 $n = 0.014$；上下游均为梯形土渠，底宽 $b_1 = b_2 = 1.0$ m，正常水深 $h_1 = h_2 = 0.7$ m，边坡系数 $m = 1$。进、出口渐变段均采用楔形。设上游渠道末端底部高程为 110.0 m，试计算渡槽进、出口的底部高程及渡槽内的水深。

7-7　某渠道流量 $Q = 1.0$ m³/s，底宽 $b = 1.0$ m，正常水深 $h_0 = 0.8$ m，边坡系数 $m = 1$。在某处存在一集中落差 $P = 2.0$ m，下游渠道与上游渠道相同。拟设计一单级跌水，进口采用无坎宽顶堰,堰口做成如图 7-9(b)所示的形式。试确定消力池的深度和长度。

7-8　一矩形渠道经过天然陡坡地段,为减少挖填方工程量,拟修建三级跌水。进口段的横断面为矩形,并做成有坎宽顶堰,坎高 $P_s = 0.6$ m;上下游渠底落差 $P = 12$ m;流量 $Q = 20$ m^3/s;上游渠道中的正常水深 $h_0 = 2.5$ m,行近流速水头可以忽略不计;下游渠道中的正常水深 $h_t = 1.7$ m。试计算各级跌水下游消力池的深度和长度。

附 录

附录 I 梯形和矩形断面明渠正常水深求解图

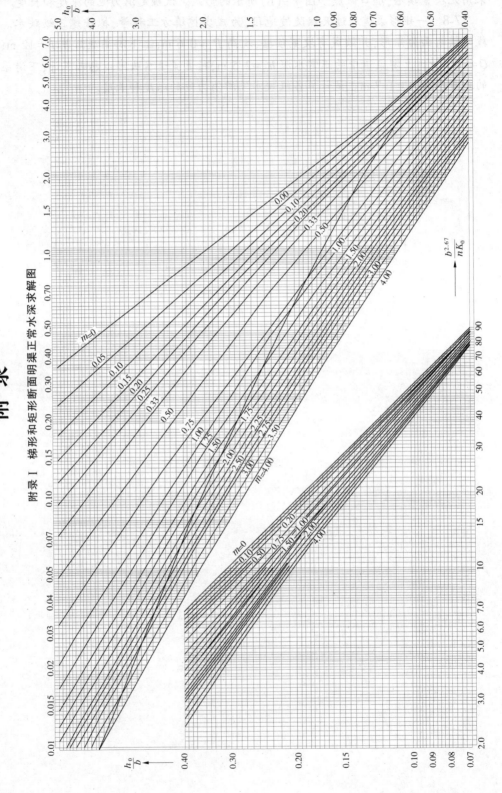

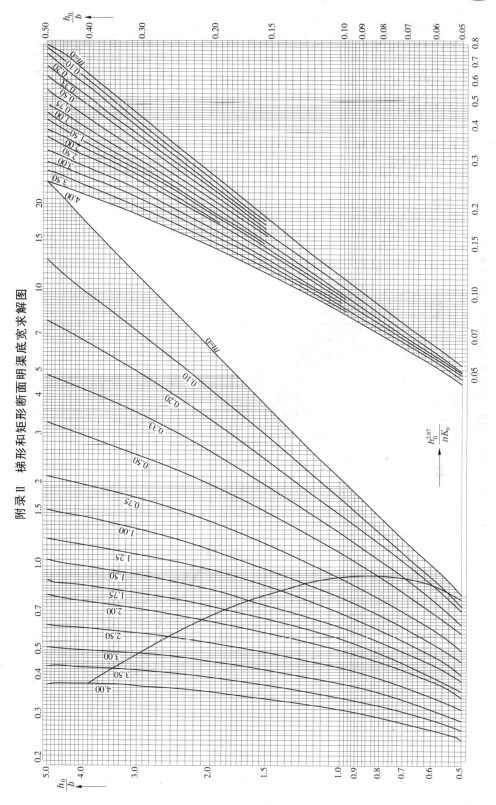

附录 II 梯形和矩形断面明渠底宽求解图

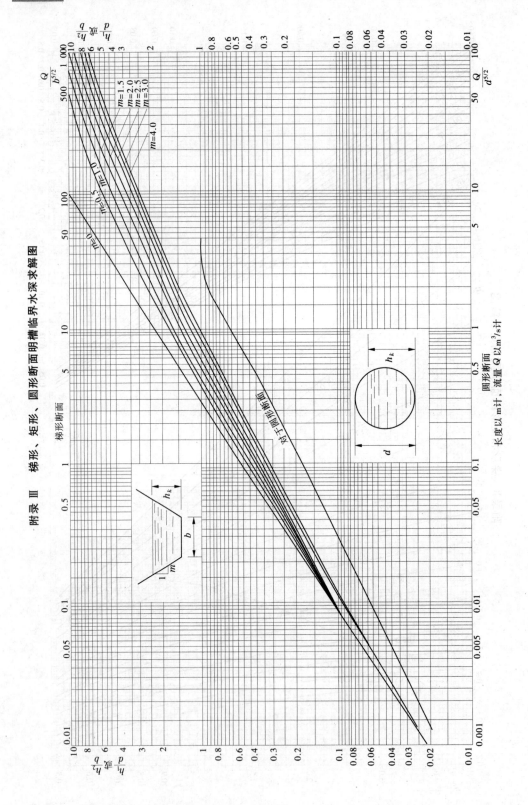

附录 Ⅲ　梯形、矩形、圆形断面明槽临界水深求解图

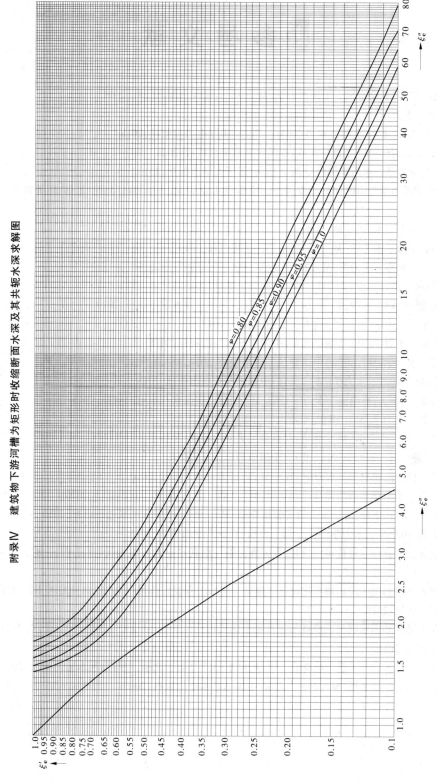

附录Ⅳ 建筑物下游河槽为矩形时收缩断面水深及其共轭水深求解图

参 考 文 献

[1] 者建伦,张春娟,余金凤.工程水力学[M].郑州:黄河水利出版社,2009.

[2] 高学平.水力学[M].北京:中国水利水电出版社,2019.

[3] 李朝明,李寻,王东亮,等.水力学[M].北京:中国电力出版社,2018.

[4] 郭维冬.水力学[M].2版.北京:中国水利水电出版社,2021.

[5] 赵振兴,何建京.水力学[M].2版.北京:清华大学出版社,2010.

[6] 四川大学水力学与山区河流开发保护国家重点实验室.水力学[M].5版.北京:高等教育出版社,2016.

[7] 尹小玲,于布.水力学[M].4版.广州:华南理工大学出版社,2019.

[8] 张莉莉,王峰.水力学[M].北京:清华大学出版社,2015.

[9] 裴果霞,唐朝春.水力学[M].2版.北京:机械工业出版社,2019.

[10] 朱首军,李占斌.水力学[M].北京:科学出版社,2013.

[11] 程银才,魏清顺,赵树旗.水力学[M].武汉:华中科技大学出版社,2019.

[12] 郭仁东.水力学[M].北京:人民交通出版社,2012.

[13] 李序量.水力学[M].3版.北京:中国水利水电出版社,2015.

[14] 王烨.水力学[M].北京:中国建筑工业出版社,2014.

[15] 杨小林,刘起霞.水力学[M].北京:中国水利水电出版社,2018.

[16] 张智涌,朱李英,高向前.水力学基础[M].北京:中国水利水电出版社,2013.

[17] 高海鹰.水力学[M].南京:东南大学出版社,2020.

[18] 周洋,周强.水力学[M].北京:北京理工大学出版社,2018.

[19] 王正君,韩梅.水力学[M].北京:中国质检出版社,2014.

[20] 车奇星,邱春,翟利军.水力学[M].延吉:延边大学出版社,2010.

[21] 裴国霞.水力学学习指导与习题详解[M].2版.北京:机械工业出版社,2020.

[22] 杨中华,李丹,李琼,等.水力学实验指导书[M].北京:中国水利水电出版社,2019.

[23] 李大美,杨小亭.水力学[M].2版.武汉:武汉大学出版社,2015.

[24] 水利部国际合作与科技司.水利技术标准汇编 水利水电卷 综合设计(上册)[M].北京:中国水利水电出版社,2018.

[25] 中华人民共和国住房和城乡建设部.灌溉与排水工程设计标准:GB 50288—2018[S].北京:中国计划出版社,2018.

[26] 中华人民共和国水利部.灌溉与排水渠系建筑物设计规范:SL 482—2011[S].北京:中国水利水电出版社,2011.

[27] 董安建.水工设计手册 第9卷 灌排、供水[M].2版.北京:中国水利水电出版社,2014.

[28] 李炜.水力计算手册[M].2版.北京:中国水利水电出版社,2006.